高端装备智能诊断与预测

雷亚国 杨 彬 李 响 李乃鹏◎著

電子工業出版社
Publishing House of Electronics Industry
北京·BEIJING

内 容 简 介

本教材是根据教育部《“十四五”国家战略性新兴产业发展规划》的要求，重点在高端装备制造等战略性新兴领域开展“十四五”高等教育教材体系建设工作的背景下编著而成的。面向高端装备制造领域对装备高性能、高可靠、长寿命发展方向的迫切需求，系统性地介绍了智能诊断与预测的基本原理、方法与案例，涵盖了基于深度学习的智能诊断、迁移智能诊断以及数据驱动的寿命预测方法等前沿理论与方法，并辅以丰富的应用案例，涉及轨道交通、新能源、智能制造等诸多领域。所述内容兼具前沿性、学科交叉性与工程实用性，旨在教授学生高端装备故障智能诊断与预测的基本知识，使他们了解领域内的学术前沿与最新技术，并掌握工程实际中解决装备诊断与预测问题的一般思路，最终培养学生综合考虑安全、环境、社会影响的工程思维与责任担当，以及通过跨学科思考解决复杂问题的能力。

本教材既可作为高等院校智能制造、机械工程、自动化、仪器仪表等专业的参考教材，也可作为从事高端装备故障诊断研究和实践的科技人员的参考书。

图书在版编目（CIP）数据

高端装备智能诊断与预测 / 雷亚国等著. -- 北京 : 电子工业出版社, 2024. 11. -- ISBN 978-7-121-49235-8

Ⅰ. TH166

中国国家版本馆 CIP 数据核字第 2024YT0326 号

责任编辑：刘志红（lzhmails@163.com）
印　　刷：涿州市京南印刷厂
装　　订：涿州市京南印刷厂
出版发行：电子工业出版社
　　　　　北京市海淀区万寿路 173 信箱　邮编：100036
开　　本：787×1 092　1/16　印张：11.5　字数：257.6 千字
版　　次：2024 年 11 月第 1 版
印　　次：2024 年 11 月第 1 次印刷
定　　价：98.00 元

凡所购买电子工业出版社图书有缺损问题，请向购买书店调换。若书店售缺，请与本社发行部联系，联系及邮购电话：（010）88254888，88258888。

质量投诉请发邮件至 zlts@phei.com.cn，盗版侵权举报请发邮件至 dbqq@phei.com.cn。

本书咨询联系方式：18614084788，lzhmails@163.com。

PREFACE 前言

尺寸课本，国之大者。教材是国家教育事业的基石，也是落实立德树人根本任务的核心载体。为了聚焦国家发展战略，深化新工科建设，加强高等学校战略性新兴领域卓越工程师的培养，教育部根据《“十四五”国家战略性新兴产业发展规划》的要求，重点在高端装备制造、新一代信息技术等战略性新兴领域开展“十四五”高等教育教材体系建设工作，加强高等学校在战略性新兴领域的人才培养，推动高等教育与产业发展深度融合。本书正是在这样的背景下组织编写的。

在高端装备制造业飞速发展的今天，装备功能性需求不断趋于多样化、智能化、通用化，机、电、液、感知、控制等多学科、多领域交叉融合的特点越发明显，保障高端装备的安全运行是高端制造、航空航天、能源动力等国家战略领域的重大需求。物联网、大数据、人工智能等新一代信息技术的蓬勃发展，推动机械故障诊断进入大数据时代，同时赋能高端装备的运行维护模式向“智能运维”转型升级，由此诞生的故障智能诊断与预测技术成为大数据下高端装备智能运维的核心。它借助人工智能理论与方法，从监测大数据中分析和挖掘装备的动态运行信息，自检和预警装备的实时健康状态，诊断和预测装备潜在故障与退化趋势，代替基于专家经验的传统预知维护，为高端装备提供不间断的监测、诊断与预测维护服务，使其达到近乎零事故的服役性能。在避免事故发生的同时，充分延长装备使用寿命，达到降本增效的目的。

本教材立足新一代信息技术赋能高端装备向高质量、智能化、长寿命方向转型的重要变革期，在充分吸取近年来国内外相关领域最新进展的基础上，系统介绍了高端装备智能诊断与预测技术的原理、方法及案例。内容汇聚作者及所在团队数十年来在机械故障诊断领域的研究成果，包括混合智能诊断技术、基于深度学习的智能诊断、迁移智能诊断，以及数据驱动的寿命预测方法等。编写时兼顾了理论与实践相结合，在应用案例中融入与智能制造、交通运输、能源化工等重点领域骨干企业的合作经验，使本教材的内容全面严谨、系统实用。本教材旨在教授学生高端装备故障智能诊断与预测的基本知识，使他们了解该领域内的学术前沿与最新技术，并掌握工程实际中解决高端装备诊断与预测问题的一般思路，最终培养学生综合考虑安全、环境、社会影响的工程思维与责任担当，以及通过跨学科思考解决复杂问题的能力。

本教材由雷亚国、杨彬、李响、李乃鹏共同撰写。全书内容分为 5 章，第 1 章为绪论，从故障智能诊断技术的大数据背景入手，介绍了智能诊断与预测技术的定义、运维基本框架与研究现状，总结了大数据下高端装备智能诊断与预测所面临的机遇与挑战。第 2 章为基于传统机器学习的高端装备故障智能诊断，介绍了几种传统机器学习方法的基本原理及在装备智能诊断中的应用案例。第 3 章为基于深度学习的高端装备故障智能诊断，总结了深度智能诊断的一般流程，介绍了深度智能诊断的基本原理与应用案例。第 4 章为高端装备故障迁移智能诊断，总结了迁移诊断问题与任务，详述了迁移智能诊断的典型方法与应用案例。第 5 章为数据驱动的高端装备剩余寿命预测，从健康指标构建、智能预测方法建立等方面详述了数据驱动寿命预测的前沿方法和应用案例。

此外，感谢在本书编写过程中给予作者团队支持和帮助的所有单位和个人。特别感谢教育部高等教育司、全国高等学校教学研究中心等部门的资助和支持；感谢相关领域专家学者提供的宝贵建议；感谢电子工业出版社的大力支持和悉心编校。

本教材既可作为高等院校智能制造、机械工程、自动化、仪器仪表等专业的参考教材，也可作为从事高端装备故障诊断研究和实践的科技人员的参考书。由于高端装备智能诊断与预测技术涉及多学科交叉，且技术发展迅速，书中难免存在疏漏之处，敬请使用本教材的广大教师、学生和相关工程技术人员不吝批评指正。

CONTENTS 目 录

第 1 章

绪 论

高端装备是制造业发展的重要支柱。近年来，随着工业自动化与信息化水平的不断提高，高端装备集机、电、液、感知、控制等多学科、多领域特点于一体的特点越发明显，并被广泛应用于高端制造、航空航天、先进交通、国防建设等诸多领域。受外部运行环境与内部结构损伤等多重因素的共同影响，高端装备的正常服役过程往往与机械故障相互交错，由此引发的重大事故已数见不鲜，轻则故障停机造成经济损失，重则装备损毁危及人员生命安全。因此，保障高端装备安全运行一直以来都是工业制造稳健发展的重大需求。而机械故障诊断与预测通过掌握装备运行状态，能够及早地发现故障及成因，从而对故障零部件进行维修或更换，使装备保持或恢复其执行设定功能的状态，避免了灾难性故障发生、提高了社会经济效益。

随着传统制造业步入数字化与智能化转型的重要变革期，以物联网、大数据、人工智能等新一代信息技术为代表的革命浪潮席卷了工业制造领域，世界各国相继制定并发布战略性指导文件，如德国工业 4.0、美国工业物联网和中国制造 2025 等，推动工业化与信息化的深度交叉融合，并促进新一代信息技术赋能工业母机、航空发动机、高速动车组等高端装备升级，正着力打造设计智能化、制造高质量、服役长寿命的新型装备发展模式。值此之际，高端装备的故障诊断逐渐呈现出以下特点：覆盖装备规模大、每台装备测点多、数据采样频率高、连续监测历时长。数据规模迅速增长形成机械大数据，并贯穿于装备设计—制造—服役的全生命周期，为保障其安全高效服役、延长其使用寿命提供着大信息与大知识。例如，美国通用电气（GE）的能源监测和诊断中心每天收集全球 70 多个国家 950 多个电厂 5 000 余台燃气轮机的数据，仅以 GE 与中国大唐集团联合成立的北京国际电力数据监测诊断中心为例，2017 年共接入 13 台机组，部署各类传感器 10 875 个，每天产生数据

总量达 2.3 GB。英国罗尔斯-罗伊斯（Rolls-Royce）公司的全球在役航空发动机总量约 14 000 余台，截至 2018 年底，平均每年获取在航数据约 70 万亿条。法国空中客车公司与美国甲骨文（Oracle）公司共建了大数据处理系统，该系统通过客机上的传感器，每天可收集超过 2 万亿字节的数据，被监测参数达 60 万个，这些数据可用于客机的实时自适应控制及其零部件的故障预测等；德国宝马集团建立了能够监测全球范围内宝马汽车的大数据平台，据统计，平均一辆宝马汽车有 75 个控制器、15 GB 的车内数据、约 12 000 个车载诊断项目，该平台每天进行多达 6 万次的监测诊断；中国三一重工股份有限公司的工业大数据平台使用智能器件与专用传感器对混凝土泵车、挖掘机、起重机等 132 类工程机械进行在线管控，实现了全球 20 多万台工程机械的数据接入，实时采集工程机械装备位置、油温、油位、压力等 6 143 种运行状态信息，目前已经积累了 1 000 多亿条工业数据；中国华电集团有限公司的新能源远程诊断平台监测浙江、蒙东、黑龙江、山东等国内 15 个省份，包含舟山长白、库伦、七台河、虎头崖等 27 个区域、206 个风场的万余台风力发电机组，每台机组布置有 308 个测点，分布于风电机组的电气系统、控制系统和机舱等，可获取电动机转速、有功功率、振动等数据，每日存储数据量达到 120 GB 以上。由此可见，高端装备的故障诊断已经进入了大数据时代。

机械监测大数据是故障信息与诊断知识的载体，其中蕴含着能够反映高端装备健康状态的海量信息，从大数据中总结经验、发现规律，可以协助诊断专家更加全面和深入地认识、了解高端装备健康状态的变化规律，并诊断潜在故障、预测退化趋势、辅助决策维护等，实现新一代信息技术与工业自动化领域的深度融合与交叉创新，这是大数据时代为高端装备故障诊断带来的机遇。然而，如何从机械监测大数据中解析装备的故障信息，将大数据这种“新石油”提炼成可用的“汽油”或“柴油”，则是大数据时代下高端装备故障诊断面临的巨大挑战。对此，需要以机械监测大数据分析为基础，实时掌握高端装备的健康状态信息，保障装备的安全高效服役，延长其使用寿命、降本增效，这也成为促进中国制造快速发展的重要研究方向。

本章首先概述了高端装备监测大数据的形成因素与领域特点，然后阐述了大数据下高端装备故障智能诊断与预测的有关概念，分析了国内外的研究现状，最后总结了大数据为智能诊断与预测带来的机遇与挑战。

1.1 高端装备监测大数据的形成因素与领域特点

1.1.1 高端装备监测大数据的形成因素

高端装备监测大数据通常指高端装备在运行过程中，使用其自带的仪器仪表或外加传感器实时采集的、涵盖其健康状态、服役工况、操作情况等能够体现装备运行状态信息的数据集合，即高端装备产生的且存在时间序列差异的大量数据。这些数据贯穿装备的设计、生产、服役、管理、服务等全生命周期各个环节，使高端装备的健康管理系统具备描述、诊断、预测、决策、控制等智能化功能的模式，但又无法在可承受的时间范围内用常规技术与手段对数据内容进行获取、管理、处理和分析。

高端装备监测大数据的形成源于内外多种因素，如图 1-1 所示。

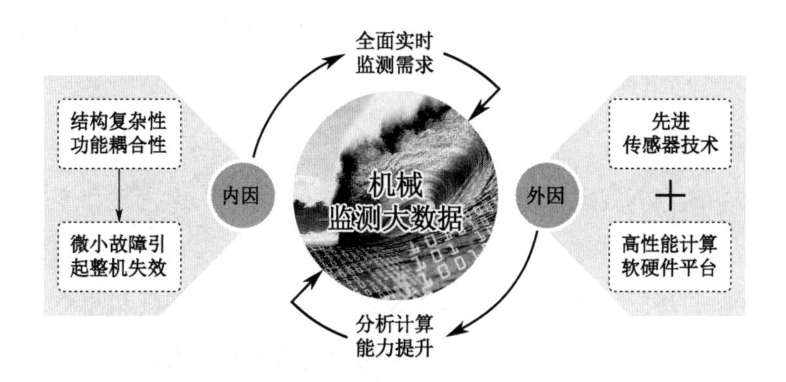

图 1-1 高端装备监测大数据的形成

内部因素源于高端装备自身结构复杂性、功能耦合性和智能化水平的不断提高。高端装备在功能上向精密化、大型化、多功能化的方向发展：装备内部结构的复杂程度日渐提高，使故障发生的概率和影响范围不断扩大，不仅提高了装备的维护难度，导致传统人工维护方式难以满足需求，而且增加了装备故障模式的多样性，使故障准确诊断与预测的难度加大。在性能上，高端装备正向高精度、高效率、高质量、高可靠及智能化的方向发展：高精度要求装备具有更高的稳定性和可靠性，任何微小的故障都可能导致运行效率下降甚至引发安全事故；高效率、高质量和高可靠性要求装备进行实时监测和状态评估，以确保其始终处于最佳运行状态；智能化意味着装备具备自感知、自学习、自决策的能力，可实现故障智能诊断、预测及决策服务。在层次上，高端装备正向系统化、综合集成化的方向发展：系统化和综合集成化使装备故障不再局限于单个部件或子系统，还可能波及整个系统，甚至造成装备整机瘫痪失效。

外部因素源自先进传感器技术、高性能计算软硬件平台和大数据分析技术的蓬勃发展。先进传感技术的进步有效地降低了数据采集成本，便于获取更为丰富、准确的高端装备监测数据。嵌入式系统、低耗能半导体、高性能处理器、云计算等技术的进步大幅提升了数据分析计算的能力，使海量机械监测数据的实时分析成为可能，有利于及时发现潜在故障隐患。与此同时，人工智能、机器学习等大数据分析技术的发展使高端装备故障诊断与预测的准确性与智能化水平大大提升。因此，内部因素与外部因素共同推动了高端装备监测大数据的形成，而大数据驱动的故障智能诊断与预测也成为现代工业发展的必然需求，是高端装备运行安全保障技术发展的重要趋势。

1.1.2　高端装备监测大数据的领域特点

高端装备监测大数据不仅具有一般大数据的 4V 特性，即规模性（Volume）、多样性（Variety）、价值性（Value）和高速性（Velocity），还具有体量庞大、多源异构、低价值密度、高速数据流等领域特点。

1. 体量庞大

随着高端装备的监测规模不断扩大，数据采集的精细化与全面化程度也不断提升，数据种类日益增多、采样频率越来越高、采样历时逐渐延长，导致数据体量呈爆炸式增长，数据规模达到 PB 级以上。例如，所有的劳斯莱斯引擎，不论是飞机引擎、直升机引擎还是舰艇引擎，都配备了大量传感器，用来采集引擎的各部件、各系统、各子系统的数据，这些数据通过特定算法，进入引擎健康管理模块的数据采集与分析系统。在一台引擎中，约有 100 个传感器，每年利用卫星传送 PB 级的数据量，并产生约 5 亿份诊断报告。

2. 多源异构

高端装备监测大数据分布在高端装备的各个部件、系统及全生命周期的各个环节中，既包括传感器、仪器仪表等反馈的运行状态数据，又包含装备生产日志、维修记录等服务数据。这些数据来源广泛且分散，类型多样且异构，涵盖了高端装备在不同工况或环境下多物理源所辐射的大量信息，分别从不同角度反映了装备的健康状态，使全面分析装备的健康状态成为可能。例如，北京北科亿力科技有限公司建立的炼铁大数据平台，主要存储物联网机器数据与内部核心业务数据。物联网机器数据涉及炼铁 PLC 生产操作数据、工业传感器产生的检测数据、现场的各类仪表数据等；内部核心业务数据涉及生产计划数据，过程控制数据、成本装备数据、用户交互需求数据、模型计算及分析结果形成的知识库数据，以及现场实际生产过程中的经验数据信息等。

3. 低价值密度

装备在服役过程中长期处于正常状态，即使发生故障，其故障类型也具有不确定性与隐蔽性，使监测数据中蕴含大量重复性的碎片化信息。这些数据不仅增加了数据存储和处理的成本，还降低了数据分析的效率和准确性。此外，装备服役工况或环境复杂多变，随机因素干扰较多，加之传感器故障、数据传输异常等因素的影响，如恶劣服役环境下的强背景噪声，传感器未校准或突发故障，数据传输中的信道异常中断、拥堵、遗漏等，导致监测数据出现漂移、失真、缺失等问题，这都会降低数据质量。

4. 高速数据流

高端装备监测大数据贯穿于高端装备全生命周期的诸多环节，往往呈现为随时间变化的高速流动数据序列，为实时追踪装备从前期设计、制造、装配到后期服役、监测、维护各环节的状态提供了动态变化信息。快速处理高速监测数据流，并及时对高端装备的故障进行预报警，能够避免因微小故障快速恶化而导致的装备受损。例如，昆仑智汇数据科技（北京）有限公司与金风科技协作建立的风电装备大数据平台，数据回传频率从秒级提高到每秒 50 组的高频，峰值状态下 2 万台风机每秒会产生上千万条传感器数据和机组运行日志数据。

1.2 高端装备智能诊断与预测的相关概念与研究现状

1.2.1 故障诊断与运行维护的关系

高端装备运行维护是指在装备的全寿命服役周期内，为使装备能够保持或恢复其执行设定功能的状态而实施的健康评估、故障诊断、寿命预测、故障零部件维修或更换等所有行为活动。由此可见，故障诊断是实现装备运行维护的核心技术，并与运行维护的需求和发展息息相关，先后经历了三个发展阶段：事后维护、预防维护、预知维护。

（1）事后维护。事后维护又称无计划维护，即维护行为仅在装备发生不可逆的故障甚至失效后执行。这种维护模式下进行故障诊断的主要目标是确定装备的故障位置与成因，辅助维修人员快速制定科学的维修方案。由于事后维护的被动性与不可预见性，故障诊断往往难以防患于未然，且受故障模式不确定性及隐蔽性的影响，易造成装备故障加剧损毁，影响生产效率和安全。因此，事后维护模式的维护效率低、维护成本高，容易引发严重事故，这也促使学术界与工业界积极探索新的维护理论与技术，从而能及早发现机械故障继而制定维护策略，以降低因故障的产生而带来的经济损失与可能的人员伤害。

（2）预防维护。预防维护通过制定计划性维护策略，定期开展维护行为，以防止装备意外停机或故障造成高昂的维护成本。此时，故障诊断通过定期或实时分析装备的运行状态，评估故障发生的可能性和潜在风险，从而制定预防性维护措施，避免装备发生重大事故。但由于预防维护策略制定的盲目性，故障诊断需要依靠大量设备和人力成本，这不可避免地导致维护成本高昂，造成维护资源浪费。

（3）预知维护。预知维护又称视情维护，由美国国家宇航局于 20 世纪 70 年代率先提出[9]。这种维护模式下的故障诊断技术结合装备的动态运行信息，能识别潜在的故障风险并预测装备的退化行为与故障发生的时间，并依此优化维护策略，对高端装备的故障零部件进行调整、维修或更换，从而在避免事故发生的同时，充分延长装备的使用寿命，达到提高维护效率、减少维护成本、降低事故发生率、提高社会经济效益的目的。

1.2.2　故障智能诊断与预测的定义及运维基本框架

随着物联网、大数据、人工智能等新一代信息技术赋能运行维护模式发展，高端装备的预知维护逐渐向智能运维模式转变。故障智能诊断与预测是智能运维新模式下保障高端装备安全运行的核心技术，它使用故障信息自感知、故障特征自表征、诊断知识自学习的人工智能技术，从机械监测大数据中分析和挖掘装备的动态运行信息，自检和预警装备的实时健康状态，诊断和预测装备潜在故障与退化趋势，代替基于人工生成机制的传统预知维护，为高端装备提供不间断的监测、诊断与预测维护服务，使高端装备达到近乎零事故的服役性能。智能运维涵盖机械监测大数据的获取、存储、分析、管理及应用集成等功能，以 Hadoop 分布式智能运维管理系统为例，其基本框架如图 1-2 所示，包括数据获取与存储层、数据分析与挖掘层、系统集成与应用层。

（1）数据获取与存储层。数据获取与存储层通过多源传感器、数据采集系统等建立高端装备运行界面与监测数据管理系统之间的通道，以分布式文件系统 HDFS 实现机械监测数据的大容量与高速存储。

（2）数据分析与挖掘层。数据分析与挖掘层基于分布式计算批处理引擎 MapReduce、Spark 等，能快速地从 HBase 数据库中索引监测数据流，并输入智能运维功能模块执行核心算法，包括利用机械监测大数据质量保障方法动态过滤数据流中混杂的“脏数据”；基于故障智能诊断方法自适应表征高质量数据中的故障特征并自动诊断潜在故障；采用剩余寿命预测方法实时估计装备的剩余使用寿命；根据诊断与预测结果进行维护决策的制定与优化。之后将分析过程中产生的结果数据等存储在数据库中以备调用。

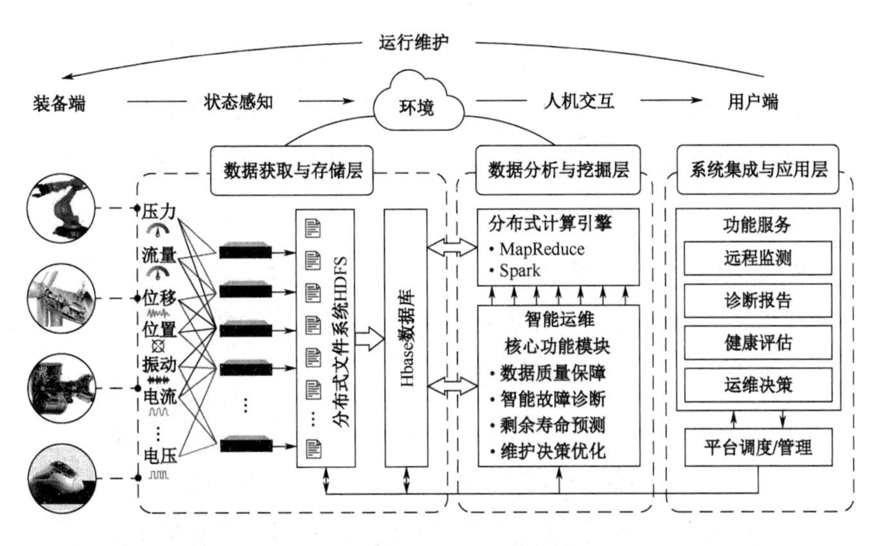

图 1-2 Hadoop 分布式智能运维管理系统的基本框架

（3）系统集成与应用层。系统集成与应用层面向用户开发一系列上层应用，搭载于本地计算机或便携式设备，通过人机交互接口，协调智能运维管理系统中数据获取、存储、分析、挖掘等模块间的数据流动，实现高端装备的状态监测、故障诊断与预测维护等核心功能，并在此基础上，自动调用分析结果数据，直观地呈现装备的实时健康状态、历史退化态势等，为用户输出诊断分析报告和运维决策方案。

1.2.3 故障智能诊断与预测的研究现状

故障智能诊断与预测是新一代信息技术与故障诊断理论交叉、渗透、融合的产物，属于故障预测与健康管理（Prognostics and Health Management，PHM）领域的前沿热点，备受国内外学术界与工业界的关注。

国外在该领域的研究起步较早，主要集中在美国、英国、加拿大、日本等发达国家或地区，如美国国家科学基金资助成立了智能维护系统（IMS）中心，促进辛辛那提大学、密歇根大学等高校与美国国家仪器（NI）、德国博世（Bosch）、日本欧姆龙（Omron）等全球企业建立产学联盟，共同探索先进的故障诊断与预测技术，截至 2012 年，累计为合作企业创造经济效益约 8.467 亿美元。英国成立的机械保健与状态监测协会是最早发展和推广装备故障诊断技术的机构之一，其早期的研究工作为后来者打下了坚实的基础，成功奠定了英国汽车、航空发动机状态监测和故障诊断技术在国际上的领先地位。作为航空领域巨头，英国 Rolls-Royce 公司高度重视航空发动机运行安全保障，于 2017 年设立了“智能航空发动机”专项，期望通过深度分析航空发动机全寿命周期大数据，进一步提升发动机的

运行安全与维护保障性。加拿大多伦多大学的维护优化与可靠性工程研究中心（C-MORE）长期致力于开展视情维修与维护策略的研究工作，旨在通过技术创新提高装备运行效率与可靠性，开发的维护系统 EXAKT 与 SMS 已经在能源化工等多个领域得到了应用，为矿用运输车辆、石油化工设备等高端装备的安全、高效运行提供了有力保障。国际 PHM 协会通过举办工业装备故障诊断与预测竞赛，推动了相关技术的快速发展及应用。随着大数据技术的不断迭代，自 2008 年起，竞赛题目也在不断演进，从竞赛初期的涡轮发动机、齿轮箱、数控机床刀具等机械装备关键部件的故障诊断与预测，到近年来的城轨车辆悬挂系统、化学机械抛光系统组件等复杂机械系统的故障诊断与预测。此外，美国 NI、艾默生（Emerson）电气公司、瑞士 ABB 公司、国际商业机器公司（IBM）等国外知名企业多年来持续致力于为工业物联网领域的设备诊断与维护提供软硬件一体化解决方案。

国内在机械故障诊断与预测方面的研究虽然起步略晚，但备受重视，发展强劲。我国先后发布了《国家中长期科学和技术发展规划纲要（2006—2020 年）》和《机械工程学科发展战略报告（2021—2035）》，均将重大产品和重大设施运行可靠性、安全性、可维护性关键技术列为重要的研究方向，并明确指出：未来 5～15 年，重点和优先发展新一代人工智能故障诊断技术。2017 年，中国工程院在发布的《中国智能制造发展战略研究报告》中，明确将智能运维列为新一代人工智能在制造业应用的重点突破方向之一，体现了故障智能诊断与预测等智能运维关键技术是我国制造业转型升级的迫切需要。2021 年，工业和信息化部印发的《“十四五”智能制造发展规划》中指出：培育推广网络协同制造、智能运维服务等新模式，加强装备故障诊断与预测性维护等关键技术攻关，加快聚力故障预测与健康管理软件等产品突破。国家自然科学基金委员会长期以来一直对机械故障诊断与预测领域给予高度关注和大力支持，据估计，30 多年来，在机械故障诊断与预测领域获批的面上项目、青年项目和地区项目的资助总金额近 2 亿元，为该学科及相关技术的发展提供了坚实的支撑。2020 年，国家自然科学基金委员会信息科学部进一步明确了“面向重大装备的智能化控制系统理论与技术”为优先发展领域，并将“系统报警与运行故障智能诊断与自愈控制”列为重点研究方向，预示着未来五年，该研究领域与方向将成为重点项目群立项的主要来源。为了推动故障诊断与预测技术的学术交流和成果推广应用，中国机械工程学会联合中国振动工程学会每两年举办一届“全国设备监测诊断与维护学术会议”，不仅为领域内的专家学者提供了成果展示与交流的平台，也促进了企业界与学术界的深入沟通，推动相关成果的落地应用。工业和信息化部、中国信息通信研究院联合北京工业大数据创新中心等多家企业和研究机构，自 2017 年起每年举办一届中国工业大数据创新竞赛，围绕风机叶片结冰预测、风机齿形带故障分类、

刀具剩余寿命预测等工程问题开展主题赛事，激发研究机构与相关企业的创新活力，推动工业大数据技术及应用发展。在国内高等科研院校方面，清华大学、西安交通大学、上海交通大学、北京化工大学、华中科技大学、西南交通大学、国防科技大学等学府汇聚了大批学者与工程技术人员，在机械故障诊断理论与方法进行了深入探索，并取得了一系列重要成果。国内工业物联网知名企业，如树根互联技术有限公司、昆仑智慧数据科技（北京）有限公司、北京天泽智云科技有限公司、安徽容知日新科技股份有限公司等近年来积极打造工业大数据云平台，旨在为工程机械、风电机组、轨道交通等领域的高端装备智能运维提供解决方案，通过云平台建设和运营，不仅提高了装备运行效率和安全性，也为制造业的智能化发展注入了新的动力。

机械故障智能诊断与预测涉及监测大数据的获取、存储、分析、管理及应用集成等一系列理论与技术，其研究现状可以从数据获取与存储、数据分析与挖掘、系统集成与应用三个方面进行概述。

1. 数据获取与存储是智能诊断与预测的前提

在数据获取方面，高端装备的故障信息往往分散在动力学、声学、摩擦学、热力场等多个物理源中，如何利用先进的多源数据传感技术有效地捕捉这些物理源数据，成为感知装备故障信息的核心任务。在已有良好基础的情况下，国外传感器技术向着高精尖方向发展，主要集中在新型传感器技术和传感器系统的研发上。这些新型传感器技术具有更高的灵敏度、更快的响应速度和更小的尺寸，为许多领域的应用提供了更广阔的前景。随着物联网等技术的不断发展，传感器系统的智能化和网络化已经成为一个重要的研究方向。当前，我国的一些科研机构和企业已经开发出了具有自主知识产权的一系列传感器产品，在国内外市场上取得了一定的应用成效。在新型传感器技术方面，我国已经成功研发出了纳米传感器、生物传感器、化学传感器等新型传感器技术，并得到了初步的应用和推广。

在数据存储方面，现有智能运维模式主要关注关系型结构化监测数据，通常需要结合专用的监测数据库进行存储和管理。这些数据库的数据传输规则和存储规则大多基于用户的操作习惯来制定。然而，随着运维对象由单一轴承、齿轮等装备核心零部件转变为功能集成化更高的高端装备，数据来源和类型发生了巨大变化，即多源传感器和其他类型数据源持续地传输着海量的混合结构化监测数据。例如，航空发动机、工业机器人、风电装备、燃气轮机等高端装备的故障智能诊断与预测，涉及振动、转速、扭矩、温度、电压、电流等多种类型的物理源及多个测点的信号，如图 1-3 所示。这些信号在采样频率、传输协议、存储结构等方面都存在显著差异，使传统面向关系型结构化数据的存储与管理方法难以应对海量、多类混合结构化监测大数据的存储需求。由此，分布式存储技术应运而生，为高端装备监测大数据的存储与管理提供了有效的解决方案。例如，Google 提出的文件系统 GFS 和 NoSQL 数据库 Cloud Bigtable 等，都是分布式存储技术的代表，推动了智能运维模式下的监测大数据管理向更自由、快速可靠、高度可扩展的方向发展，使监测大数据的高效存储与快速索引成为可能。

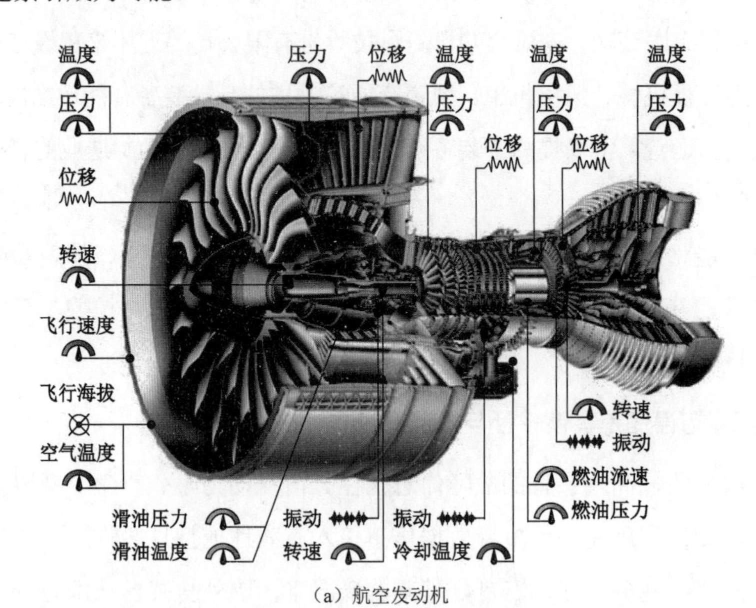

（a）航空发动机

（b）工业机器人

图 1-3　高端装备监测大数据类型及测点分布示意

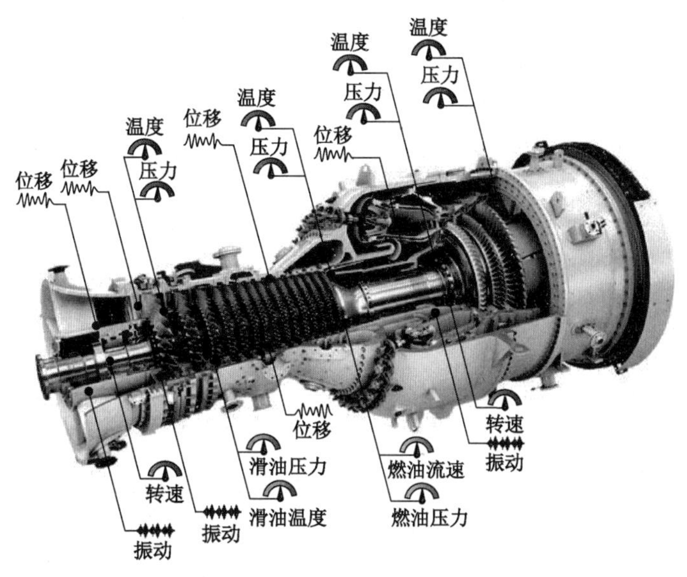

（c）燃气轮机

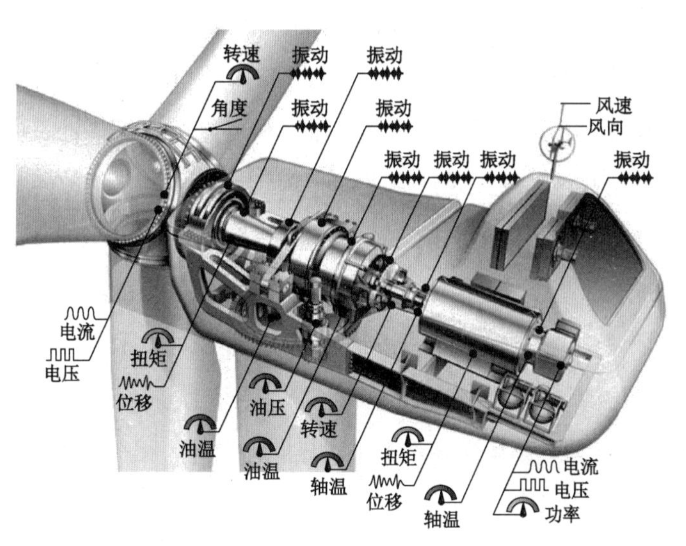

（d）风电装备

图 1-3 高端装备监测大数据类型及测点分布示意（续）

2. 数据分析与挖掘是智能诊断与预测的核心

高端装备监测大数据的故障信息挖掘是故障智能诊断与预测等核心功能模块搭载数据计算框架协同作用的结果，相关研究现状涉及数据计算框架、故障智能诊断与预测功能模块两方面。

1）数据计算框架方面

机械监测大数据的流式特性解释了数据的价值与其时间属性密切相关的客观事实，所刻画的价值—时间曲线呈现出明显的下降趋势，这意味着随着时间的推移，从数据中挖掘出的价值信息逐渐衰减，这要求数据分析与处理具有较高的时效性。传统的智能诊断与预测通常采用集中式计算方式，即通过大型运算终端来连续处理监测数据流，以确保数据潜在价值的“新鲜”。然而，随着数据量的激增，尤其是在高频采样与高速传输的条件下，监测数据的高速流式特性愈发明显，集中式计算方式面对海量数据时的处理效率难以满足实际需求。为了解决这一问题，批处理计算模式、云计算、边缘计算等分布式计算框架，为智能运维模式下的大数据处理提供了新的解决方案。分布式计算将海量监测数据分割成多个部分并行处理，从而大大提高了数据处理的速度和效率。例如，批处理计算模式以较高的吞吐量完成数据处理任务；云计算利用分布式计算资源，将数据处理任务分散到多个计算节点上，从而实现并行处理和数据高速流动；边缘计算则将数据处理任务下放到装备本地端附近，降低了大规模数据传输的代价。综上所述，分布式计算构建了监测大数据的处理“管道”，支撑起智能运维模式下大数据流动的“高速公路”。

2）故障智能诊断与预测核心功能模块方面

故障智能诊断与预测作为高端装备智能运维的核心功能，是借助机械、信息、数学、力学等多学科先进理论和技术成果迅速发展的一门学科，主要包括故障特征提取、故障模式识别和剩余寿命预测等方面的研究工作。

（1）故障特征提取。以信号处理技术为基础的特征提取是故障信息表征的主要途径。围绕监测数据的时域、频域、时频域等信号多域分析理论与技术，国内外学者开展了丰富的研究工作。

① 时域分析原理简单且易于实现，主要通过统计分析、相关分析、概率密度分析等提取监测数据的时域特征，快速判别故障。随着数学统计与信号处理技术的发展，排列熵、时域同步平均等时域分析方法的研究与应用逐渐为微弱突变故障特征提取提供了新的技术支持。

② 频域分析上，自 18 世纪初期傅里叶变换开启频谱分析的大门以来，相干分析、倒频谱、Hilbert 解调等理论与技术一直是频域故障特征提取的有力工具。近年来，阶次追踪技术、循环平稳分析、稀疏分解等先进信号处理技术的研究层出不穷，掀起了频域分析新的浪潮。

③ 时频域分析理念最早可追溯到 20 世纪 40 年代 Gabor 提出的加窗傅里叶变换概念，随之发展而来的短时傅里叶变换成为首个实用的时频分析方法。在此之后，Ville 提出的 Wigner-Ville 分布成为时频分析的又一重要工具。20 世纪 80 年代以来，小波分析理论与经验模式分解（EMD）的相继提出代表了时频分析的重要突破，迅速掀起了国内外研究与应

用的热潮，美国凯斯西储大学、英国谢菲尔德大学、曼彻斯特大学、剑桥大学等长期致力于先进信号处理及故障诊断应用的底层研究，我国西安交通大学、清华大学、上海交通大学、湖南大学等均在小波与 EMD 理论研究及故障诊断应用上取得了显著进展。

（2）故障模式识别。故障模式识别旨在建立故障特征及其对应的装备多故障模式（如故障位置、故障类型和故障程度等）之间的对应关系。传统故障诊断模式主要依赖专家经验知识来揭示这种对应关系。随着机器学习理论与技术的迅猛发展，计算机逐渐在数据分析、知识学习、经验总结等方面取代人工。通过构建智能诊断模型，建立故障特征与多故障模式之间的非线性映射关系，从而推动故障模式识别向智能化方向发展。因此，故障模式识别的研究与机器学习理论的发展紧密相连，两者相互影响、相互促进。机器学习理论的历史可以追溯到 20 世纪 50 年代，直至 20 世纪 80 年代，相关研究迎来了蓬勃发展。在这一段时期，一系列经典的机器学习方法相继诞生，如人工神经网络、支持向量机、决策树等。这些方法的出现为故障智能诊断的发展奠定了坚实的基础。自 20 世纪 90 年代起，故障智能诊断在高端装备状态监测与诊断问题上崭露头角，受到了美国、英国、加拿大、韩国、日本等发达国家或地区众多学者的广泛关注。在短短 10 多年间，故障诊断专家系统、智能诊断等新理论与新技术纷纷涌现，并在交通、能源、冶金等诸多领域得到了广泛的应用。然而，机器学习领域的研究并未就此止步。2006 年，深度学习理论在《科学》（*Science*）杂志上首次发表，迅速引领了学术界与工业界的研究新浪潮。随着堆叠自编码机、深度卷积网络、深度置信网络、深度残差网络等先进深度学习技术的出现，故障智能诊断研究逐渐由“浅”入“深”。这些深度学习方法在大数据背景下展现出了强大的潜力，给故障智能诊断领域带来了新的突破。深度智能诊断理论与方法的研究现已成为领域内的前沿热点，为机械监测大数据的故障信息挖掘提供了更为高效、准确的手段。

（3）剩余寿命预测。剩余寿命预测的主要任务是根据装备的历史服役数据建立预测模型，估计装备由当前健康状态退化至服役功能完全丧失的剩余时长。剩余寿命预测方法研究可分为基于物理模型与数据驱动两大类。

① 基于物理模型的剩余寿命预测方法根据机械材料的失效机理建立模型来描述机械材料损伤程度与应力循环次数之间的关系，从而预测特定应力水平下装备的剩余寿命。这种方法研究较早，可追溯到 19 世纪德国学者 Wöhler 基于应力应变理论提出的 *S-N* 疲劳寿命曲线。20 世纪 60 年代 Paris 和 Erdogan 在断裂力学理论基础上提出了著名的 Paris-Erdogan 模型，成为剩余寿命预测理论研究的里程碑。在疲劳断裂的研究基础上，国内外许多研究机构和学者又相继发展了基于物理模型的寿命预测方法，如等效应变能密度寿命预测方法、基于

小裂纹理论的疲劳全寿命预测方法及高温蠕变寿命预测方法等。

② 数据驱动的剩余寿命预测方法借助机器学习、随机过程建模等理论构建智能预测模型，表征机械监测数据中蕴含的装备退化信息，并通过大量数据进行模型更新训练，进一步揭示监测数据与高端装备剩余寿命之间的映射关系。常用于构建智能预测模型的机器学习方法有前向反馈神经网络、神经模糊推理系统、相关向量机、高斯过程回归等。近年来，随着深度学习理论与技术的蓬勃发展，递归神经网络、长短时记忆网络、时间卷积网络等在剩余寿命预测领域大量应用，备受国内外学者的青睐。基于随机过程的剩余寿命预测方法根据监测数据退化趋势中包含的装备衰退机理、同类装备趋势信息等故障先验知识，建立衰退模型，描述装备的退化行为，并根据历史监测数据的退化趋势对模型参数和装备的运行状态进行实时更新，从而预测装备的未来退化趋势，通过数据与模型的联合动态匹配，最终达到预测装备剩余寿命的目的。目前学者们已提出多种衰退模型用于描述装备的退化行为，进而预测其剩余寿命，如自回归模型与自回归移动平均模型、随机参数模型、Wiener随机过程模型、Gamma 随机过程模型、逆高斯过程模型、马尔科夫模型及比例风险模型等。

3. 系统集成与应用是智能诊断与预测的目标

面向高端装备提供故障智能诊断、预测与维护决策等服务的运维管理系统是一种集成数据获取、存储、分析、挖掘等应用模块的交互式应用平台。自 20 世纪 70 年代以来，装备运维管理在航空航天、船舶汽车、冶金石化等诸多领域得到了广泛的应用和推广。美国海军为 A-7E 攻击机部署的发动机监测系统，是运维管理系统应用的早期典型案例之一。发动机监测系统通过实时监测发动机的运行状态，实现了对发动机故障的及时预警，为飞行安全提供了有力保障，这一成功案例为运维管理系统随后的发展奠定了坚实的基础。至 20 世纪 80 年代，整机级运维管理系统的雏形逐渐显现。英国的直升机健康与使用监测系统集成了航空电子设备、地面支持设备及机载计算机监测诊断产品，形成了一个复杂的运维管理系统，这一系统的成功研发，为后来的整机级运维管理系统提供了宝贵的经验和借鉴。在船舶领域，各世界航运先进国家也在 20 世纪 80 年代开始逐步研发集在线状态监测、健康状态评估、多船协调控制等多功能应用于一体的整机级船舶运维管理系统。例如，挪威 KYMA 公司研发的 SPM 系统、日本三菱重工研发的 SUPERASOS 系统、美国海军为在役舰船研制的 ICAS 系统等。这些系统通过实时监测船舶的运行状态，及时发现并预警了船舶潜在故障，提高了船舶的安全性和可靠性。在航天领域，虽然早在 20 世纪 70 年代便提出了航天器运维管理的相关概念，但直到 2001 年美国国家宇航局在 X-33 航天飞机上搭载了 VHM 系统，才实现了航天领域运维管理系统的首次飞行验证。这一系统的成功应用，

为航天器的运维管理提供了全新的思路和方法。随后，美国国家宇航局又组织研发了航天器 IVHM 系统，集成了数据获取、特征提取、健康预测评估等应用功能，为航天器的长期稳定运行提供了有力保障。我国自“十五”以来，相关科研院所，如北京航空航天大学、哈尔滨工业大学、中国航空工业集团公司 634 所等，率先在航空、航天、船舶等领域开展运维管理系统设计的基础研究工作。他们从物理结构、信息处理及功能架构等方面对运维管理系统的应用集成进行了技术攻关，并取得了显著成果。例如，2016 年，我国 C919 大型客机搭载了由航天科工集团第一研究院自主研制的运维管理系统，实现了对涉及飞行安全的关键数据实时监测，并基于数据分析实现了航空发动机健康评估、故障诊断、维修决策等应用功能。

随着物联网、大数据、人工智能等新一代信息技术的快速发展，工业界逐渐推出了智能运维管理系统解决方案——工业大数据云平台。这些平台通过整合运维大数据获取、分析、管理及云技术等核心功能，强化了计算机辅助高端装备实现自检、自诊和自决策的能力，为装备提供了更加智能、更加高效的运维管理服务。例如，美国通用电气公司于 2015 年率先推出了云平台 Predix，德国西门子公司于 2016 年推出了云平台 MindSphere，瑞士 ABB 公司随后推出了云平台 ABB Ability，法国施耐德电气有限公司推出了云平台 EcoStruxure。在我国，树根互联联合三一重工股份有限公司为工程机械打造了工业互联网服务平台，通过集成数据采集、远程监控、智能诊断等功能，实现装备非法操作、作业异常、位置偏离等状态的实时报警；昆仑数据聚焦新能源装备的运行维护需求，建立风电/水电机组的“云+边”远程监测与智能诊断云平台，为机组核心部件提供故障预警与状态评估服务；天泽智云面向高速列车构建故障诊断与健康管理系统，利用“边云协同”技术深度分析关键零部件与系统的监测数据，满足其状态监测与故障诊断等核心功能需求。这些工业大数据云平台的蓬勃发展，为高端装备的运维管理带来了全新的变革和机遇。

1.3 大数据下智能诊断与预测面临的机遇与挑战

正如前文所述，巨大的信息技术变革推动高端装备运行维护迈向智能运维，而机械监测大数据为机械故障智能诊断与预测等智能运维关键技术的发展和转变带来了前所未有的机遇，同时也对现有智能诊断与预测理论及方法提出了新的挑战。

1. 机遇

（1）监测大数据量变产生质变，为高端装备甚至装备群的智能诊断与预测带来契机。庞杂的机械监测大数据的背后，隐含着丰富的大信息、大知识，而且关联性强。为了挖掘

监测大数据的潜在价值和规律，需要通过信息深度表征与相关关系分析等大数据处理技术，深入剖析数据，揭示其内在逻辑和关联，从而帮助用户全面掌控高端装备的运行状态。这种转变使运维对象由单一层次的装备核心零部件，如齿轮、轴承、转子等，扩展到了多层次、多故障的高端装备甚至装备群。这不仅提高了运维效率和准确性，也为高端装备的长期稳定运行提供了有力保障。

（2）在数据为王的学术思想指导下，数据分析手段正在经历深刻变革，使全面解析机械故障演化过程成为可能。传统的数据分析方法往往通过观察对象、积累知识、设计算法、提取特征和分析决策来揭示数据之间的因果关系。然而，在大数据时代，高端装备智能诊断与预测更加注重以机理为基础、以数据为中心、以计算为手段、以智能解析与决策为需求的相关推断。这种新的数据分析方法不再仅仅依赖人为选择可靠数据，而是借助人工智能技术，从海量混杂数据中提取故障特征，并建立了装备监测数据与健康状态之间的映射关系，从而更加全面地解析装备多工况交替变化、多随机因素影响下的故障动态演化过程，实现全局式的监测大数据分析。

（3）监测大数据的涌现为用户、装备和环境之间的协同优化提供了有力支持，进一步推动了高端装备智能诊断与预测服务的转型与升级。智能诊断与预测服务通过集成信息感知、通信传输、数据分析等尖端技术，构建了一个高效、精准的用户—装备—环境相互映射的运维管理系统。在这个系统中，监测大数据的高速流动成为关键，用户、装备和环境三者之间需要进行动态协同优化。其中，用户与装备之间的协同工作，使系统能够实现自动诊断与预测维护的智能决策功能，从而提前发现并解决潜在故障。装备与环境之间的协同则满足了全面监测与高效存储的智能传感需求，确保在各种环境条件下都能准确获取装备的动态运行状态。而用户与环境之间的协同，则旨在达到高效使用与视情管控的智能管理目的，从而优化资源的配置和使用。随着智能诊断与预测等核心技术服务的深入发展，其目标已经不仅仅局限于准确及时地识别机械故障的萌生与演变，以及减少或避免重大灾难性事故的发生，而是进一步整合机械监测大数据资源，以延长装备的使用寿命、优化产品设计质量、提高社会经济效益。这种转型不仅体现了对大数据价值的深入挖掘，也反映了智能运维关键技术对用户、装备和环境整体优化的重视。

2. 挑战

（1）信号处理等故障信息人工表征方法往往是为特定的诊断任务而设计的，这种方法依赖诊断专家对高端装备故障机理的深入理解，以及他们丰富的诊断经验和专业知识，能从海量监测数据中提取统计特征或设计敏感特征，以表征装备的故障信息。然而，在高端

装备监测大数据的驱动下，数据中蕴含的故障信息涉及多领域和多维度的相互耦合，同时还受到多工况交替变化等多种因素的影响，这使故障信息的快速获取变得困难。因此，传统的人工提取或设计特征的方法往往难以准确涵盖所有的故障信息。为此，需要研究大数据驱动的智能诊断技术，基于深度学习等先进的机器学习方法，自适应地表征监测大数据中的故障信息，并构建监测数据输入与装备健康状态输出之间的映射关系，实现故障智能诊断决策。这不仅能够减少传统诊断模式中人为主观干预对诊断决策的影响，还可以提高故障诊断的精确度和效率。

（2）机械故障智能诊断需要从充足的、高质量的监测数据中学习诊断知识，从而替代诊断专家揭示监测大数据与高端装备健康状态之间的关联关系，为智能诊断决策提供基础，因此，智能诊断的精确度直接受到数据质量和数量的影响。在工程实际中，虽然机械监测大数据具有庞大的规模，但由于标记数据的成本高昂，以及故障信息存在的重复性与不确定性，导致海量数据中真正有效的故障信息相对较少，限制了智能诊断方法在实际应用中的推广。迁移学习为解决这一难题提供了解决方案，它能够利用从已有任务中学到的知识来辅助解决另一个相关任务。因此，可以利用已有装备的诊断知识解决其他相关装备的诊断问题，从而当高端装备的可用数据稀缺时，通过建立装备诊断知识的跨域迁移机制，使得诊断知识能够在不同装备之间进行有效的迁移应用，降低智能诊断对充足可用数据的强依赖性，进一步推动智能诊断技术的实际应用和发展。

（3）高端装备的退化失效是多因素影响的物理过程，因而难以通过深入理解装备的失效机理构建准确的物理模型，从而对高端装备的剩余寿命进行预测。近年来，数据驱动的剩余寿命预测方法通过借助机器学习、随机过程建模等理论与方法，构建智能预测模型，从装备的监测大数据中表征衰退信息，进而实现剩余寿命预测。这种方法与基于物理模型的剩余寿命预测方法相比，无需深入研究高端装备的失效机理，从而解决了复杂失效机理下建立准确物理模型的难题。然而，当前数据驱动方法仍面临以下挑战：如何从海量监测大数据中构建出能够准确描述装备退化规律的健康指标，如何根据健康指标的变化趋势智能预测装备的剩余寿命，并将预测结果的不确定性进行量化。

参考文献

[1] 李杰．工业大数据[M]．邱伯华，译．北京：机械工业出版社，2015.

[2] 通用电气(中国). GE 在中国[EB/OL]. https://www.ge.com/cn/company/GE-in-China.

[3] Rolls-Royce. The Rolls-Royce Intelligentengine – Driven by Data[EB/OL]. https://www.rolls-royce.com/media/press-releases/2018/06-02-2018-rr-intelligentengine-driven-by-data.aspx.

[4] 大数据文摘. 航空遇见大数据[EB/OL]. https://cloud.tencent.com/developer/article/1131052, 2018-05-21.

[5] 夏妍娜，王羽．大数据在德国汽车制造商宝马集团中的应用[J]．智慧工厂，2017, 2: 81-84.

[6] 李心萍．用大数据挖掘大价值[N]．人民日报，2016-11-30(2).

[7] 陈雪峰，訾艳阳．智能运维与健康管理[M]．北京：机械工业出版社，2018.

[8] 维克托・迈尔・舍恩伯格．大数据时代：生活、工作与思维的大变革[M]．盛杨燕，周涛．译．浙江：浙江人民出版社，2012.

[9] 雷亚国，贾峰，孔德同，等．大数据下机械智能故障诊断的机遇与挑战[J]．机械工程学报，2018, 54(5): 94-104.

[10] JARDINE A K S, TSANG A H C. Maintenance, Replacement, and Reliability: Theory and Applications[M]. CRC press, 2013.

[11] 雷亚国，杨彬．大数据驱动的机械装备智能运维理论及应用[M]．北京：电子工业出版社，2022.

[12] Center for Interlligent Maintenance Systems[EB/OL]. http://www.imscenter.net/IMS.

[13] 中国民航网．罗尔斯・罗伊斯推出智能发动机愿景[EB/OL]．http://www.caacnews.com.cn/1/88/201802/t20180208_1240605.html, 2018-02-08.

[14] Centre for Maintenance Optimization and Reliability Engineering[EB/OL]. https://cmore.mie. utoronto.ca/.

[15] PHM Society. PHM Data Challenge[EB/OL]. https://www.phmsociety.org/events/conference/phm/15/data-challenge.

[16] 中华人民共和国国务院．国家中长期科学和技术发展规划纲要（2016—2020 年）[EB/OL]. http://www.gov.cn/jrzg/2006-02/09/content_183787.htm, 2006-02-09.

[17] 国家自然科学基金委员会工程与材料学部. 机械工程学科发展战略报告（2021～2035）[M]．北京：科学出版社，2021.

[18] 中国工程院“制造强国战略研究”项目组. 中国智能制造发展战略研究[J]．中国工程科学，2018, 20(4): 1-8.

[19] 工业和信息化部．“十四五”智能制造发展规划[EB/OL]. https://www.gov.cn/zhengce/zhengceku/2021-12/28/5664996/files/a22270cdb0504e518a7630fa318dbcd8.pdf.

[20] 中国信息通信研究院．首届中国工业大数据创新竞赛在京正式启动[EB/OL]. http://www.caict.ac.cn/xwdt/ynxw/201804/t20180426_157350.htm, 2017-07-03.

[21] 孟小峰，慈祥．大数据管理：概念，技术与挑战[J]．计算机研究与发展，2013，50(1): 146-169.

[22] 李学龙，龚海刚．大数据系统综述[J]．中国科学：信息科学，2015, 45(1): 1-44.

[23] 何正嘉，陈进，王太勇，等．机械故障诊断理论及应用[M]．北京：高等教育出版社，2010.

[24] 林京，赵明．变转速下机械设备动态信号分析方法的回顾与展望[J]．中国科学：技术科学，2015，45(7): 669-686.

[25] FENG Z, ZHOU Y, ZUO M J, et al. Atomic decomposition and sparse representation for complex signal analysis in machinery fault diagnosis: A review with examples[J]. Measurement, 2017, 103: 106-132.

[26] 何正嘉，訾艳阳，孟庆丰，等．机械设备非平稳信号的故障诊断原理及应用[M]．北京：高等教育出版社，2001.

[27] 褚福磊，彭志科，冯志鹏，等．机械故障诊断中的现代信号处理方法[M]．北京：科学出版社，2009.

[28] 于德介，程军圣，杨宇．机械故障诊断的 Hilbert-Huang 变换方法[M]．北京：科学出版社，2007.

[29] LEI Y, YANG B, JIANG X, et al. Applications of machine learning to machine fault diagnosis: A review and roadmap[J]. Mechanical Systems and Signal Processing, 2020, 138: 106587.

[30] 周志华．机器学习[M]．北京：清华大学出版社，2016.

[31] 雷亚国，何正嘉．混合智能故障诊断与预示技术的应用进展[J]．振动与冲击，2011，30(9): 129-135.

[32] LECUN Y, BENGIO Y, HINTON G. Deep learning[J]. Nature, 2015, 521(7553): 436-444.

[33] KHAN S, YAIRI T. A review on the application of deep learning in system health management[J]. Mechanical Systems and Signal Processing, 2018, 107: 241-265.

[34] LEI Y, LI N, GUO L, et al. Machinery health prognostics: A systematic review from data

acquisition to RUL prediction[J]. Mechanical Systems and Signal Processing, 2018, 104: 799-834.

[35] 张小丽，陈雪峰，李兵，等. 机械重大装备寿命预测综述[J]. 机械工程学报，2011，47(11): 100-116.

[36] 涂善东，轩福贞，王卫泽. 高温蠕变与断裂评价的若干关键问题[J]. 金属学报，2009，45(7): 781-787.

[37] SANTECCHIA E, HAMOUDA A M S, MUSHARAVATI F, et al. A review on fatigue life prediction methods for metals[J]. Advances in Materials Science and Engineering, 2016: 9573524.

[38] LEE J, WU F, ZHAO W, et al. Prognostics and health management design for rotary machinery systems-Reviews, methodology and applications[J]. Mechanical Systems and Signal Processing, 2014, 42(1-2): 314-334.

[39] KAN M S, TAN A C C, Mathew J. A review on prognostic techniques for non-stationary and non-linear rotating systems[J]. Mechanical Systems and Signal Processing, 2015, 62-63: 1-20.

[40] WANG Y, ZHAO Y, Addepalli S. Remaining useful life prediction using deep learning approaches: A review[J]. Procedia Manufacturing, 2020, 49: 81-88.

[41] 裴洪，胡昌华，司小胜，等. 基于机器学习的设备剩余寿命预测方法综述[J]. 机械工程学报，2019，55(8): 1-13.

[42] SI X, WANG W, HU C, et al. Remaining useful life estimation–a review on the statistical data driven approaches[J]. European Journal of Operational Research, 2011, 213(1): 1-14.

[43] ZHANG Z, SI X, HU C, et al. Degradation data analysis and remaining useful life estimation: A review on Wiener-process-based methods[J]. European Journal of Operational Research, 2018, 271(3): 775-796.

[44] 曾声奎，MICHAEL G. PECHT，吴际. 故障预测与健康管理（PHM）技术的现状与发展[J]. 航空学报，2005，26(5): 626-632.

[45] 莫固良，汪慧云，李兴旺，等. 飞机健康监测与预测系统的发展及展望[J]. 振动、测试与诊断，2013，33(6): 925-930+1089.

[46] 罗荣蒸，孙波，张雷，等. 航天器预测与健康管理技术研究[J]. 航天器工程，2013，22(4):95-102.

[47] MARK S, JEFF S, LEE B. The NASA Integrated vehicle health management technology experiment for X-37[C]//Conference on Component and Systems Diagnostics, Prognostics, and Health Management in Orlando, USA, April 3-4, 2002: 49-60.

[48] 中国新闻网．用工业互联网解决企业痛点 树根互联推根云平台[EB/OL]. http://www. chinanews.com/cj/2017/02-22/8156524.shtml.

[49] 昆仑数据．行业案例[EB/OL]．https://www.k2data.com.cn/case.

[50] 中国电子技术标准化研究院. 信息物理系统(CPS)典型应用案例集[M]．北京：电子工业出版社，2019.

第2章

基于传统机器学习的高端装备故障智能诊断

高端装备在长期运行过程中，故障不可避免，故障信息蕴含在装备的监测信号中，有效捕获这些故障信息进而判断装备的健康状态，是基于装备运行行为进行故障诊断的核心任务。传统故障诊断通过眼观、耳听、手触等人为简易诊断手段或结合先进的信号处理方法，识别装备对外释放的独有特征，并结合长期积累的专家经验知识，判断这些特征对应的装备健康状态，实现装备的健康监测与故障诊断。然而，人为简易诊断手段费时费力，而且诊断精确度不高；基于信号处理的故障诊断对技术人员乃至用户的专业知识储备提出了较高要求，如果知识储备不够，就难以解析诊断结果。因此，装备故障智能诊断应运而生，它利用机器学习理论，将传统诊断过程中的人为判断转换为计算机分析数据，通过构建智能诊断模型，建立装备的监测数据特征与健康状态之间的映射关系，实现装备健康状态的自动判别。故障智能诊断不仅减少了人为主观判断的干扰，提高了诊断精确度，而且降低了技术人员与用户的应用门槛，提供了直观、易懂的结果呈现模式，已成为工程实际中保障装备安全运行的重要手段。

基于传统机器学习的高端装备故障智能诊断流程如图 2-1 所示，主要包括数据采集、特征提取与选择、健康状态识别。为全面掌握装备的健康状态，工程实际中经常依靠多物理源传感网络，采集装备的多源监测信号，如振动、声发射、转速、温度、电流等。为解析多源监测信号中装备的健康信息，需要凭借统计分析手段，如时域分析、频域分析、时频域分析等，提取信号的统计特征，再利用特征选择技术，如主分量分析、距离评估技术、信息熵等，剔除多维特征中的冗余或不相关特征，选择对装备健康状态变化敏感的特征，避免维数灾难，提高智能诊断效率。为自动识别装备的健康状态，需要结合人工神经网络（Artificial Neural Network，ANN）、支持向量机（Support Vector Machine，

SVM）等机器学习方法，构建智能诊断模型，建立所选择的敏感特征与装备健康状态之间的映射关系。本章首先简要回顾智能诊断模型构建过程中常用的 K-means 算法、ANN 与 SVM，并通过实际案例总结了故障智能诊断的一般步骤，然后阐述了混合智能诊断的基本原理，介绍了混合智能诊断模型及其应用。

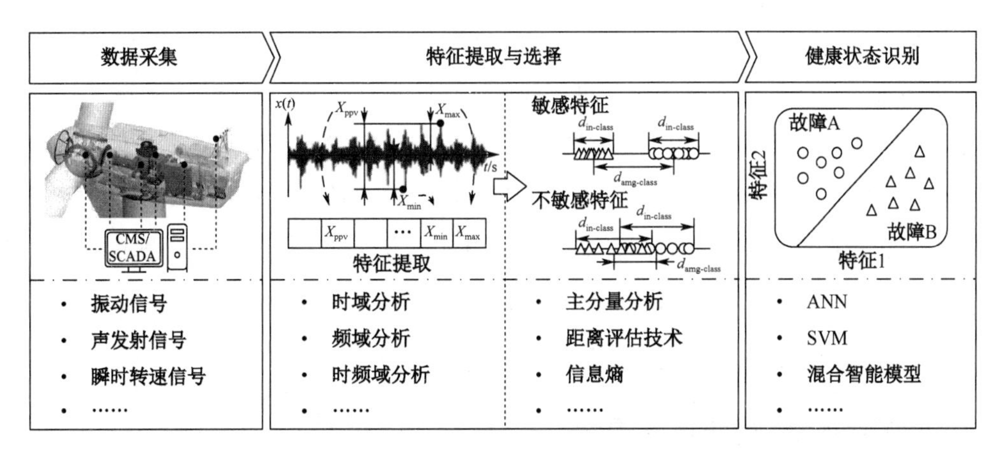

图 2-1　基于传统机器学习的高端装备故障智能诊断流程

2.1　基于 K-means 算法的故障智能诊断

聚类分析是一种无监督机器学习算法，其实质是按照一定的规则和规律对样本数据进行分类，区别于有监督的分类方式，聚类的过程没有标签信息，是一种无监督算法。聚类问题的解决思路为：对于给定的一个无标签样本数据集，利用模式识别算法将样本数据集划分为 K 个子集，使得相同子集内部的样本数据间具有较高的相似度，而不同子集内的样本数据相似度尽可能低，其中每个子集叫做一个类。样本聚类划分的基本原则是在最小化类内距离的同时，最大化类间距离。聚类分析的基本原理如图 2-2 所示。

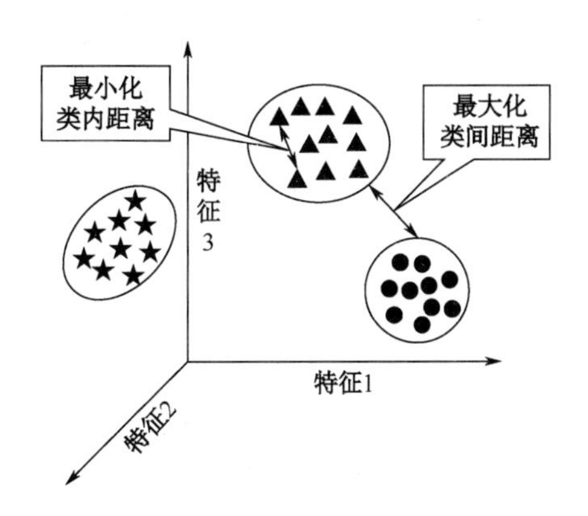

图 2-2　聚类分析的基本原理

K-means 算法自 20 世纪 50 年代由 Stuart Lloyd 在贝尔实验室首次提出，因其性能高效，已成为众多聚类算法中最常用且最具影响力的算法之一。K-means 算法的核心在于迭代调整簇中心，最小化簇内数据点到该簇中心之间的距离总和。它最初仅适用于处理简单的线性可分数据集，但随着 20 世纪六七十年代计算机技术的进步，K-means 算法得到了显著的改进和广泛的应用。1967 年，James MacQueen 在论文中正式介绍了 K-means 算法的现代形式，这确定了它在数据科学领域的重要地位。自此，K-means 算法不仅在聚类算法中占据了主导地位，而且因其在算法的简洁性和有效性方面的优势，成为处理各种聚类问题的首选方法。它的广泛应用和影响力激发了众多改进型算法和新技术的发展。直到今天，随着机器学习和数据挖掘领域的兴起，K-means 算法仍然在许多领域展现出其卓越的应用潜力，从市场细分到社交网络分析，从图像处理到基因序列分析，K-means 算法的应用范围不断扩大，其在聚类算法中的地位依然牢不可破。

2.1.1 K-means 算法基本原理

K-means 算法是一种无监督学习算法，同时也是基于样本类别划分的聚类算法。首先给定一个包含 n 个数据的训练样本集为 Ω，即：

$$\Omega=\left\{\boldsymbol{x}_i \middle| \boldsymbol{x}_i=(x_{i1},x_{i2},\cdots,x_{id}),i=1,2,\cdots,n\right\} \tag{2-1}$$

式中，$\boldsymbol{x}_i=(x_{i1},x_{i2},\cdots,x_{id})$ 是一个 d 维向量，表示第 i 个数据的 d 个特征，n 表示样本容量。

样本的簇中心为：

$$C=\left\{\boldsymbol{c}_j \middle| \boldsymbol{c}_j=(c_{j1},c_{j2},\cdots,c_{jd}),j=1,2,\cdots,K\right\} \tag{2-2}$$

式中，$\boldsymbol{c}_j=(c_{j1},c_{j2},\cdots,c_{jd})$ 为第 j 个簇的中心点，每个中心点 c_j 含有 d 个不同特征，K 为簇个数。

为描述 K-means 算法的具体步骤，进行如下定义：

定义 1 衡量数据样本 $\boldsymbol{x}_i$ 与簇中心 $\boldsymbol{c}_j$ 的度量准则，常采用欧式距离，即欧几里得距离 $\mathrm{dis}\left(\boldsymbol{x}_i,\boldsymbol{c}_j\right)$ 表示，其定义如下：

$$\mathrm{dis}\left(\boldsymbol{x}_i,\boldsymbol{c}_j\right)=\sqrt{\sum_{l=1}^{d}\left(\boldsymbol{x}_{il}-\boldsymbol{c}_{jl}\right)^2},i=1,2,\cdots,n;j=1,2,\cdots,K \tag{2-3}$$

式中，$\boldsymbol{x}_i=(x_{i1},x_{i2},\cdots,x_{id})$，$\boldsymbol{c}_j=(c_{j1},c_{j2},\cdots,c_{jd})$，$K$ 为簇个数。

定义 2 同一簇的中心点为 $\boldsymbol{c}_j$：

$$c_{jl}=\frac{1}{N\left(\phi_j\right)}\sum_{x_i\in\phi_j}x_{il},l=1,2,\cdots,d;j=1,2,\cdots,K \tag{2-4}$$

式中，$N\left(\phi_j\right)$ 为同一簇 ϕ_j 的样本个数。

定义 3 聚类过程的目标函数，通常采用类内误差平方和：

$$L_{\mathrm{SSE}}=\sum_{j=1}^{K}\sum_{x_i\in\phi_j}\mathrm{dis}\left(\boldsymbol{x}_i,\boldsymbol{c}_j\right) \tag{2-5}$$

式中，$\boldsymbol{x}_i=(x_{i1},x_{i2},\cdots,x_{id})$，$\boldsymbol{c}_j=(c_{j1},c_{j2},\cdots,c_{jd})$。

K-means 算法通过迭代不断调整簇中心，使目标函数类内误差平方和 L_{SSE} 取得极小值。其算法流程图如图 2-3 所示，计算步骤具体描述如下：

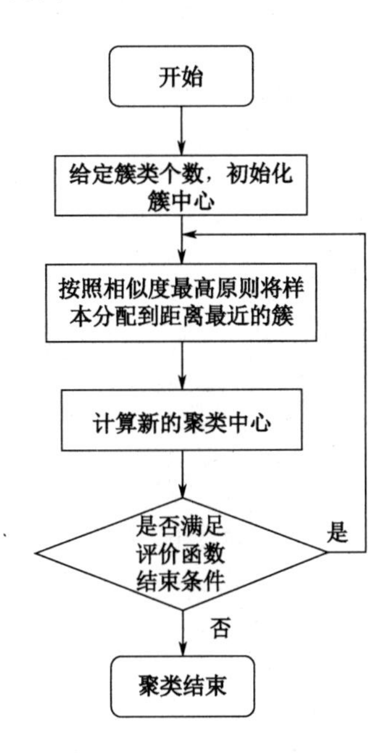

图 2-3　K-means 算法流程图

（1）给定簇个数 K，初始化簇中心 $\boldsymbol{C}^{(\tau)}=\{\boldsymbol{c}_1^{(\tau)},\boldsymbol{c}_2^{(\tau)},\cdots,\boldsymbol{c}_K^{(\tau)}\}$，$\tau$ 代表迭代次数。

（2）第 1 次迭代更新：将训练样本 Ω 按照相似度最高原则，即类内误差平方和最小的原则分配到距离最近的一簇。若 $\left\|\boldsymbol{x}-\boldsymbol{c}_p^{(\tau)}\right\|<\left\|\boldsymbol{x}-\boldsymbol{c}_k^{(\tau)}\right\|$，则 $\boldsymbol{x}$ 被划分为类别 $\boldsymbol{c}_p$ 中。

（3）按照式（2-6）更新簇中心：

$$\boldsymbol{c}_j^{(\tau+1)}=\frac{1}{N\left(\boldsymbol{c}_j^{(\tau)}\right)}\sum_{\boldsymbol{x}\in\boldsymbol{c}_j^{(\tau)}}x \tag{2-6}$$

式中，$N\left(\boldsymbol{c}_j^{(\tau)}\right)$ 为第 τ 轮迭代后第 j 个簇中的样本总数。

（4）若 $\boldsymbol{c}_k^{(\tau+1)}\neq\boldsymbol{c}_k^{(\tau)}$，令 $\tau=\tau+1$，并重新开始执行步骤（2），重复迭代计算。若 $\boldsymbol{c}_k^{(\tau+1)}=\boldsymbol{c}_k^{(\tau)}$，则算法收敛，目标函数取得极小值，计算完毕。

2.1.2 锥齿轮传动箱故障智能诊断

下面通过锥齿轮传动实验台上获取的数据介绍 K-means 算法在机械故障诊断中的应用。

1. 数据介绍

选用如图 2-4 所示的锥齿轮传动实验台进行实验，并对基于 K-means 算法的机械故障诊断方法进行验证。该实验台由驱动电机、测试锥齿轮箱、陪试齿轮箱和负载电机等组成。在实验过程中，驱动电机带动锥齿轮旋转，而负载电机则用来模拟锥齿轮在运转过程中所承受的载荷，可提供的最大负载为 24.4 N·m。信号采集过程中，通过固定在被测锥齿轮箱外侧的加速度传感器来采集振动信号。测试锥齿轮箱包含四种健康状态：正常、大齿轮齿面剥落、小齿轮齿面剥落和大小锥齿轮发生齿面剥落的复合故障。对于每种健康状态，设置转速为 2 700 r/min、载荷为最大负载的 70%、振动信号的采样频率为 12.8 kHz、采样时长为 60 s。将振动数据无重叠地分割为若干样本，每个样本包含 2 048 个采样点，每种健康状态所对应的样本为 100 个，4 种锥齿轮健康状态共获得 400 个样本，由此可构造出锥齿轮对应的健康状态数据集。

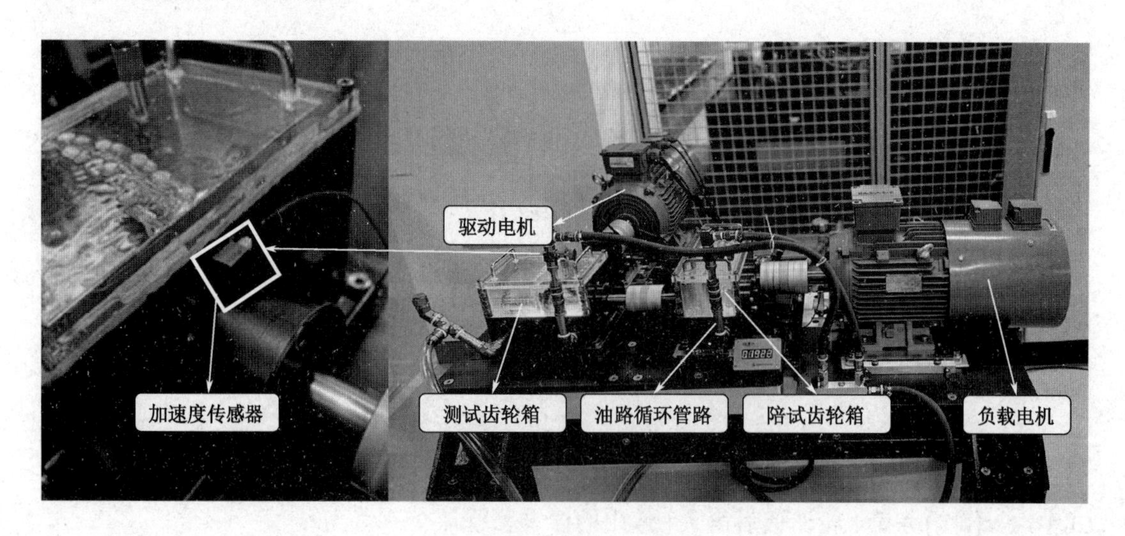

图 2-4 锥齿轮传动实验台

2. 特征提取与降维

分别提取数据集中样本的 16 种时域特征（均方值、方根幅值和偏斜度等）、6 种频域特征（频谱重心、频谱峭度和频谱二阶矩等）、以及 4 层小波包分解后的频带能量占比，共

38 个特征，并构建特征集合$\{z_1, z_2, \cdots, z_{38}\}$。

考虑不同特征对锥齿轮健康状态变化的敏感程度不同，结合基于主成分分析（Principal Component Analysis，PCA）的特征降维方法对构造的故障特征集进行维数约简，提取出敏感程度较高的特征子集。PCA 是经典的无监督线性降维方法，其特点是能够通过线性运算将高维数据集中的多个变量转换为不相关的几个主要成分，通过这几个主要成分便可表达高维数据集中大部分的重要特征信息。其原理简要描述如下：

（1）将数据集Ω组成n行 38 列的矩阵$\boldsymbol{X} \in \mathbf{R}^{n \times 38}$。

（2）将矩阵$\boldsymbol{X}$的每一列特征进行零均值化，即减去这一列的样本均值。

（3）求矩阵$\boldsymbol{X}$的协方差矩阵$\boldsymbol{\Sigma} = \boldsymbol{X}\boldsymbol{X}^{\mathrm{T}}/n$。

（4）求协方差矩阵的特征值及其对应的特征向量。

（5）将特征向量按照对应特征值的大小从上到下排列，并取前k行组成矩阵$\boldsymbol{\Gamma}$。

（6）$\widetilde{\boldsymbol{X}} = \boldsymbol{\Gamma}\boldsymbol{X}$即为降维后得到的数据集。

利用 PCA 算法对构造的特征数据集进行维数约简，设置降维后的样本特征维数为 3，输入基于 K-means 算法进行聚类分析。

3. 诊断结果

将 PCA 算法降维后的数据集分为训练集与测试集，其中，随机从数据集中选取 50%的样本组成训练集，且每种健康状态下的样本数量相同，剩余的样本组成测试集。将训练集输入 K-means 算法中，拟合智能模型，并绘制训练样本的等高线图，如图 2-5 所示。图中，V1、V2、V3、V4 分别为 4 种健康状态的聚类中心。由图 2-5 可以看出，4 种不同健康状态的样本不仅被明显地区分开，并且同种健康状态的样本均聚集在聚类中心附近，即同类聚集紧密，异类不相混叠，各类之间的间距较大，聚类效果良好。利用拟合完成的 K-means 智能模型对测试样本的健康状态进行识别，识别精度见表 2-1，结果表明智能模型能够有效识别大/小齿轮齿面剥落及其复合故障等典型锥齿轮故障。

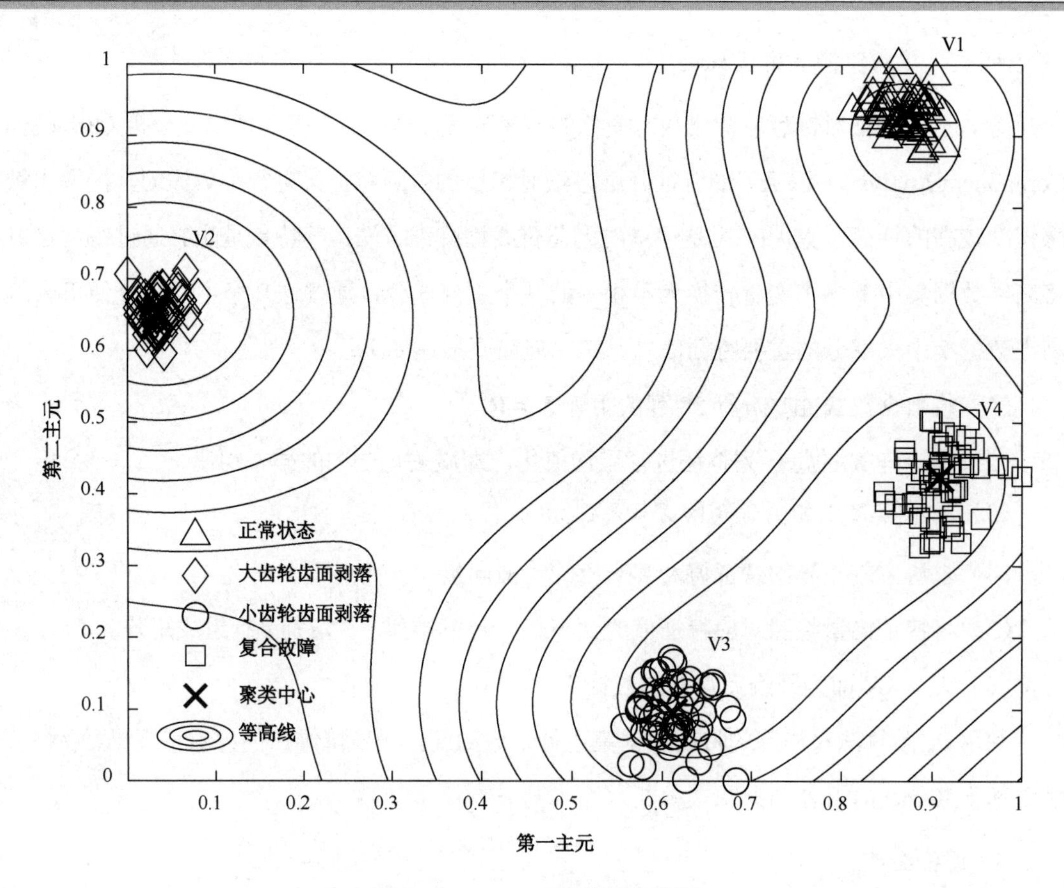

图 2-5 K-means 聚类等高线图

表 2-1 基于 K-means 智能模型对锥齿轮健康状态的识别精度

	正常	大齿轮齿面剥落	小齿轮齿面剥落	复合故障	聚类准确率
训练样本 (+/M)	50/50	50/50	50/50	50/50	100%
测试样本 (+/M)	50/50	50/50	50/50	50/50	100%

注：表中“+”为正确分类样本数，“M”为样本总数

2.2 基于人工神经网络的故障智能诊断

ANN 的研究最早可追溯到 1943 年 McCulloch 与 Pitts 抽象的 M-P 神经元模型。该模型通过模拟生物神经元的基本生理特征执行逻辑功能，标志着 ANN 研究时代的正式开启。随后 Rosenblatt 在 1957 年首次提出了能够模拟人类感知能力的感知机，极大地推动了神经网络的研究。到了 20 世纪 60 年代初期，自适应线性元的提出更是掀起了 ANN 研究的热潮。然而不久之后，Minsky 和 Papert 从数学上证明了以感知机为代表的单层神经网络无法

处理简单的异或等线性不可分问题，导致此后对 ANN 的研究停滞不前，陷入低谷。直至1982年，Hopfield 提出 Hopfield 神经网络模型，并引入“计算能量”概念，给出了网络稳定性判断，掀起了 ANN 研究的第二次热潮。随后 Rumelhart、Hinton 与 Williams 发明了误差反向传播算法，系统地解决了多隐层神经网络连接的权值学习问题，并在数学上给出了完整的推导，推动了 ANN 的实际应用。目前，ANN 的应用范围广泛，涵盖语音识别、图像识别、智慧医疗及智能机器人等多个领域。

2.2.1 人工神经网络基本原理

1. 神经元模型

神经元模型是 ANN 中的基本处理单元，单个神经元模型相互连接，构成了神经网络系统。在生物连接中，神经元与其他神经元通过突触连接，当它兴奋时，会向其他神经元传递化学物质，改变它们的电位值，当电位超过一定阈值时，神经元被激活。为模拟生物神经元的这一基本生理特征，构建了如图 2-6 所示的神经元模型，在该模型中，神经元接收来自其他 n 个神经元传递过来的输入信号，将这些信号通过加权求和连接起来进行传递，神经元将接收到的总输入值与阈值进行比较，再通过激活函数处理给出适当的输出。

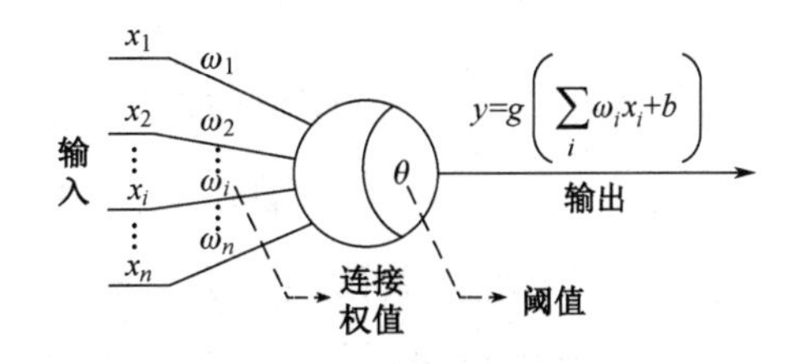

图 2-6　神经元模型

非线性激活函数是神经元模型的核心，用于控制输入对模型输出的激活作用，可将无限定义域的输入通过函数变换限定为有限范围内的输出。带激活函数的模型输出一般表示为：

$$y = g\left(\sum_i \omega_i x_i + b\right) \tag{2-7}$$

式中，x_i 为来自第 i 个神经元的输入；ω_i 为第 i 个神经元的连接权值；b 为偏置；$g(\cdot)$ 为非线性激活函数。理想的激活函数是如图 2-7（a）所示的阶跃函数，它将输入值映射为输出值“0”或“1”，显然“1”对应于神经元兴奋，“0”对应于神经元抑制。然而，阶跃函数具有不连续、不光滑等缺点，因此实际常用 Sigmoid 函数作为激活函数。典型的 Sigmoid

函数如图 2-7（b）所示，它把可能在较大范围内变化的输入值挤压到(0,1)输出值范围内，因此有时也称为挤压函数（Squashing Function）。把多个神经元和激活函数按一定的层次结构连接起来，就得到了人工神经网络。

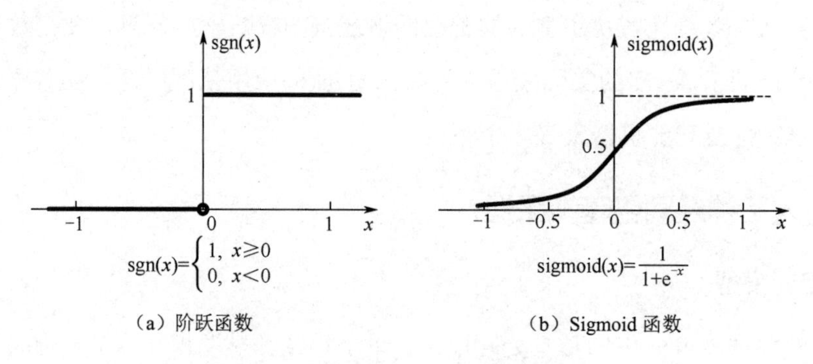

（a）阶跃函数　　（b）Sigmoid 函数

图 2-7　典型的神经元激活函数

人工神经网络有四个基本特征：

（1）非线性：非线性关系是自然界的普遍特性。例如，大脑就是一个高度复杂的非线性系统。受此启发，人工神经元有激活或抑制两种不同的状态，这种行为在数学上表现为一种非线性关系。具有阈值的神经元构成的网络具有更好的性能，可以提高容错性和存储容量。

（2）非局限性：一个神经网络通常由多个神经元广泛连接而成。一个系统的整体行为不仅取决于单个神经元的特征，而且可能主要由单元之间的相互作用、相互连接所决定。通过单元之间的大量连接模拟大脑的非局限性，联想记忆是非局限性的典型例子。

（3）非常定性：人工神经网络具有自适应、自组织、自学习能力。神经网络不仅处理的信息可以有各种变化，而且在处理信息的同时，非线性动力系统本身也在不断变化。经常采用迭代过程描写动力系统的演化过程。

（4）非凸性：一个系统的演化方向，在一定条件下取决于某个特定的状态函数。如能量函数，它的极值相应于系统比较稳定的状态。非凸性是指这种函数有多个极值，故系统具有多个较稳定的平衡态，这将导致系统演化的多样性。

2. 感知机与多层网络

感知机由两层神经元组成，如图 2-8 所示，输入层接收外界输入信号后传递给输出层，输出层是 M-P 神经元，亦称阈值逻辑单元。

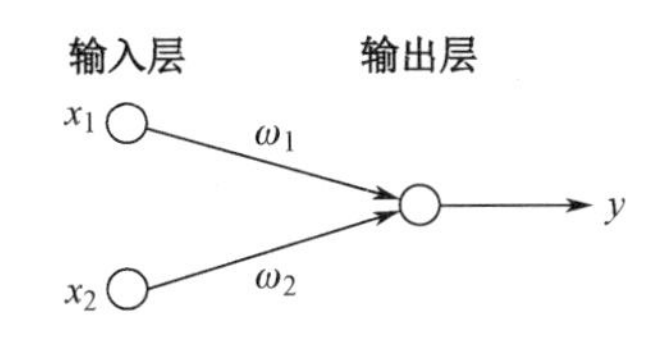

图 2-8　两个输入神经元的感知机网络结构示意图

感知机能够容易地实现逻辑与、或、非运算，例如，在式（2-7）中，假定 f 是图 2-3 中的阶跃函数，则有：

（1）“与”（$x_1 \wedge x_2$）：令 $\omega_1 = \omega_2 = 1$，$b = -2$，则 $y = g(1 \cdot x_1 + 1 \cdot x_2 - 2)$，仅当 $x_1 = x_2 = 1$ 时，$y = 1$。

（2）“或”（$x_1 \vee x_2$）：令 $\omega_1 = \omega_2 = 1$，$b = -0.5$，则 $y = g(1 \cdot x_1 + 1 \cdot x_2 - 0.5)$，当 $x_1 = 1$ 或 $x_2 = 1$ 时，$y = 1$。

（3）“非”（$-x_1$）：令 $\omega_1 = -0.6$，$\omega_2 = 0$，$b = 0.5$，则 $y = g(-0.6 \cdot x_1 + 0 \cdot x_2 + 0.5)$，当 $x_1 = 1$ 时，$y = 0$；当 $x_1 = 0$ 时，$y = 1$。

此外，给定训练数据集，权重 $w_i (i = 1, 2, \ldots, n)$ 及偏置 b 可以通过学习得到。感知机的学习规则为：对于训练样本 (x, y)，若当前感知机的输出为 $\hat{y}$，则感知机权重调整如下：

$$\omega_i \leftarrow \omega_i + \Delta\omega_i \tag{2-8}$$

$$\Delta\omega_i = \eta(y - \hat{y})x_i \tag{2-9}$$

式中，$\eta \in (0,1)$ 为学习率。从式（2-8）中可以看出，若感知机对训练样本 (x, y) 的预测结果正确，即 $y = \hat{y}$，则感知机不发生变化，否则根据误差大小进行权重调整。

需注意的是，感知机只有输出层神经元进行激活函数处理，即只拥有一层功能神经元，因此其学习能力非常有限。事实上，上述与、或、非问题都是线性可分的问题。可以证明，若两类模式是线性可分的，即存在一个线性超平面能将它们分开，如图 2-9(a)～图 2-9(c)所示，感知机的学习过程一定会收敛而求得适当的权值向量 $\boldsymbol{w} = (w_1; w_2; \ldots; w_{n+1})$；否则感知机学习过程将会发生振荡，$\boldsymbol{w}$ 难以稳定下来，无法求得合适解，例如，感知机甚至不能解决如图 2-9(d)所示的异或这样简单的非线性可分问题。

要解决非线性可分问题，需要考虑使用多层功能神经元。如图 2-10 所示是具有多层结构的神经网络，每层神经元与下一层神经元全互连，神经元之间不存在同层连接，也不存在跨层连接，这样的神经网络结构通常称为多层前馈神经网络，其中输入层神经元接收外界输入，隐层与输出层神经元对信号进行加工，最终结果由输出层神经元输出；换言之，输入层神经元仅接受输入，不进行函数处理，隐层与输出层包含功能神经元。神经网络的学习过程就是根据训练数据调整神经元之间的连接权值，以及每个功能神经经元的偏置。换言之，神经网络“学”到的东西，蕴含在连接权值与偏置中。

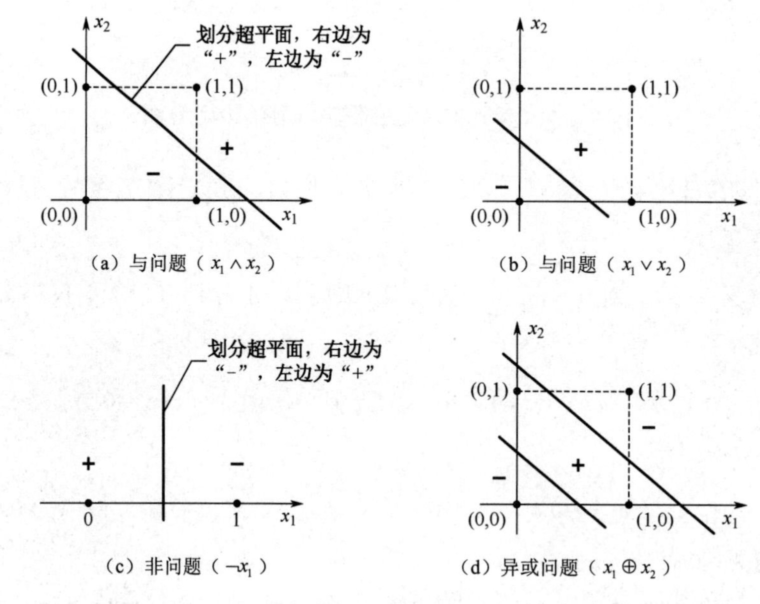

图 2-9 线性可分的与、或、非问题与非线性可分的异或问题

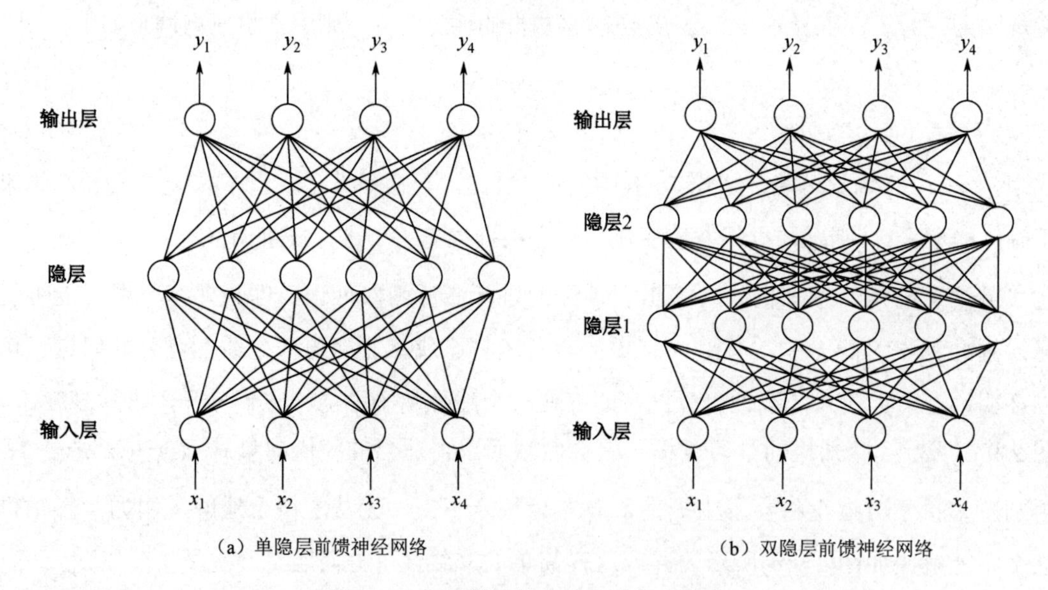

图 2-10 多层前馈神经网络结构示意图

3. 反向传播网络

反向传播网络（Back Propagation Neural Network，BPNN）是应用最为广泛的 ANN 模型，是一种基于误差反向传播算法进行监督训练的多层感知机，其训练过程由前向传播与反向传播组成。在前向传播中，输入信号经隐层神经元逐层处理，并通过输出层输出；在

反向传播中，若实际输出与期望输出不符，则将误差信号沿正向传播路线返回，并逐层更新各层神经元的连接权值，最小化实际输出与期望输出之间的误差。BPNN 本质上是一种由输入到输出的映射，它不需要任何输入和输出之间的精确数学表达式，只要用已知的输入或输出数据对 BPNN 加以训练，网络就能够学习从输入到输出的映射能力。

BP 算法的学习规则是 BPNN 的输出误差判定方法须采用最小二乘法，各层加权系数的调整须采用梯度下降法。BP 算法的学习过程主要分为以下两个阶段：

第一阶段为信号的正向传播过程。首先给定输入信息，然后通过输入层经隐层逐层计算，最后计算出每个单元的实际输出值。

第二阶段为误差的反向传播过程。若在输出层未能得到期望的输出值，则逐层递归地计算实际输出与期望输出之间的误差均方值，用于调节各层的权重系数。具体来说，就是从输出层开始往前逐层采用梯度下降法修改加权系数，以最小化输出误差。

如图 2-11 所示，最简单的单隐层 BPNN 由输入层、隐层与输出层组成。其中，输入层有 d 个神经元，隐层有 q 个神经元，输出层有 l 个神经元，若给定训练集为 $D=\left\{\left(\boldsymbol{x}_i,\boldsymbol{y}_i\right)\middle|\boldsymbol{x}_i\in\mathbf{R}^d,\ \boldsymbol{y}_i\in\mathbf{R}^l, i=1,2,\cdots,m\right\}$，则隐层神经元的输出为：

$$x_j^h=\sigma^h\left(\sum_{i=1}^{d}\omega_{i,j}^h x_i+b_j^h\right) \tag{2-10}$$

式中，$\omega_{i,j}^h$ 为输入层第 i 个神经元与隐层第 j 个神经元之间的连接权值；b_j^h 为隐层第 j 个神经元的偏置；$\sigma^h(\cdot)$ 为隐层神经元的激活函数。输出层神经元的实际输出为：

$$\hat{y}_j=\sigma^o\left(\sum_{i=1}^{q}\omega_{i,j}^o x_i^h+b_j^o\right) \tag{2-11}$$

式中，$\omega_{i,j}^o$ 为隐层第 i 个神经元与输出层第 j 个神经元之间的连接权值；b_j^o 为输出层第 j 个神经元的偏置；$\sigma^o(\cdot)$ 为输出层神经元的激活函数。对于训练样本 $(\boldsymbol{x}_k,\boldsymbol{y}_k)$，若给定神经网络的实际输出为 $\hat{\boldsymbol{y}}^k=\left\{\hat{y}_i^k\middle|i=1,2,\cdots,l\right\}$，则网络训练的目标函数为：

$$\min_{\boldsymbol{\omega},\boldsymbol{b}}\ E_k=\frac{1}{2}\sum_{i=1}^{l}\left(\hat{y}_i^k-y_i^k\right)^2 \tag{2-12}$$

上式通过更新 BPNN 的连接权值 $\boldsymbol{\omega}$ 与偏置 $\boldsymbol{b}$，使网络实际输出与期望输出之间的差异最小，为达到这一目的，采用误差反向传播算法更新网络参数。该算法基于梯度下降策略，沿目标函数的负梯度方向对参数进行调整，即

$$\boldsymbol{\omega}\leftarrow\boldsymbol{\omega}-\eta\frac{\partial E_k}{\partial\boldsymbol{\omega}},\quad \boldsymbol{b}\leftarrow\boldsymbol{b}-\eta\frac{\partial E_k}{\partial\boldsymbol{b}} \tag{2-13}$$

式中，η 为学习率。学习率较大时，虽然能够提高 BPNN 训练的收敛速度，但容易引起振荡；学习率较小时，网络训练的收敛速度变慢。

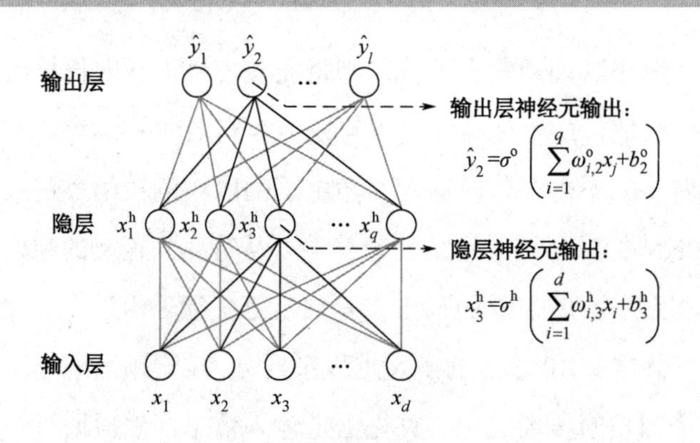

图 2-11　单隐层 BPNN

采用随机梯度下降法对 BPNN 的参数进行学习，因此需要计算目标函数的关于每个参数的导数。设 $\boldsymbol{\omega}^{(l)}$ 和 $\boldsymbol{b}^{(l)}$ 分别为 BPNN 中第 l 层的权重矩阵与偏置向量，因为 $\partial E_k/\partial\boldsymbol{\omega}^{(l)}$ 的计算涉及向量对矩阵的微分，十分烦琐，因此先计算 E_k 关于参数矩阵中每个元素的偏导数 $\partial E_k/\partial\boldsymbol{\omega}_{i,j}^{(l)}$ 。根据链式法则：

$$\frac{\partial E_k}{\partial\boldsymbol{\omega}_{i,j}^{(l)}}=\frac{\partial\boldsymbol{z}^{(l)}}{\partial\boldsymbol{\omega}_{i,j}^{(l)}}\frac{\partial E_k}{\partial\boldsymbol{z}^{(l)}} \tag{2-14}$$

$$\frac{\partial E_k}{\partial\boldsymbol{b}^{(l)}}=\frac{\partial\boldsymbol{z}^{(l)}}{\partial\boldsymbol{b}^{(l)}}\frac{\partial E_k}{\partial\boldsymbol{z}^{(l)}} \tag{2-15}$$

式（2-15）中的第二项都是目标函数关于第 l 层的神经元 $\boldsymbol{z}^{(l)}$ 的偏导数，成为误差项，可以一次计算得到，因此只需要计算三个偏导数，分别为 $\partial\boldsymbol{z}^{(l)}/\partial\boldsymbol{\omega}_{i,j}^{(l)}$ ，$\partial\boldsymbol{z}^{(l)}/\partial\boldsymbol{b}^{(l)}$ 和 $\partial E_k/\partial\boldsymbol{z}^{(l)}$ 。

下面分别计算这三个偏导数：

（1）计算偏导数 $\partial\boldsymbol{z}^{(l)}/\partial\omega_{i,j}^{(l)}$ ，考虑到 $\boldsymbol{z}^{(l)}=\boldsymbol{\omega}^{(l)}\boldsymbol{x}^{(l-1)}+\boldsymbol{b}^{(l)}$，偏导数为：

$$\begin{aligned}\frac{\partial\boldsymbol{z}^{(l)}}{\partial\boldsymbol{\omega}_{i,j}^{(l)}}&=\left[\frac{\partial z_1^{(l)}}{\partial\boldsymbol{\omega}_{i,j}^{(l)}},\ldots,\frac{\partial z_i^{(l)}}{\partial\boldsymbol{\omega}_{i,j}^{(l)}},\ldots,\frac{\partial z_{M_l}^{(l)}}{\partial\boldsymbol{\omega}_{i,j}^{(l)}}\right]\\&=\left[0,\ldots,\frac{\partial(\boldsymbol{\omega}_{i:}^{(l)}\boldsymbol{x}^{(l-1)}+b_i^{(l)})}{\partial\boldsymbol{\omega}_{i,j}^{(l)}},\ldots,0\right]\\&=\left[0,\ldots,x_j^{(l-1)},\ldots,0\right]\in\mathbf{R}^{1\times M_l}\end{aligned} \tag{2-16}$$

式中，$\boldsymbol{\omega}_{i:}^{(l)}$ 为权重矩阵 $\boldsymbol{\omega}^{(l)}$ 的第 i 行。

（2）计算偏导数 $\partial\boldsymbol{z}^{(l)}/\partial\boldsymbol{b}^{(l)}$ ，考虑 $\boldsymbol{z}^{(l)}$ 和 $\boldsymbol{b}^{(l)}$ 的函数关系为 $\boldsymbol{z}^{(l)}=\boldsymbol{\omega}^{(l)}\boldsymbol{x}^{(l-1)}+\boldsymbol{b}^{(l)}$，因而偏导数为：

$$\frac{\partial\boldsymbol{z}^{(l)}}{\partial\boldsymbol{b}^{(l)}}=\boldsymbol{I}_{M_l}\in\mathbf{R}^{M_l\times M_l} \tag{2-17}$$

式中，$\boldsymbol{I}_{M_l}$ 为 $M_l\times M_l$ 的单位矩阵。

（3）计算偏导数 $\partial E_k / \partial \boldsymbol{z}^{(l)}$，偏导数 $\partial E_k / \partial \boldsymbol{z}^{(l)}$ 表示第 l 层神经元对最终损失的影响，反映了最终损失对第 l 层神经元的敏感程度，因此一般称为第 l 层神经元的误差项，用 $\delta(l)$ 来表示：

$$\delta(l) \triangleq \frac{\partial E_k}{\partial \boldsymbol{z}^{(l)}} \in \mathbf{R}^{M_l} \tag{2-18}$$

误差项 $\delta(l)$ 也间接反映了不同神经元对网络能力的贡献程度，从而比较好地解决了贡献度分配问题。

根据 $\boldsymbol{z}^{(l+1)} = \boldsymbol{\omega}^{(l+1)} \boldsymbol{x}^{(l)} + \boldsymbol{b}^{(l+1)}$，有：

$$\frac{\partial \boldsymbol{z}^{(l+1)}}{\partial \boldsymbol{x}^{(l)}} = \left(\boldsymbol{\omega}^{(l+1)}\right)^{\mathrm{T}} \in \mathbf{R}^{M_l \times M_{l+1}} \tag{2-19}$$

根据 $\boldsymbol{x}^{(l)} = \sigma_l(\boldsymbol{z}^{(l)})$，其中 $\sigma_l(\cdot)$ 为第 l 层的激活函数，因此有：

$$\begin{aligned} \frac{\partial \boldsymbol{x}^{(l)}}{\partial \boldsymbol{z}^{(l)}} &= \frac{\partial \sigma_l(\boldsymbol{z}^{(l)})}{\partial \boldsymbol{z}^{(l)}} \\ &= \operatorname{diag}(\sigma_l'(\boldsymbol{z}^{(l)})) \in \mathbf{R}^{M_l \times M_l} \end{aligned} \tag{2-20}$$

因此，根据链式法则，第 l 层的误差项为：

$$\begin{aligned} \delta^{(l)} &\triangleq \frac{\partial E_k}{\partial \boldsymbol{z}^{(l)}} \\ &= \frac{\partial \boldsymbol{x}^{(l)}}{\partial \boldsymbol{z}^{(l)}} \cdot \frac{\partial \boldsymbol{z}^{(l+1)}}{\partial \boldsymbol{x}^{(l)}} \cdot \frac{\partial E_k}{\partial \boldsymbol{z}^{(l+1)}} \\ &= \operatorname{diag}(\sigma_l'(\boldsymbol{z}^{(l)})) \cdot (\boldsymbol{\omega}^{(l+1)})^{\mathrm{T}} \cdot \delta^{(l+1)} \\ &= \sigma_l'(\boldsymbol{z}^{(l)}) \odot \left((\boldsymbol{\omega}^{(l+1)})^{\mathrm{T}} \delta^{(l+1)}\right) \in \mathbf{R}^{M_l} \end{aligned} \tag{2-21}$$

式中，$\odot$ 是向量的点积运算符，表示每个元素相乘。

从式（2-21）可以看出，第 l 层的误差项可以通过第 $l+1$ 层的误差项计算得到，这就是误差的反向传播。反向传播算法的含义是：第 l 层的一个神经元的误差项（或敏感性）是所有与该神经元相连的第 $l+1$ 层的神经元的误差项的权重和。然后，再乘上该神经元激活函数的梯度。

在计算出上面三个偏导数之后，式（2-14）可写为：

$$\begin{aligned} \frac{\partial E_k}{\partial \omega_{i,j}^{(l)}} &= \left[0, \ldots, x_j^{(l-1)}, \ldots, 0\right] \cdot \delta^{(l)} \\ &= \left[0, \ldots, x_j^{(l-1)}, \ldots, 0\right] \left[\delta_1^{(l)}, \ldots, \delta_i^{(l)}, \ldots, \delta_{M_l}^{(l)}\right] \\ &= \delta_i^{(l)} x_j^{(l-1)} \end{aligned} \tag{2-22}$$

式中，$\boldsymbol{\delta}_i^{(l)} \boldsymbol{x}_j^{(l-1)}$ 相当于向量 $\boldsymbol{\delta}^{(l)}$ 和向量 $\boldsymbol{x}^{(l-1)}$ 的外积的第 i、j 个元素，式（2-22）可进一步写为：

$$\left[\frac{\partial E_k}{\partial \boldsymbol{\omega}^{(l)}}\right]_{i,j} = \left[\boldsymbol{\delta}^{(l)}(\boldsymbol{x}^{(l-1)})^{\mathrm{T}}\right]_{i,j} \tag{2-23}$$

因此，E_k 关于第 l 层权重 $\boldsymbol{\omega}^{(l)}$ 的梯度为：

$$\frac{\partial E_k}{\partial \boldsymbol{\omega}^{(l)}} = \delta^{(l)}(\boldsymbol{x}^{(l-1)})^{\mathrm{T}} \in \mathbf{R}^{M_l \times M_{l-1}} \tag{2-24}$$

同理，E_k 关于第 l 层偏置 $\boldsymbol{b}^{(l)}$ 的梯度为：

$$\frac{\partial E_k}{\partial \boldsymbol{b}^{(l)}} = \delta^{(l)} \in \mathbf{R}^{M_l} \tag{2-25}$$

在计算出每一层的误差项之后，我们就可以得到每一层参数的梯度。为了使得网络实际输出与期望输出之间的差异最小，基于梯度下降策略，沿目标函数的负梯度方向对参数进行调整，即：

$$\boldsymbol{\omega}^{(l)} \leftarrow \boldsymbol{\omega}^{(l)} - \eta\frac{\partial E_k}{\partial \boldsymbol{\omega}^{(l)}}, \quad \boldsymbol{b}^{(l)} \leftarrow \boldsymbol{b}^{(l)} - \eta\frac{\partial E_k}{\partial \boldsymbol{b}^{(l)}} \tag{2-26}$$

式中，η 为学习率。学习率较大时，能够提高 BPNN 训练的收敛速度，但容易引起振荡；学习率较小时，网络训练的收敛速度变慢。

综上所述，使用误差反向传播算法的前馈神经网络训练过程可以分为以下三步：

（1）前馈计算每一层的净输入 $\boldsymbol{z}^{(l)}$ 和激活值 $\boldsymbol{x}^{(l)}$，直到最后一层；

（2）反向传播计算每一层的误差项 $\delta^{(l)}$；

（3）计算每一层参数的偏导数，并更新参数。

表 2-2 给出了基于反向传播算法的随机梯度下降训练步骤。

表 2-2　基于反向传播算法的随机梯度下降训练步骤

输入：训练集 $D=\{(\boldsymbol{x}_i,\boldsymbol{y}_i) \mid \boldsymbol{x}_i \in \mathbf{R}^d, \boldsymbol{y}_i \in \mathbf{R}^l, i=1,2,\cdots,m\}$；验证集 V；学习率 η；网络层数 L；神经元数量 M_l，$1 \leqslant l \leqslant L$
输出：训练好的权重矩阵 $\boldsymbol{\omega}$ 和偏置向量 $\boldsymbol{b}$
1.随机初始化权重矩阵 $\boldsymbol{\omega}$ 和偏置向量 $\boldsymbol{b}$，对训练集 D 中的样本随机重排序。
2.当前迭代训练次数 $n \in \{1,2,\cdots,T\}$，或者判断目标函数值的变化大于 ε，依次执行步骤 3～步骤 8。
3.从训练集 D 中选取样本 $(\boldsymbol{x}_i,\boldsymbol{y}_i)$。
4.前馈计算每一层的净输入 $\boldsymbol{z}^{(l)}$ 和激活值 $\boldsymbol{x}^{(l)}$，直到最后一层。
5.反向传播计算每一层的误差 $\delta^{(l)}$。
6.执行式（2-24）、（2-25），计算每一层的参数的导数。
7.执行式（2-26），更新每一层参数。

2.2.2　机车轮对轴承故障智能诊断

故障诊断依据专家经验知识判断故障特征所对应的装备健康状态，其实质是模式识别问题。ANN 具有并行分布式处理、联想记忆、自组织及自学习能力，在一定程度上能

够替代专家的经验知识积累，构建故障特征与高端装备健康状态之间的非线性映射关系，实现故障智能诊断。下面通过机车轮对滚动轴承诊断实例介绍 ANN 在故障诊断领域的应用。

1. 数据介绍

滚动轴承数据集源自 552732QT 型机车轮对轴承，该轴承安装在如图 2-12 所示的机车轴承测试台架上。在试验过程中，液压马达驱动被测轴承旋转，液压缸施加径向载荷，在加载模块外侧安装有加速度传感器，获取被测轴承在运行过程中的振动信号。被测轴承包括 9 种健康状态：正常、外圈故障、内圈故障、滚动体故障、外圈与内圈的复合故障、外圈与滚动体的复合故障、内圈与滚动体的复合故障，以及外圈、滚动体与内圈的复合故障。每种健康状态的样本均在转速约 500 r/min、径向负载约 9 800 N 下采集，采样频率设置为 12.8 kHz。数据集共有样本 450 个，每种健康状态下的样本为 50 个，每个样本包含 8 192 个采样点。

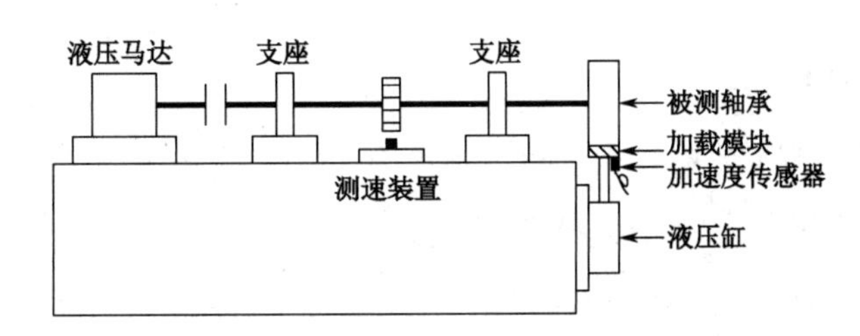

图 2-12　机车轴承测试台架结构

2. 特征提取与选择

通过集成经验模式分解（Ensemble Empirical Mode Decomposition，EEMD）将每个样本分解为多个本征模态分量（Intrinsic Mode Function，IMF）。考虑并非所有的 IMF 均对轴承健康状态的变化敏感，因此根据峭度指标选择敏感 IMF，具体步骤如下。

（1）假设每个样本经 EEMD 分解为 I 个 IMF，计算每个 IMF 的峭度值。第 s 个样本的第 i 个 IMF 的峭度值为：

$$k_{i,s}=\frac{N\sum_{n=1}^{N}\left(a_{n,i}-\bar{a}_i\right)^4}{\left[\sum_{n=1}^{N}\left(a_{n,i}-\bar{a}_i\right)^2\right]^2},\ n=1,2,\cdots,N,\ i=1,2,\cdots,I,\ s=1,2,\cdots,S \tag{2-27}$$

式中，$a_{n,i}$ 是第 i 个 IMF 的第 n 个数据点；$\bar{a}_i$ 为第 i 个 IMF 的数据均值。

（2）计算每个 IMF 的峭度值均值和标准差为：

$$\begin{cases} \overline{k}_i = \dfrac{1}{S}\sum_{s=1}^{S} k_{i,s} \\ \varsigma_i = \sqrt{\dfrac{1}{(S-1)}\sum_{s=1}^{S}\left(k_{i,s} - \overline{k}_i\right)^2} \end{cases} \tag{2-28}$$

（3）构造敏感 IMF 的选择策略：

$$U_i = \begin{cases} \overline{k}_i \cdot \varsigma_i, & \text{正常状态样本} \\ \dfrac{\varsigma_i}{\overline{k}_i}, & \text{故障状态样本} \end{cases} \tag{2-29}$$

对于正常状态下的样本，IMF 的峭度值较小；对于故障状态下的样本，IMF 的峭度值较大。因此，正常样本的 IMF 峭度均值小于故障样本，而且当 IMF 峭度标准差较小时，故障样本与正常样本更易区分。U_i 越小，IMF 对轴承健康状态的变化越敏感。

选取 U_i 最小的 IMF，并提取 4 种时域特征——标准差、峭度、波形指标、脉冲指标，6 种频域特征——频谱均值、频谱均方根、频谱标准差、外圈特征频率峰值比、内圈特征频率峰值比、滚动体特征频率峰值比，以此作为 ANN 的输入。

3. 健康状态识别

利用 BPNN 构建智能诊断模型，包括输入层、隐层与输出层。其中，输入层有 10 个神经元，隐层有 12 个神经元，输出层有 9 个神经元。随机选取 50%的样本，即 225 个样本，对智能诊断模型进行训练，剩余 50%的样本对模型的诊断性能进行测试。为了分析不同形式的激活函数对 ANN 诊断模型性能的影响，另选取径向基函数与小波基函数替代 BPNN 中神经元的激活函数，分别构建基于径向基网络（Radial Basis Function Neural Network，RBFNN）和小波神经网络（Wavelet Neural Network，WNN）的智能诊断模型，并在相同的模型参数配置下训练模型。三种基于 ANN 的智能诊断模型的诊断精度见表 2-3。可以看出，基于 BPNN 的智能诊断模型对测试样本集的识别精度为 67.56%，显著低于另外两种诊断模型的训练精度，说明基于 BPNN 的智能诊断模型在健康状态识别问题中存在严重的过拟合现象。而基于 RBFNN 和 WNN 的智能诊断模型在测试样本集上的诊断精度分别为 78.67%与 91.56%，说明基函数的映射特性能够改变 ANN 的学习能力。

表 2-3 基于 ANN 的智能诊断模型的诊断精度（%）

	BPNN	RBFNN	WNN
训练集	100	100	100
测试样本集	67.56	78.67	91.56

2.3　基于支持向量机的故障智能诊断

SVM 的研究最早可追溯到 20 世纪 60 年代，是 Vapnik 等学者基于广义肖像法发展而来的一种分类器。随着 VC 维（Vapnik-Chervonenkis Dimension）的提出，SVM 逐渐被理论化为统计学习的一部分，成为专门用于解决小样本情况下机器学习问题的有力工具。到了 1992 年，Vapnik 等学者通过该方法得到了非线性 SVM，随后于 1995 年提出了软间隔的非线性 SVM，由于其在手写字符识别问题中显示出了卓越的性能，因此很快取代 ANN 成为机器学习领域的主流技术，并在 2000 年前后掀起了统计学习研究的热潮。现有 ANN 等机器学习方法往往需要利用足够多的典型数据样本训练模型，使之具有较好的泛化性能。然而在实际应用中，算法性能却不尽如人意，究其原因在于实际应用中的可用样本数量有限，难以有效训练网络模型。统计学习理论为研究和解决小样本下的机器学习问题提供了统一的框架，在这一理论上发展而来的 SVM 有望解决 ANN 研究中面临的可用训练样本不足、模型可解释性不强等问题。

2.3.1　支持向量机基本原理

给定训练数据集 $D=\{(\boldsymbol{x}_i, y_i)|i=1,2,\cdots,m\}$，$y_i\in\{-1,+1\}$，若 $\boldsymbol{x}_i\in\mathbf{R}^n$，则分类任务旨在寻找 $n-1$ 维超平面 $f(x)$ 以区分不同类别的样本。

$$f(\boldsymbol{x})=\boldsymbol{\omega}^{\mathrm{T}}\boldsymbol{x}+b=0 \tag{2-30}$$

式中，$\boldsymbol{\omega}$ 为分类超平面的法向量；b 是超平面的位移项，决定了超平面与原点之间的距离。为了将两类样本分开，分类超平面应该满足如下条件：

$$y_i f(\boldsymbol{x}_i)=y_i(\boldsymbol{\omega}^{\mathrm{T}}\boldsymbol{x}_i+b)\geqslant 1 \tag{2-31}$$

若训练集中所有样本均能被某超平面正确分开，而且与超平面最近的不同类样本之间距离最大，即边缘间距最大化，则该超平面为最优超平面。训练集中与最优超平面最近的不同类样本称为支持向量，一组支持向量可以唯一确定一个超平面。SVM 旨在寻找最优超平面，以提高学习模型的泛化性能。SVM 示意如图 2-13 所示。

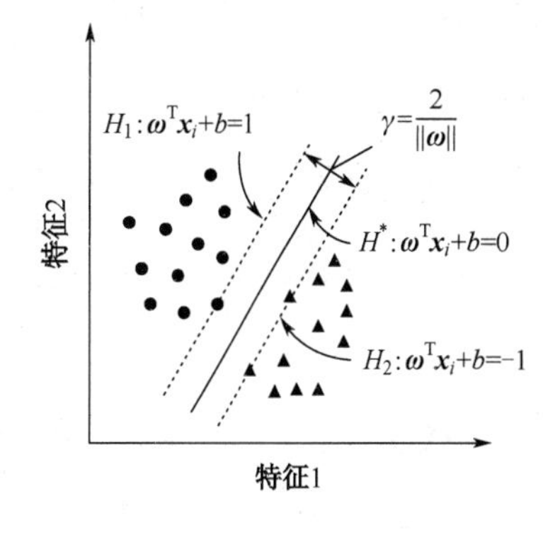

图 2-13　SVM 示意

1. 线性 SVM

在图 2-13 中，两个不同类支持向量到超平面的距离之和为：

$$\gamma=\frac{2}{\|\boldsymbol{\omega}\|} \tag{2-32}$$

寻找最大间隔划分超平面，即确定超平面参数$\boldsymbol{\omega}$与b，使γ最大，因此存在优化问题：

$$\begin{aligned}&\min_{\boldsymbol{\omega},b}\quad \frac{1}{2}\|\boldsymbol{\omega}\|^2\\&\text{s.t.}\quad y_i\left(\boldsymbol{\omega}^{\mathrm{T}}\boldsymbol{x}_i+b\right)\geqslant 1,\ i=1,2,\cdots,m\end{aligned} \tag{2-33}$$

式（2-33）本身是一个凸二次规划问题，为了高效求解可以通过拉格朗日算子法转换为对偶问题求解。具体来说，对式（2-33）的每条约束添加拉格朗日乘子$\alpha_i\geqslant 0$，则该问题的拉格朗日函数可写为：

$$L(\boldsymbol{\omega},b,\boldsymbol{\alpha})=\frac{1}{2}\|\boldsymbol{\omega}\|^2+\sum_{i=1}^{m}\alpha_i\left(1-y_i(\boldsymbol{\omega}^{\mathrm{T}}\boldsymbol{x}_i+b)\right) \tag{2-34}$$

式中，$\boldsymbol{\alpha}=(\alpha_1;\alpha_2;\ldots;\alpha_m)$。令$L(\boldsymbol{\omega},b,\boldsymbol{\alpha})$对$\boldsymbol{\omega}$和$b$的偏导为零，可得：

$$\boldsymbol{\omega}=\sum_{i=1}^{m}\alpha_i y_i\boldsymbol{x}_i \tag{2-35}$$

$$0=\sum_{i=1}^{m}\alpha_i y_i \tag{2-36}$$

将式（2-35）代入式（2-34），即可将$L(\boldsymbol{\omega},b,\boldsymbol{\alpha})$中的$\boldsymbol{\omega}$和$b$消去，再考虑式（2-29）的约束，可得式（2-33）的对偶问题：

$$\begin{aligned}&\max_{\alpha}\quad \sum_{i=1}^{m}\alpha_i-\frac{1}{2}\sum_{i=1}^{m}\sum_{j=1}^{m}\alpha_i\alpha_j y_i y_j\boldsymbol{x}_i^{\mathrm{T}}\boldsymbol{x}_j\\&\text{s.t.}\quad \sum_{i=1}^{m}\alpha_i y_i=0,\ \ \alpha_i\geqslant 0,\ \ i=1,2,\cdots,m\end{aligned} \tag{2-37}$$

求解出拉格朗日算子α后，求出$\boldsymbol{\omega}$与b即可得分类模型：

$$f(\boldsymbol{x})=\boldsymbol{\omega}^{\mathrm{T}}\boldsymbol{x}+b=\sum_{i=1}^{m}\alpha_i y_i\boldsymbol{x}_i^{\mathrm{T}}\boldsymbol{x}+b \tag{2-38}$$

从式（2-37）所示的对偶问题中求解的拉格朗日算子，恰好对应着训练样本$(\boldsymbol{x}_i,y_i)$。由此，可得最优超平面为：

$$f(\boldsymbol{x})=\mathrm{sgn}\left(\sum_{i,j=1}^{m}\alpha_i y_i\boldsymbol{x}_i^{\mathrm{T}}\boldsymbol{x}_j+b\right) \tag{2-39}$$

需要注意的是，式（2-33）的不等式约束要求上述过程满足 KKT（Karush-Kuhn-Tucker）条件，即：

$$\begin{cases}\alpha_i\geqslant 0\\y_i f(\boldsymbol{x}_i)-1\geqslant 0\\\alpha_i\left(y_i f(\boldsymbol{x}_i)-1\right)=0\end{cases} \tag{2-40}$$

对任意训练样本$(\boldsymbol{x}_i, y_i)$，总有$\alpha_i = 0$或$y_i f(\boldsymbol{x}_i) = 1$。若$\alpha_i = 0$，则该样本将不会在式（2-38）的求和中出现，因而不会对$f(\boldsymbol{x})$有任何影响；若$\alpha_i > 0$，则必有$y_i f(\boldsymbol{x}_i) = 1$，所对应的样本点位于最大间隔边界上，是一个支持向量。这显示出支持向量机的一个重要性质：训练完成后，大部分的训练样本都不需保留，最终模型仅与支持向量有关。

2. 软间隔与正则化

当样本集中存在噪点时，线性 SVM 难以获得一个能够将所有不同类别的样本均正确划分开的最优超平面，即使这样的超平面存在，也无法排除过拟合问题。因此，引入软间隔的概念，它区别于约束于式（2-31）的硬间隔，软间隔允许 SVM 误分少量样本。其优化目标为：

$$\min_{\boldsymbol{\omega},b} \ \frac{1}{2}\|\boldsymbol{\omega}\|^2 + C\sum_{i=1}^{m} \ell_{0/1}\left(y_i\left(\boldsymbol{\omega}^{\mathrm{T}}\boldsymbol{x}_i + b\right) - 1\right) \tag{2-41}$$

式中，C为惩罚因子，$\ell_{0/1}$为 0/1 损失函数，可表达为：

$$\ell_{0/1}(z) = \begin{cases} 1, & 若\ z<0 \\ 0, & 其他 \end{cases} \tag{2-42}$$

然而，由于$\ell_{0/1}$非凸、非连续，使得式（2-41）难以直接求解。通常用其他一些函数来代替$\ell_{0/1}$，这一过程称为替代损失。替代损失函数一般具有较好的数学性质，例如，它们通常是具有凸性的连续函数，且是$\ell_{0/1}$的上界。图 2-14 给出了三种常用的替代损失函数。

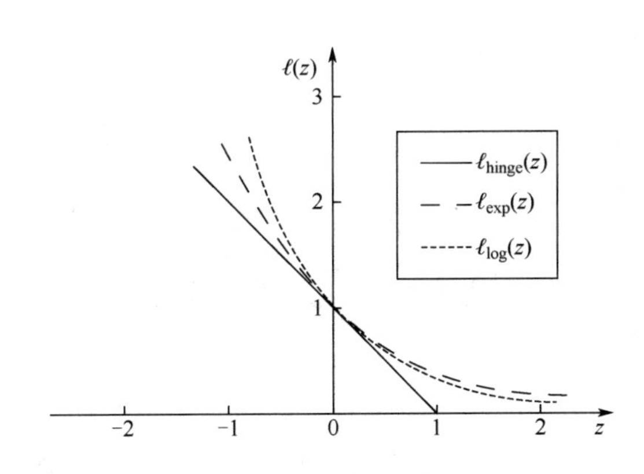

图 2-14　三种常见的替代损失函数

hinge 损失函数的表达式为：

$$\ell_{\text{hinge}}(z) = \max(0, 1-z) \tag{2-43}$$

指数损失函数的表达式为：

$$\ell_{\exp}(z) = \exp(-z) \tag{2-44}$$

对数损失函数的表达式为：

$$\ell_{\log}(z)=\log(1+\exp(-z)) \tag{2-45}$$

若采用 hinge 损失函数，则式（2-41）可变为：

$$\min_{\omega,b} \ \frac{1}{2}\|\boldsymbol{\omega}\|^2+C\sum_{i=1}^{m}\max\left(0,1-y_i\left(\boldsymbol{\omega}^{\mathrm{T}}\boldsymbol{x}_i+b\right)\right) \tag{2-46}$$

引入松弛因子$\xi_i \geqslant 0$，描述间隔与被误分的样本之间的距离，由此可得软间隔下线性 SVM 的优化目标为：

$$\begin{aligned}&\min_{\omega,b} \ \frac{1}{2}\|\boldsymbol{\omega}\|^2+C\sum_{i=1}^{m}\xi_i\\&\text{s.t.} \ \ y_i\left(\boldsymbol{\omega}^{\mathrm{T}}\boldsymbol{x}_i+b\right)\geqslant 1-\xi_i, \ \xi_i\geqslant 0, \ i=1,2,\cdots,m\end{aligned} \tag{2-47}$$

显然，式(2-47)中每个样本都有对应的松弛变量，用以表征该样本不满足约束式(2-31)的程度。然而，与式（2-33）所示的二次规划问题具有相似的求解过程，通过拉格朗日乘子法可得式（2-47）的拉格朗日函数：

$$\begin{aligned}&\min_{\omega,b} \ \frac{1}{2}\|\boldsymbol{\omega}\|^2+C\sum_{i=1}^{m}\xi_i\\&\text{s.t.} \ \ y_i\left(\boldsymbol{\omega}^{\mathrm{T}}\boldsymbol{x}_i+b\right)\geqslant 1-\xi_i, \ \xi_i\geqslant 0, \ i=1,2,\cdots,m\end{aligned} \tag{2-48}$$

式中，$\alpha_i \geqslant 0$、$\mu_i \geqslant 0$为拉格朗日乘子。

令$L(\boldsymbol{\omega},b,\alpha,\boldsymbol{\xi},\boldsymbol{\mu})$对$\boldsymbol{\omega}$、$b$、$\xi_i$的偏导数为零，可得：

$$\boldsymbol{\omega}=\sum_{i=1}^{m}\alpha_i y_i \boldsymbol{x}_i \tag{2-49}$$

$$0=\sum_{i=1}^{m}\alpha_i y_i \tag{2-50}$$

$$C=\alpha_i+\mu_i \tag{2-51}$$

将式（2-49）~式（2-51）代入式（2-48），可得式（2-47）的对偶问题：

$$\begin{aligned}&\max_{\alpha} \ \ \sum_{i=1}^{m}\alpha_i-\frac{1}{2}\sum_{i=1}^{m}\sum_{j=1}^{m}\alpha_i\alpha_j y_i y_j x_i^{\mathrm{T}} x_j\\&\text{s.t.} \ \sum_{i=1}^{m}\alpha_i y_i=0, \ 0\leqslant\alpha_i\leqslant C, \ i=1,2,\cdots,m\end{aligned} \tag{2-52}$$

将式（2-52）与硬间隔下的对偶问题[式（2-37）]对比可以看出，两者唯一的差别在于对偶变量的约束不同：前者是$0\leqslant\alpha_i\leqslant C$，后者是$\alpha_i\geqslant 0$。对于软间隔约束的 SVM，KKT 条件要求：

$$\begin{cases}\alpha_i\geqslant 0, \ \mu_i\geqslant 0\\ y_i f(\boldsymbol{x}_i)-1+\xi_i\geqslant 0\\ \alpha_i\left(y_i f(\boldsymbol{x}_i)-1+\xi\right)=0\\ \xi_i\geqslant 0, \ \mu_i\xi_i=0\end{cases} \tag{2-53}$$

对任意训练样本$(\boldsymbol{x}_i, y_i)$，总有$\alpha_i = 0$或$y_i f(\boldsymbol{x}_i) = 1 - \xi_i$。若$\alpha_i = 0$，则该样本不会对$f(\boldsymbol{x})$有任何影响；若$\alpha_i > 0$，则必有$y_i f(\boldsymbol{x}_i) = 1 - \xi_i$，即该样本是支持向量；由式（2-51）可知，若$\alpha_i < C$，则$\mu_i > 0$，进而有$\xi_i = 0$，即该样本恰在最大间隔边界上；若$\alpha_i = C$，则有$\mu_i = 0$，此时若$\xi_i \leqslant 1$，则该样本落在最大间隔内部，若$\xi_i > 1$则该样本被错误分类。由此可看出，软间隔约束的SVM最终模型仅与支持向量有关，即通过采用hinge损失函数仍保持了稀疏性。

3. 非线性SVM

对于非线性分类问题，首先利用非线性映射将样本集从原空间映射至高维特征空间，再在高维空间内求最优超平面。若原始空间为有限维，即属性数有限，那么一定存在一个高维特征空间使样本可分。

令$\phi(\boldsymbol{x})$表示将$\boldsymbol{x}$映射后的特征向量，于是，在特征空间中划分超平面所对应的模型可表示为：

$$f(\boldsymbol{x}) = \boldsymbol{\omega}^{\mathrm{T}} \phi(\boldsymbol{x}) + b \tag{2-54}$$

式中，$\boldsymbol{\omega}$和b为模型参数，由此存在以下优化问题：

$$\begin{aligned} &\min_{\boldsymbol{\omega}, b} \quad \frac{1}{2}\|\boldsymbol{\omega}\|^2 \\ &\text{s.t.} \quad y_i\left(\boldsymbol{\omega}^{\mathrm{T}} \phi(\boldsymbol{x}_i) + b\right) \geqslant 1, \quad i = 1,2,\cdots,m \end{aligned} \tag{2-55}$$

其对偶问题可表达为：

$$\begin{aligned} &\max_{\boldsymbol{\alpha}} \quad \sum_{i=1}^{m} \alpha_i - \frac{1}{2}\sum_{i=1}^{m}\sum_{j=1}^{m} \alpha_i \alpha_j y_i y_j \phi(\boldsymbol{x}_i)^{\mathrm{T}} \phi(\boldsymbol{x}_j) \\ &\text{s.t.} \quad \sum_{i=1}^{m} \alpha_i y_i = 0, \quad \alpha_i \geqslant 0, \quad i = 1,2,\cdots,m \end{aligned} \tag{2-56}$$

求解式（2-56）涉及计算$\phi(\boldsymbol{x}_i)^{\mathrm{T}} \phi(\boldsymbol{x}_j)$，这是样本$\boldsymbol{x}_i$与$\boldsymbol{x}_j$映射到特征空间之后的内积。由于特征空间维数可能很高，甚至可能为无穷维，因此难以直接计算$\phi(\boldsymbol{x}_i)^{\mathrm{T}} \phi(\boldsymbol{x}_j)$。为此，非线性SVM运用核函数实现了样本的高维映射，根据泛函的有关理论，核函数$k(\boldsymbol{x}, \boldsymbol{y}) = \langle \Phi(\boldsymbol{x}), \Phi(\boldsymbol{y}) \rangle$满足Mercer条件，且对应某一变换空间的内积。因此，采用适当的核函数$k(\boldsymbol{x}, \boldsymbol{y})$即可求解某一非线性变换后的最优超平面，进而实现非线性分类。基于式（2-37），可得非线性SVM的优化目标函数为：

$$\begin{aligned} &\max_{\alpha} \quad \sum_{i=1}^{m} \alpha_i - \frac{1}{2}\sum_{i=1}^{m}\sum_{j=1}^{m} \alpha_i \alpha_j y_i y_j k\left(\boldsymbol{x}_i, \boldsymbol{x}_j\right) \\ &\text{s.t.} \quad \sum_{i=1}^{m} \alpha_i y_i = 0, \quad \alpha_i \geqslant 0, \quad i = 1,2,\cdots,m \end{aligned} \tag{2-57}$$

求解后即可得：

$$f(\boldsymbol{x})=\operatorname{sgn}\left(\sum_{i,j=1}^{m}\alpha_i y_i k\left(\boldsymbol{x}_i,\boldsymbol{x}_j\right)+b\right) \tag{2-58}$$

由式（2-58）可知：分类模型的最优解可通过训练样本的核函数展开，这一展式亦称支持向量展式。若已知合适映射 $\phi(\cdot)$ 的具体形式，则可写出核函数 $k(\cdot,\cdot)$。只要一个对称函数所对应的核矩阵半正定，它就能作为核函数使用。对于一个半正定核矩阵，总能找到一个与之对应的映射 ϕ。任何一个核函数都隐式地定义了一个特征空间，称为再生核希尔伯特空间（Reproducing Kernel Hilbert Space，RKHS）。

值得注意的是，核函数的选择对 SVM 的性能至关重要。核函数选择不当，意味着样本被映射到了一个不合适的特征空间，导致 SVM 分类性能不佳。常用的几种核函数包括线性核函数、多项式核函数、高斯核函数、拉普拉斯核函数及 Sigmoid 核函数，见表 2-4。

表 2-4　常用核函数

名称	表达式	参数
线性核	$k(\boldsymbol{x}_i,\boldsymbol{x}_j)=\boldsymbol{x}_i^{\mathrm{T}}\boldsymbol{x}_j$	/
多项式核	$k(\boldsymbol{x}_i,\boldsymbol{x}_j)=(\boldsymbol{x}_i^{\mathrm{T}}\boldsymbol{x}_j)^d$	$d\geqslant 1$为多项式的次数
高斯核	$k(\boldsymbol{x}_i,\boldsymbol{x}_j)=\exp\left(-\frac{\lVert x_i-x_j\rVert^2}{2\sigma^2}\right)$	$\sigma>0$为高斯核的带宽
拉普拉斯核	$k(\boldsymbol{x}_i,\boldsymbol{x}_j)=\exp\left(-\frac{\lVert x_i-x_j\rVert}{\sigma}\right)$	$\sigma>0$
Sigmoid 核	$k(\boldsymbol{x}_i,\boldsymbol{x}_j)=\tanh(\beta\boldsymbol{x}_i^{\mathrm{T}}\boldsymbol{x}_j+\theta)$	tanh 为双曲正切函数，$\beta>0$，$\theta<0$

此外，可以通过函数组合获得核函数，例如：

（1）若 k_1 和 k_2 为核函数，对于任意整数 γ_1、γ_2，其线性组合可表达为：

$$\gamma_1 k_1+\gamma_2 k_2 \tag{2-59}$$

（2）若 k_1 和 k_2 为核函数，则核函数的直积可表达为：

$$k_1\otimes k_2(\boldsymbol{x},\boldsymbol{z})=k_1(\boldsymbol{x},\boldsymbol{z})k_2(\boldsymbol{x},\boldsymbol{z}) \tag{2-60}$$

（3）若 k_1 为核函数，则对于任意函数 $f(\boldsymbol{x})$，有：

$$k(\boldsymbol{x},\boldsymbol{z})=f(\boldsymbol{x})k_1(\boldsymbol{x},\boldsymbol{z})f(\boldsymbol{z}) \tag{2-61}$$

4. SVM 的多分类算法

早期的 SVM 讨论了其在二分类问题中的应用，随着实际中多分类问题的出现，逐渐发展了 SVM 的多分类算法，下面简要介绍两种多分类算法：一对一算法与一对多算法。

一对一算法共构建了 $k(k-1)$ 个二值SVM，每个SVM只用 k 类样本中的两类进行训练。在第 i 类和第 j 类样本上训练的 SVM 的优化目标函数为：

$$
\begin{aligned}
&\min_{\omega,b} \quad \frac{1}{2}\left\|\boldsymbol{\omega}^{i,j}\right\|^2 + C\sum_t \xi_t^{i,j}\left(\boldsymbol{\omega}^{i,j}\right)^{\mathrm{T}} \\
&\text{s.t.} \quad \begin{cases} \left(\boldsymbol{\omega}^{i,j}\right)^{\mathrm{T}} \Phi\left(\boldsymbol{x}_t\right) + b^{i,j} \geqslant 1-\xi_t^{i,j}, & y_t = i \\ \left(\boldsymbol{\omega}^{i,j}\right)^{\mathrm{T}} \Phi\left(\boldsymbol{x}_t\right) + b^{i,j} \leqslant 1-\xi_t^{i,j}, & y_t \neq i \end{cases}, \quad \xi_t^{i,j} \geqslant 0, \quad t = 1,2,\cdots,m
\end{aligned} \tag{2-62}
$$

对于测试样本，采用投票法：若测试样本 $\boldsymbol{x}$ 被判定为第 i 类，则第 i 类计数器加一票；若被判定为第 j 类，则第 j 类计数器加一票；当 $k(k-1)/2$ 个二值 SVM 均对测试样本 $\boldsymbol{x}$ 进行了分类，则测试样本 $\boldsymbol{x}$ 属于 k 类中计数器得票最多的那一类。

一对多算法共构建了 k 个二值 SVM，每个 SVM 均由全部 k 类样本进行训练。第 i 类样本作为第 i 个二值 SVM 的正类样本输入，其他类样本作为负类样本，则第 i 个二值 SVM 的优化目标函数为：

$$
\begin{aligned}
&\min_{\omega,b} \quad \frac{1}{2}\left\|\boldsymbol{\omega}^{i}\right\|^2 + C\sum_t \xi_t^{i}\left(\boldsymbol{\omega}^{i}\right)^{\mathrm{T}} \\
&\text{s.t.} \quad \begin{cases} \left(\boldsymbol{\omega}^{i}\right)^{\mathrm{T}} \Phi\left(\boldsymbol{x}_t\right) + b^{i} \geqslant 1-\xi_t^{i}, & y_t = i \\ \left(\boldsymbol{\omega}^{i}\right)^{\mathrm{T}} \Phi\left(\boldsymbol{x}_t\right) + b^{i} \leqslant 1-\xi_t^{i}, & y_t \neq i \end{cases}, \quad \xi_t^{i} \geqslant 0, \quad t = 1,2,\cdots,m
\end{aligned} \tag{2-63}
$$

在测试样本集中，将测试样本分别输入 k 个二值 SVM，其中输出值最大的 SVM 序号即为该样本所述的类。

2.3.2 行星齿轮箱故障智能诊断

下面选用行星齿轮箱故障智能诊断实例介绍 SVM 在机械故障诊断中的应用。

1. 数据获取

利用如图 2-15 所示的多级齿轮传动系统实验台设计实验来验证基于 SVM 的故障智能诊断方法。该实验台主要由动力、传动、负载、测试等部分组成。动力部分包括控制器和驱动电动机，电动机转速控制传动部分由两级行星齿轮箱和定轴齿轮箱组成，可实现减速传动。负载部分由磁粉制动器组成，可通过编程实现变负载控制。测试部分包括扭矩传感器、编码器、振动传感器等，扭矩传感器通过联轴器安装在驱动电动机和行星齿轮箱之间，编码器安装在输出轴末端。

在实验过程中，分别模拟了 8 种行星齿轮箱的健康状态，包括正常、第一级太阳轮点蚀、第一级太阳轮齿根裂纹、第一级行星轮齿根裂纹、第一级行星轮剥落、第一级行星轮轴承裂纹、第二级太阳轮剥落与第二级太阳轮缺齿，如图 2-16 所示。在行星齿轮箱的壳体上安装振动传感器采集不同健康状态下轴承的振动信号，每种健康状态的振动信

号均在电动机转速为 2 100 r/min、磁粉制动器的加载电流为 0.5 A 的工况下采集，信号的采样频率设置为 25.6 kHz，采样时长为 10 s。

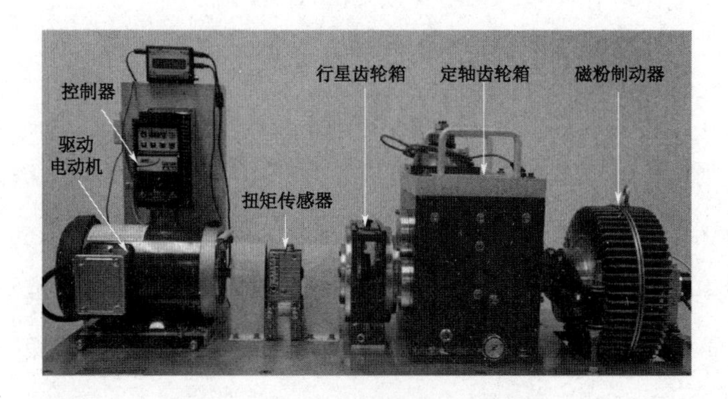

图 2-15　多级齿轮传动系统实验台

（a）第一级太阳轮点蚀

（b）第一级太阳轮齿根裂纹

（c）第一级行星轮齿根裂纹

（d）第一级行星轮剥落

（e）第一级行星轮轴承裂纹

（f）第二级太阳轮剥落

（g）第二级太阳轮缺齿

图 2-16　行星齿轮箱的故障齿轮

将采集的振动信号无重叠地分割为若干样本，每个样本的采样点为 2 560 个。见表 2-5，获得 8 种行星齿轮箱健康状态的样本共 800 个，每种健康状态所对应的样本为 100 个。随机选取其中 20%的样本训练基于 SVM 的智能诊断模型，剩余 80%的样本测试诊断模型性能。

表2-5　行星齿轮箱数据集

健康状态	训练样本数（个）	测试样本数（个）	健康标记
正常	20	80	1
第一级太阳轮点蚀	20	80	2
第一级太阳轮齿根裂纹	20	80	3
第一级行星轮齿根裂纹	20	80	4
第一级行星轮剥落	20	80	5
第一级行星轮轴承裂纹	20	80	6
第二级太阳轮剥落	20	80	7
第二级太阳轮缺齿	20	80	8

2. 特征提取与选择

分别提取数据集中样本的11种常用的时域特征，如均值、标准差、方根幅值、均方根值、峰值、波形指标、峰值指标等，以及13种常用的频域特征，如频谱均值、频谱中心、频谱均方根、频谱标准差等，构建特征集合$\{z_1,z_2,\cdots,z_{24}\}$。

考虑不同特征对行星齿轮箱健康状态变化的敏感程度不同，结合Fisher特征选择准则评估上述特征的敏感程度，并对特征进行排序，选出敏感程度较高的特征子集。Fisher特征选择准则为：待选特征在训练样本上的类内距离越小、类间距离越大，则该特征越敏感。具体步骤如下。

（1）计算训练样本在第i个特征z_i上的类间散度：

$$S_{\mathrm{b}}(z_i)=\sum_{c=1}^{C}n_c(\mu_i^{(c)}-\mu_i)^2 \tag{2-64}$$

式中，n_c为第c类样本的个数；$\mu_i^{(c)}$为第c类样本在第i个特征上的均值；μ_i为所有样本在第i个特征上的均值。

（2）计算属于第c类的训练样本在第i个特征z_i上的类内散度：

$$S_{\mathrm{t}}^{(c)}(z_i)=\sum_{j=1}^{n_c}(x_{i,j}^{(c)}-\mu_i^{(c)})^2 \tag{2-65}$$

式中，$x_{i,j}^{(c)}$为第c类样本中第j个样本在第i个特征z_i上的取值。

（3）计算第i个特征z_i的Fisher得分：

$$V_{\mathrm{Fisher}}(z_i)=\frac{S_{\mathrm{b}}(z_i)}{\sum_{c=1}^{C}n_c S_{\mathrm{t}}^{(c)}(z_i)} \tag{2-66}$$

由式（2-66）可知：$V_{\text{Fisher}}(z_i)$ 取值越大，第 i 个特征 z_i 的类间散度越大，类内散度越小，说明该特征对健康状态变化越敏感。利用 Fisher 特征选择准则，可计算提取的 24 种特征在训练数据集上的 Fisher 得分，如图 2-17 所示。根据 Fisher 得分由高到低排序，选取前半数的特征构成敏感特征子集，输入基于 SVM 的智能诊断模型。

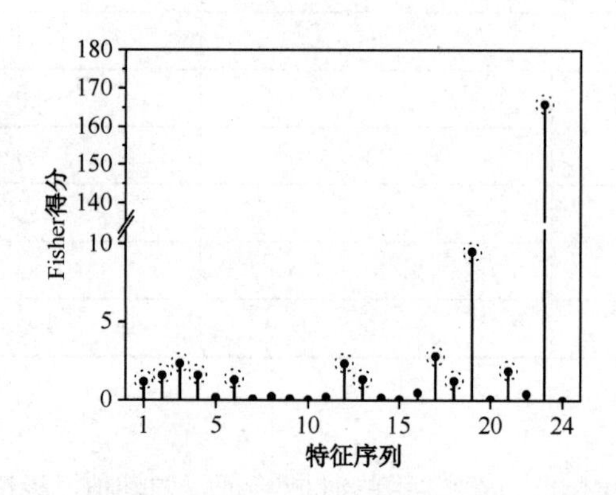

图 2-17　提取的 24 种特征在训练数据集上的 Fisher 得分

3. 健康状态识别

基于软间隔约束的非线性 SVM 构建智能诊断模型。其中，软间隔约束惩罚因子的取值范围为 $C \in \{1,10,10^2,\cdots,10^9\}$，非线性 SVM 的核函数选择高斯核函数 $k(x,y)=\exp(-\|x-y\|^2/\gamma)$，核宽度的取值范围为 $\gamma \in \{1,10,10^2,\cdots,10^9\}$。在不同参数组合下，利用训练样本的敏感特征子集对智能诊断模型进行训练后，可以得到模型在测试样本上的诊断精度结果，见表 2-6。

表 2-6　基于 SVM 的智能诊断模型的诊断精度（%）

γ	惩罚因子 C									
	1	10	10^2	10^3	10^4	10^5	10^6	10^7	10^8	10^9
1	68.28	83.59	84.69	**92.03**	**93.44**	**93.59**	**93.59**	**93.59**	**93.59**	**93.59**
10	69.69	73.91	83.44	87.19	**95.31**	**97.19**	**97.34**	**97.34**	**97.34**	**97.34**
10^2	66.72	70.01	76.56	84.06	87.19	**96.09**	**97.81**	**97.81**	**97.81**	**97.81**
10^3	66.25	66.41	70.01	77.34	84.38	87.03	**96.41**	**97.51**	**97.34**	**97.34**
10^4	66.09	66.09	66.56	70.01	77.66	84.53	87.03	**93.28**	**94.22**	**91.56**
10^5	66.09	66.09	66.09	66.56	70.01	77.66	84.84	87.03	88.13	88.28
10^6	66.09	66.09	66.09	66.09	66.56	70.01	77.51	85.78	85.31	85.78
10^7	66.09	66.09	66.09	66.09	66.09	66.41	69.69	76.25	78.44	77.34
10^8	66.88	66.88	66.88	66.88	66.88	66.88	67.19	68.28	69.53	68.13
10^9	63.13	63.13	63.13	63.13	63.13	63.13	63.13	65.94	63.91	62.19

由表 2-6 可知，当高斯核宽度 γ 设置为 10^2、惩罚因子 C 设置为 $\{10^6,10^7,10^8,10^9\}$ 时，

智能诊断模型对测试样本的诊断精度最高，达到 97.81%。此外，软间隔约束惩罚因子与高斯核函数参数对智能诊断模型的诊断精度产生较大影响：随着软间隔约束惩罚因子的增大，智能诊断模型的分类面逐渐复杂，在一定程度上能够提高模型的诊断精度；不同的高斯核宽度代表了不同的特征映射空间，在核宽度取值为 10^2 的特征映射空间，不同健康状态的样本区分性最强，使智能诊断模型的诊断精度明显提高；但随着高斯核宽度持续增大，如取值为 $\{10^7,10^8,10^9\}$ 时，样本在特征空间内的区分性变弱，智能诊断模型的诊断精度降低。

2.4　混合智能故障诊断

传统单一智能诊断方法的有效性往往建立在特定条件或场合下，然而，对于复杂诊断问题，仅单纯地依靠一两种方法难以得到普适性的智能诊断模型，导致最终的诊断决策结果存在不确定性、片面性，如果将多种智能诊断方法加以混合，取长补短、优势互补，则能够在一定程度上弥补单一智能诊断方法存在的性能缺陷，提高智能诊断模型的学习能力与诊断性能。因此，融合多种智能诊断方法、构建混合智能诊断模型，是提高装备诊断自动化与智能化的有效途径。

2.4.1　混合智能诊断基本原理

混合智能诊断根据不同方法之间的差异性和互补性，扬长避短，优势互补，并结合不同的信号处理和特征提取方法，将它们集成或融合，以提高诊断系统的敏感性、鲁棒性和精确性。该技术秉承“分而治之”和“优势互补”的原理，如图 2-18 所示。“分而治之”指将一个复杂的问题分解为若干个相互独立的简单子问题，分别求解各个子问题，各个子问题的解的融合即构成原复杂问题的解。“优势互补”即运用不同的智能诊断方法求解同一个子问题，任何一种方法对该问题均能提供可能的解，但由于各个方法的优势与劣势不同，它们提供的解可能不是子问题的最优解，但根据适当的融合原则合并解集，取长补短，即可使融合解接近最优。例如，多分类器集成是“优势互补”思想的具体应用，它将多个分类器输出的诊断结果在决策层进行融合，提高了单一分类器的性能。

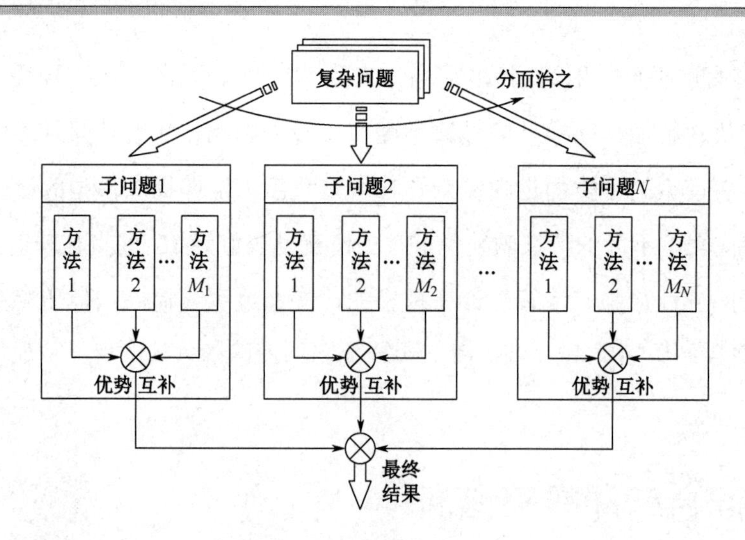

图 2-18 混合智能诊断原理

2.4.2 混合智能诊断模型

混合智能诊断模型采用多分类器集成基本框架，通常由以下两种诊断模式实现：一种是对同一输入信号，首先采用不同的信号预处理与特征提取方法，获取信号中蕴含的高端装备相互独立又互补的多层次健康信息，然后融合同一分类策略的诊断结果；另一种是对同一输入信号，首先采用完全相同的信号预处理与特征获取方法，然后融合不同分类策略的诊断结果。下面以第一种诊断模式为例进行说明。

多分类器集成模式下的混合智能诊断模型包括三个重要环节：多域特征提取、特征选择和多分类器诊断结果融合。如图 2-19 所示为多自适应模糊推理系统（Adaptive Neuron-based Fuzzy Inference System，ANFIS）集成的混合智能诊断模型。

1. 多域特征提取

信号的时域统计分析用于估计或计算信号的时域特征。时域统计特征包括有量纲和无量纲两种。常用的有量纲参量有均值、标准差、方根幅值、均方根值、峰值，一般与转速、载荷等运行参数相关；而无量纲特征与高端装备的运行状态无关，如波形指标、峰值指标、脉冲指标、裕度指标、偏斜度和峭度等。

信号的频谱反映了信号的频率成分及各成分的幅值或能量大小。当高端装备出现故障时，信号中不同频率成分的幅值或能量发生变化，导致频谱中对应谱线发生变化：信号的频率成分增多或减少，频谱上的谱线随之呈现集中或分散状态；信号某频率成分的幅值/能量增大或减小，频谱上对应谱线的高度表现为增高或降低。频谱中谱线的高低变化、分布

的分散程度及主频位置的变化能够较好地描述振动信号的频谱信息，为基于时域特征判断装备的运行状态提供互补信息。常用的时域与频域特征参量见表 2-7。

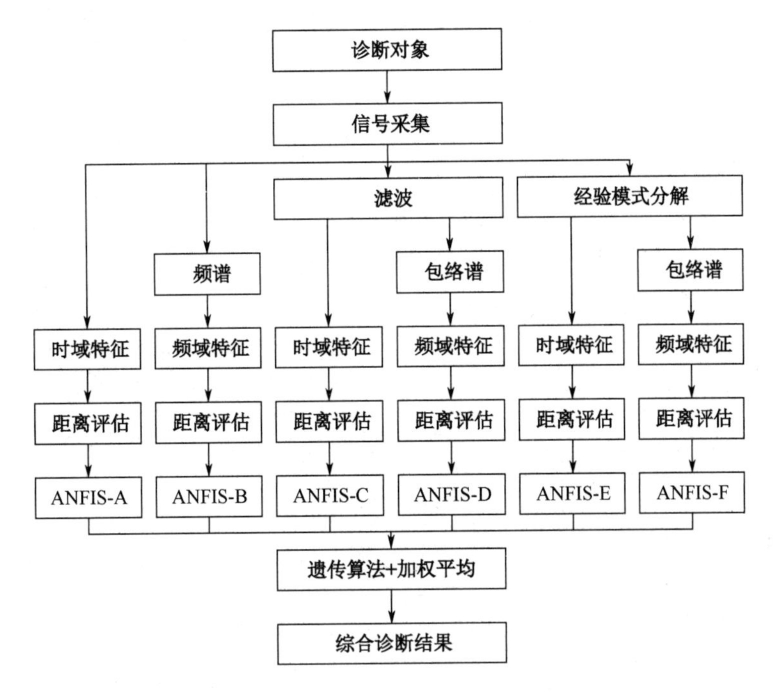

图 2-19　多 ANFIS 集成的混合智能诊断模型

表 2-7　常用的时域与频域特征参量

时域特征参量		频域特征参量	
1. 均值	$\bar{x}=\frac{1}{N}\sum_{n=1}^{N}x(n)$	12.	$F_{12}=\frac{1}{K}\sum_{k=1}^{K}s(k)$
2. 标准差	$\sigma_x=\sqrt{\frac{1}{N-1}\sum_{n=1}^{N}\left[x(n)-\bar{x}\right]^2}$	13.	$F_{13}=\sqrt{\frac{1}{K-1}\sum_{k=1}^{K}\left[s(k)-F_{12}\right]^2}$
3. 方根幅值	$x_{\mathrm{r}}=\left(\frac{1}{N}\sum_{n=1}^{N}\sqrt{\lvert x(n)\rvert}\right)^2$	14.	$F_{14}=\frac{\sum_{k=1}^{K}\left[s(k)-F_{12}\right]^3}{(K-1)F_{13}^3}$
4. 均方根值	$x_{\mathrm{rms}}=\sqrt{\frac{1}{N}\sum_{n=1}^{N}x^2(n)}$	15.	$F_{15}=\frac{\sum_{k=1}^{K}\left[s(k)-F_{12}\right]^4}{(K-1)F_{13}^4}$
5. 峰值	$x_{\mathrm{p}}=\max\lvert x(n)\rvert$	16.	$F_{16}=\frac{\sum_{k=1}^{K}f_k\cdot s(k)}{\sum_{k=1}^{K}s(k)}$
6. 波形指标	$W=\frac{x_{\mathrm{rms}}}{\bar{x}}$	17.	$F_{17}=\sqrt{\frac{1}{K-1}\sum_{k=1}^{K}(f_k-F_{16})^2\cdot s(k)}$
7. 峰值指标	$C=\frac{x_{\mathrm{p}}}{x_{\mathrm{rms}}}$	18.	$F_{18}=\sqrt{\frac{\sum_{k=1}^{K}f_k^2\cdot s(k)}{\sum_{k=1}^{K}s(k)}}$

续表

时域特征参量		频域特征参量	
8. 脉冲指标	$I=\dfrac{x_{\mathrm{p}}}{\overline{x}}$	19.	$F_{19}=\sqrt{\dfrac{\sum_{k=1}^{K}f_k^4\cdot s(k)}{\sum_{k=1}^{K}f_k^2\cdot s(k)}}$
9. 裕度指标	$L=\dfrac{x_{\mathrm{p}}}{x_{\mathrm{r}}}$	20.	$F_{20}=\dfrac{\sum_{k=1}^{K}f_k^2\cdot s(k)}{\sqrt{\sum_{k=1}^{K}s(k)\sum_{k=1}^{K}f_k^4\cdot s(k)}}$
10. 偏斜度	$S=\dfrac{\sum_{n=1}^{N}\left[x(n)-\overline{x}\right]^3}{(N-1)\sigma_x^3}$	21.	$F_{21}=\dfrac{F_{17}}{F_{16}}$
11. 峭度	$K=\dfrac{\sum_{n=1}^{N}\left[x(n)-\overline{x}\right]^4}{(N-1)\sigma_x^4}$	22.	$F_{22}=\dfrac{\sum_{k=1}^{K}(f_k-F_{16})^3\cdot s(k)}{(K-1)F_{17}^3}$
		23.	$F_{23}=\dfrac{\sum_{k=1}^{K}(f_k-F_{16})^4\cdot s(k)}{(K-1)F_{17}^4}$
		24.	$F_{24}=\dfrac{\sum_{k=1}^{K}(f_k-F_{16})^{1/2}\cdot s(k)}{(K-1)F_{17}^{1/2}}$
注：表中 $x(n)$ 为信号的时域序列，$n=1,2,\cdots,N$；N 为样本点数。$s(k)$ 是信号 $x(n)$ 的频谱，$k=1,2,\cdots,K$；K 是谱线数；f_k 是第 k 条谱线的频率值。			

为提高输入信号的信噪比，突显故障信息，设计 F 个滤波器对输入信号进行滤波处理，然后提取滤波后信号的时域特征与包络谱频域特征，构成新特征集。为捕捉更丰富的故障信息，还可利用 EMD 方法对输入信号进行分解，并提取多个 IMF 信号的时域特征与包络谱频域特征，构成新特征集。

2. 特征选择

提取的时域与频域特征中存在不相关或冗余特征，影响智能诊断模型的计算效率和诊断精度，因此，利用特征选择方法获取高维特征集中对高端装备健康状态变化敏感的特征，构成最优特征集合。距离评估技术是通过特征之间的距离大小来估计特征的敏感程度的，评估的一般原则是：同一类样本特征的类内距离最小，不同类样本特征的类间距离最大。属于同一目标类样本的某特征的类内距离越小，不同目标类的某特征的类间距离越大，则该特征越敏感。设具有 C 个目标类的特征集为：

$$\left\{q_{m,c,j}\middle|m=1,2,\cdots,M_c;c=1,2,\cdots,C;j=1,2,\cdots,J\right\} \tag{2-67}$$

式中，$q_{m,c,j}$ 是第 c 类的第 m 个样本的第 j 个特征；M_c 为第 c 类的样本数；J 是每一类的特征个数。距离评估技术可分为以下五个步骤。

（1）计算第 c 类中第 j 个特征的类内距离：

$$d_{c,j}=\frac{1}{M_c\times(M_c-1)}\sum_{l,m=1}^{M_c}\left|q_{m,c,j}-q_{l,c,j}\right|,\ l,m=1,2,\cdots,M_c,\ l\neq m \tag{2-68}$$

（2）计算 $d_{c,j}$ 的平均类内距离：

$$d_j^{(w)}=\frac{1}{C}\sum_{c=1}^{C}d_{c,j} \tag{2-69}$$

（3）计算第 c 类 M_c 个样本第 j 个特征的平均值：

$$u_{c,j}=\frac{1}{M_c}\sum_{m=1}^{M_c}q_{m,c,j} \tag{2-70}$$

（4）计算第 j 个特征的平均类间距离：

$$d_j^{(b)}=\frac{1}{C\times(C-1)}\sum_{c,e=1}^{C}\left|u_{e,j}-u_{c,j}\right|,\ c,e=1,2,\cdots,C,\ c\neq e \tag{2-71}$$

（5）计算第 j 个特征的距离评估因子：

$$\alpha_j=\frac{d_j^{(b)}}{d_j^{(w)}} \tag{2-72}$$

由式（2-72）可知，α_j 越大，则第 j 个特征越敏感，更符合距离评估原则，更容易对目标类进行分类。

3. 集成 ANFIS 的混合智能诊断模型

集成 ANFIS 的混合智能诊断模型基于遗传算法的加权平均技术融合多个 ANFIS 分类器的诊断结果。其中，单个 ANFIS 使用神经网络训练实现并优化模糊推理系统，通过构建一系列 IF-THEN 规则和隶属度函数来描述复杂系统输入与输出之间的映射关系。如图 2-20 所示为一阶 T-S 模糊推理系统的 ANFIS 网络结构，图中的圆圈代表固定节点，方框代表自适应节点，该结构分为五层。

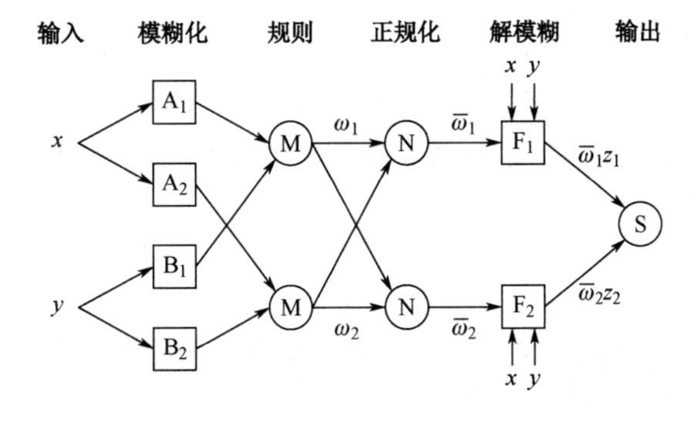

图 2-20　一阶 T-S 模糊推理系统的 ANFIS 网络结构

1）模糊化层

模糊化层将输入变量模糊化，输出对应模糊集的隶属度。以节点 A_i 、B_i （$i=1,2$）为例，其模糊隶属度函数可表示为：

$$\begin{cases} o_i^1 = u_{\mathrm{A}_i}(x),\ i=1,2 \\ o_i^1 = u_{\mathrm{B}_i}(y),\ i=1,2 \end{cases} \tag{2-73}$$

式中，$u_{\mathrm{A}_i}(x)$ 和 $u_{\mathrm{B}_i}(y)$ 为隶属度函数，分别对应模糊集的大或小，常用的隶属度函数有钟形隶属度函数：

$$u(x) = \frac{1}{1+\left(\frac{x-c_i}{a_i}\right)^{2b_i}},\ i=1,2 \tag{2-74}$$

式中，a_i 、b_i 、c_i 组成待训练的条件参数集合。

2）规则层

规则层的固定节点记为M，每个节点为简单的乘法器，输出 $o_i^2 = \omega_i$ 表示每条推理规则的实用度，计算如下：

$$\omega_i = u_{A_i}(x) \cdot u_{B_i}(y),\ i=1,2 \tag{2-75}$$

3）正规化层

正规化层的固定节点记为N，对规则层输出的各条规则的激励强度做归一化处理，输出正规化激励强度 $o_i^3 = \bar{\omega}_i$，计算如下：

$$\bar{\omega}_i = \frac{\omega_i}{\sum_{i=1}^{2}\omega_i},\ i=1,2 \tag{2-76}$$

4）解模糊层

解模糊层的节点记为 F_1 和 F_2，每个节点的传递函数为线性函数，计算每条规则的输出 o_i^4，计算如下：

$$o_i^4 = \bar{\omega}_i z_i = \bar{\omega}_i(p_i x + q_i y + r_i),\ i=1,2 \tag{2-77}$$

式中，每个节点中的 p_i 、q_i 、r_i 组成结论参数集，与模糊化层中的条件参数集一样，需要通过网络训练来确定。

5）输出层

输出层仅有一个固定节点，标注为S，计算所有规则的输出之和 $o_i^5 = v$，计算如下：

$$v = \sum_{i=1}^{2}\bar{\omega}_i v_i = \frac{\sum_{i=1}^{2}\omega_i v_i}{\sum_{i=1}^{2}\omega_i},\ i=1,2 \tag{2-78}$$

通过特征提取与选择，共获得输入信号的6个敏感特征集，将它们分别输入6个单一的ANFIS基分类器，通过加权平均技术来集成6个ANFIS基分类器输出的诊断结果，最终的分类结果如下：

$$\hat{y}_n = \sum_{k=1}^{6} \omega_k \hat{y}_{n,k}$$
$$\text{s.t.} \sum_{k=1}^{6} \omega_k = 1,\ \omega_k \geqslant 0,\ k = 1,2,\cdots,6 \tag{2-79}$$

式中，$\hat{y}_n$ 为第 n 个样本的集成分类结果；$\hat{y}_{n,k}$ 为第 k 个分类器对第 n 个样本的分类结果；ω_k 是第 k 个ANFIS基分类器的权重，通过遗传算法寻优获取。

2.4.3　电动机滚动轴承故障智能诊断

下面将混合智能诊断模型用于电动机滚动轴承的故障诊断。

1. 数据介绍

选用美国凯斯西储大学的电动机滚动轴承数据集对构建的混合智能诊断模型进行验证，该数据集采集自安装在电动机驱动端的SKF6205-2RS型滚动轴承，共包含4种健康状态：正常、内圈故障、滚动体故障和外圈故障。其中，每种故障类型均通过电火花加工方式模拟了三种损伤程度，损伤直径分别为0.18 mm、0.36 mm和0.54 mm。每种健康状态的轴承均在4种不同的负载下进行测试。在测试过程中，通过安装在电动机驱动端的加速度传感器采集振动信号，采样频率为12 kHz。见表2-8，将采集的振动信号分割为若干个样本，共获得不同健康状态、不同工况下的样本600个，样本涵盖了三种不同的损伤程度。若按损伤程度不同划分健康状态类别，可得10类样本。

表2-8　电动机滚动轴承数据集

健康状态	损伤程度（mm）	样本数	健康标记
正常	/	60	1
内圈故障	0.18	60	2
	0.36	60	3
	0.54	60	4
滚动体故障	0.18	60	5
	0.36	60	6
	0.54	60	7
外圈故障	0.18	60	8
	0.36	60	9
	0.54	60	10

2. 多域特征提取与选择

多域特征集由三部分组成：第一，提取每个样本的 11 种时域特征组成特征集 A，提取 13 种频域特征组成特征集 B；第二，设计三个带通滤波器（带通频率分别为 2.2～3.8 kHz、3～3.8 kHz、3～4 kHz）和一个高通滤波器（截止频率为 2.2 kHz）对输入的样本进行滤波处理，提取滤波后 4 种信号的时域特征组成特征集 C（共有特征 4×11 个），提取包络谱频域特征组成特征集 D（共有特征 4×13 个）；第三，利用 EMD 处理输入信号，分别提取前 8 个 IFM 的时域特征组成特征集 E（共有特征 8×11），提取包络谱频域特征组成特征集 F（共有特征 8×13 个）。

利用距离评估技术分别提取每个特征集中的敏感特征，如图 2-21 所示，选择敏感程度评估因子最高的 4 个特征输入集成 ANFIS 的混合智能诊断模型。

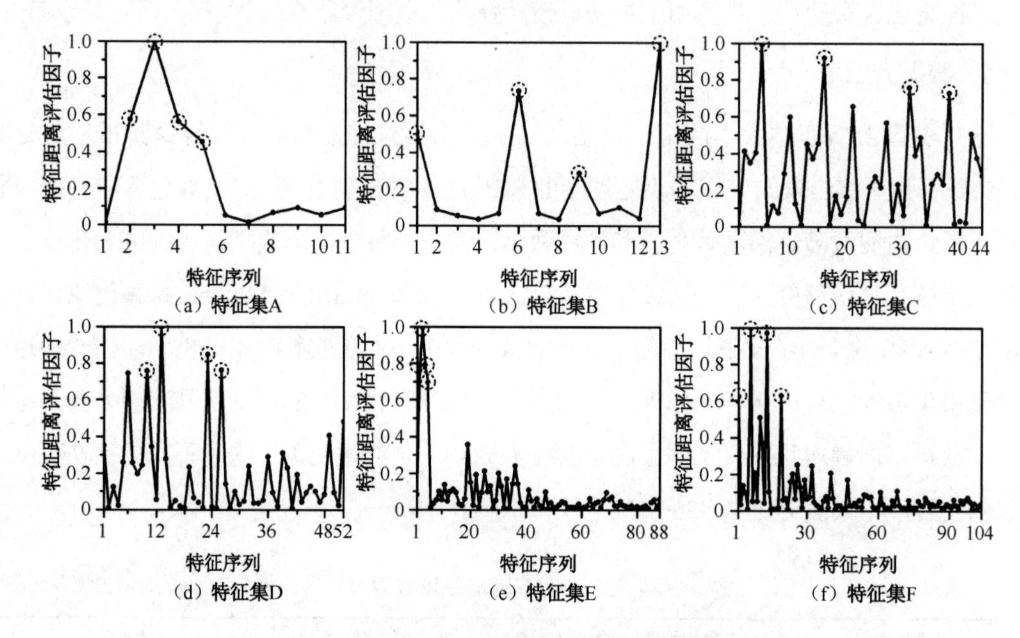

图 2-21　提取的 6 个特征集的距离评估因子

3. 健康状态识别

随机选取表 2-8 数据集中 50%的样本训练集成 ANFIS 的混合智能诊断模型，剩余 50%的样本测试混合智能诊断模型的诊断精度，重复实验 10 次，平均诊断结果见表 2-9。

表 2-9　单一 ANFIS 智能诊断模型与混合智能诊断模型的诊断精度对比（%）

	ANFIS-A	ANFIS-B	ANFIS-C	ANFIS-D	ANFIS-E	ANFIS-F	平均值	混合模型
训练集	65.67	90.00	72.67	80.33	67.67	87.33	77.28	93.67
测试集	61.00	87.67	68.00	77.00	67.00	81.00	73.61	91.33

由表 2-9 可知，对于 10 类轴承健康状态识别这一复杂诊断问题，单一 ANFIS 智能诊断模型在特定特征集上的训练精度与测试精度均较低，其训练精度的均值为 77.28%，测试精度的均值为 73.61%，说明单一分类器不仅难以充分拟合特征集与不同轴承健康状态之间的映射关系，而且由于泛化能力不足，导致模型的诊断精度不高。集成 ANFIS 的混合智能诊断模型不仅在特征层融合了多域特征集提供的健康信息，而且模型的数据拟合能力大大提高，使训练精度提高至 93.67%，测试精度提高至 91.33%，获得了比传统单一智能诊断模型更好的诊断结果。

本章小结

本章从数据获取、特征提取与选择、健康状态识别三个重要环节阐述了基于传统机器学习的高端装备故障智能诊断方法及其应用。首先，简要回顾了 K-means、ANN 与 SVM 这三种代表性机器学习方法的基本原理，并分别建立了基于 K-means、ANN 与 SVM 的智能诊断模型，实现了锥齿轮传动箱、滚动轴承、行星齿轮箱健康状态的自动识别。然后，针对单一智能诊断方法的诊断结果存在不确定性与片面性的问题，介绍了混合智能诊断方法，并构建了集成 ANFIS 的混合智能诊断模型，并通过电动机滚动轴承故障诊断案例，展示了混合智能诊断方法的作用。结合传统机器学习方法能够构建故障特征与装备健康状态之间的映射关系，赋予计算机学习诊断知识的能力，使之代替人工自动判断装备的健康状态，这在一定程度上促进了装备故障诊断的智能化，并提高了诊断精度。

习 题

1．解释人工神经网络中神经元、权重和激活函数的基本概念。

2．简要描述反向传播算法的基本原理及在神经网络中的作用。

3．编程实现人工神经网络，并利用美国凯斯西储大学轴承故障诊断数据集验证网络性能。

4．比较线性核、多项式核和高斯核对 SVM 性能的影响。

5．比较人工神经网络与 SVM 的区别。

6．简述混合智能诊断的基本步骤，并分析其优缺点。

参考文献

[1] 屈梁生，张西宁，沈玉娣．机械故障诊断理论与方法[M]．西安：西安交通大学出版社，2009．

[2] 何正嘉，陈进，王太勇，等．机械故障诊断理论及应用[M]．北京：高等教育出版社，2010．

[3] LEI Y, YANG B, JIANG X, et al. Applications of machine learning to machine fault diagnosis: A review and roadmap[J]. Mechanical Systems and Signal Processing, 2020, 138: 106587.

[4] LEI Y. Intelligent Fault Diagnosis and Remaining Useful Life Prediction of Rotating Machinery[M]. Butterworth-Heinemann, 2016.

[5] GOODFELLOW I, BENGIO Y, COURVILLE A. Deep learning[M]. MIT Press, 2016.

[6] MACQUEEN J. Some methods for classification and analysis of multivariate observations [C] //Proceedings of the fifth Berkeley symposium on mathematical statistics and probability. 1967, 1(14): 281-297.

[7] 周志华．机器学习[M]．北京：清华大学出版社，2016．

[8] SAROJ K. Review: Study on simple k mean and modified K mean clustering technique[J]. International Journal of Computer Science Engineering and Technology, 2016, 6(7): 279-281.

[9] WOLD S, ESBENSEN K, GELADI P. Principal component analysis[J]. Chemometrics and intelligent laboratory systems, 1987, 2(1-3): 37-52.

[10] HECHT-NIELSEN R. Theory of the backpropagation neural network[C]//International Joint Conference on Neural Networks in Washington, USA, June 18-22, 1989: 593-605.

[11] LEI Y, HE Z, ZI Y. Application of a novel hybrid intelligent method to compound fault diagnosis of locomotive roller bearings[J]. Journal of Vibration and Acoustics-Transactions of the ASME, 2008, 130(3): 569-583.

[12] VAPNIK V. The Nature of Statistical Learning Theory[M]. Springer Science & Business Media, 2013.

[13] CORTES C, VAPNIK V. Support-vector networks[J]. Machine Learning, 1995, 20(3): 273-297.

[14] WIDODO A, YANG B S. Support vector machine in machine condition monitoring and fault diagnosis[J]. Mechanical Systems and Signal Processing, 2007, 21(6): 2560-2574.

[15] 雷亚国. 混合智能技术及其在故障诊断中的应用研究[D]. 西安：西安交通大学，2007.

[16] LEI Y, HE Z, ZI Y. A new approach to intelligent fault diagnosis of rotating machinery[J]. Expert Systems with applications, 2008, 35(4): 1593-1600.

[17] JANG J S R. Anfis: Adaptive-network-based fuzzy inference system[J]. IEEE Transactions on Systems, Man, and Cybernetics, 1993, 23(3): 665-685.

[18] Case Western Reserve University Bearing Data Center[EB/OL]. https://csegroups.case.edu/bearingdatacenter/home.

第3章 基于深度学习的高端装备故障智能诊断

深度学习旨在构建具有深层结构的神经网络，利用海量数据进行模型训练，逐层刻画数据中的内在信息，最终提高分类或预测的准确率，目前已经在语音识别、机器视觉、生命科学与医学等领域掀起了研究热潮。在机械故障诊断领域，深度学习能够自适应地提取或融合故障特征，实现特征提取与健康状态识别之间的信息交互。基于深度学习的故障智能诊断流程如图 3-1 所示，利用深度学习方法，如深度置信网络（Deep Belief Network，DBN）、堆叠自编码机（Stacked Auto-encoders，SAE）、卷积神经网络（Convolutional Neural Network，CNN）、深度残差网络（Deep Residual Network，ResNet）等，直接对输入的监测大数据进行逐层特征表征，自适应提取其中与高端装备健康状态密切相关的深层特征，并将特征表征与健康状态识别环节合二为一，构建深层特征与装备健康状态之间的非线性映射关系，完成装备的健康状态识别。本章基于深度学习理论，分别建立了 DBN 智能诊断模型、SAE 智能诊断模型、加权卷积网络（Weighted CNN，WCNN）智能诊断模型及 ResNet 智能诊断模型，并利用这些模型，实现装备的故障智能诊断。

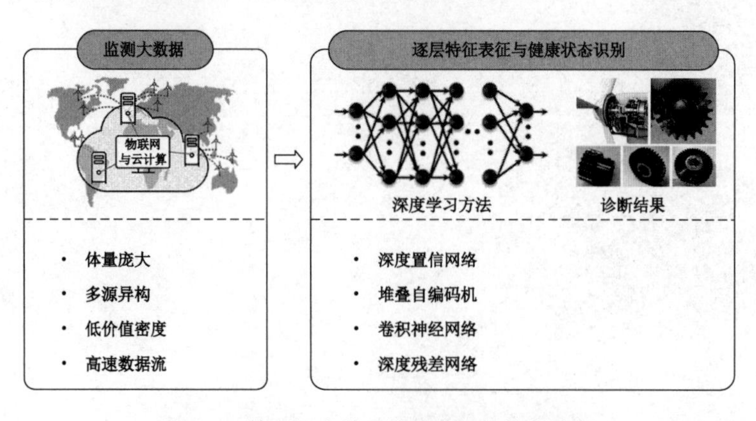

图 3-1　基于深度学习的故障智能诊断流程

3.1 深度置信网络故障智能诊断

DBN 由若干个受限玻尔兹曼机（Restricted Boltzmann Machine，RBM）堆叠构成，通过由低到高逐层训练这些 RBM 实现，即将每层 RBM 的输出作为下一层 RBM 的输入。RBM 可以通过对比散度（Contrastive Divergence，CD）算法快速训练。通过逐层训练方式将 DBN 的直接训练转换为多层 RBM 逐个训练，避免了直接训练产生的高复杂度。经过逐层训练后，再利用传统的全局学习算法，如误差反向传播算法，对 DBN 网络进行微调，从而使模型收敛到局部最优点。这种学习算法在本质上等同于先逐层预训练 RBM，将模型的参数初始化为较优的值，再通过全局学习算法进一步反向微调参数。联合逐层预训练和反向微调策略，解决了模型训练速度慢的问题，提升了模型的学习能力，现已成为 DBN 等深度神经网络最重要的训练方式，并被应用于图像处理、语音信号处理等领域。

在故障诊断领域，DBN 由于原理简单、易于训练而被广泛应用。本节首先介绍 RBM 的基本原理，详细阐述其模型结构、训练算法；然后堆叠 RBM 构建 DBN 智能诊断模型，并将其应用于电动机轴承故障智能诊断。

3.1.1 受限玻尔兹曼机基本原理

玻尔兹曼机（Boltzmann Machine，BM）是 1986 年提出的一种基于统计力学的随机神经网络。BM 可被视作随机过程、可生成相应的霍普菲尔德神经网络。它是最早能够学习内部表达，并能表达和（给定充足的时间）解决复杂的组合优化问题的神经网络。BM 的基本结构如图 3-2（a）所示，包括一个可见层和一个隐层。从功能上讲，BM 由随机神经元通过全对称的形式连接构成，各神经元无自反馈，而且神经元输出只有两种状态——未激活和激活，常用二进制的 0 和 1 表示，状态的取值根据概率统计法则决定。作为一种基于能量的模型，BM 为网络的状态定义能量，并通过最小化能量函数使网络达到理想状态。这种网络具有强大的无监督学习能力，能够学习数据中复杂的规则。然而，无特定限制连接方式的 BM 在机器学习实际问题求解时尚未被证明存在明显成效。此外，BM 还存在训练时间长，而且难以准确地拟合随机样本分布等缺陷。与 BM 不同，受限玻尔兹曼机（Restricted Boltzmann Machine，RBM）是一种无向图模型，其可见层和隐层的层内无连接，两层之间通过权值进行全连接，结构如图 3-2（b）所示。其中，隐层神经元和可见层神经元可服从任意指数型分布，如高斯分布、泊松分布等。

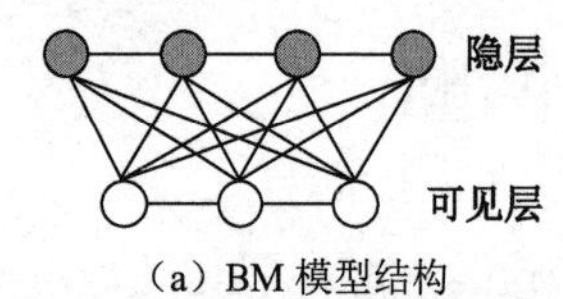

（a）BM 模型结构

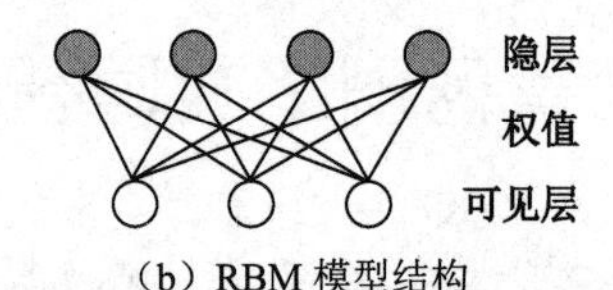

（b）RBM 模型结构

图 3-2　BM 和 RBM 的模型结构

给定一个 RBM 模型，包含 n_V 个可见层神经元和 n_H 个隐层神经元，向量 $\boldsymbol{v}$ 和 $\boldsymbol{h}$ 分别表示可见层和隐层神经元的状态。其中，$\boldsymbol{v}_i$ 表示可见层第 i 个神经元的状态，$\boldsymbol{h}_j$ 表示隐层第 j 个神经元的状态。假设所有的可见层神经元和隐层神经元均为二值变量，即 $\forall i, j$，$v_i \in \{0,1\}$，$h_j \in \{0,1\}$。对于一组 $(\boldsymbol{v}, \boldsymbol{h})$，RBM 模型的能量函数可定义为：

$$E(\boldsymbol{v}, \boldsymbol{h}|\theta) = -\sum_{i=1}^{n_V} a_i \boldsymbol{v}_i - \sum_{j=1}^{n_H} b_j \boldsymbol{h}_j - \sum_{i=1}^{n_V}\sum_{j=1}^{n_H} W_{i,j} \boldsymbol{v}_i \boldsymbol{h}_j \tag{3-1}$$

式中，$\theta = \{W_{i,j}, a_i, b_j\}$，是 RBM 模型的参数；$W_{i,j}$ 表示可见层第 i 个神经元与隐层第 j 个神经元之间的连接权值；a_i 表示可见层第 i 个神经元的偏置；b_j 表示隐层第 j 个神经元的偏置。RBM 的层间有连接，而层内无连接，因此，当给定可见层单元的状态时，各隐层神经元的激活状态之间是条件独立的。隐层第 j 个神经元的激活概率可表示为：

$$P(h_j = 1|v, \theta) = \sigma_s\left(b_j + \sum_i v_i W_{i,j}\right) \tag{3-2}$$

式中，$\sigma_s(x)$ 为 Sigmoid 激活函数。由于 RBM 为对称结构，当给定隐层神经元的状态时，各可见层神经元的激活状态之间也是条件独立的，即可见层第 i 个神经元的激活概率为：

$$P(v_i = 1|\boldsymbol{h}, \boldsymbol{\theta}) = \sigma_s\left(a_i + \sum_j W_{i,j} h_j\right) \tag{3-3}$$

RBM 模型常通过 CD 算法进行训练，其主要步骤见表 3-1。

表 3-1　CD 算法的主要步骤

输入：一个训练样本 x_0；可见层神经元个数 n_V；隐层神经元个数 n_H；学习率 η
输出：可见层的偏置向量 $\boldsymbol{a} = \{a_i \| i = 1, 2, \cdots, n_V\}$；隐层的偏置向量 $\boldsymbol{b} = \{b_j \| j = 1, 2, \cdots, n_H\}$；连接权值矩阵 $\boldsymbol{W} \in \mathbb{R}^{n_V \times n_H}$
1．初始化可见层神经元的初始状态 $v = x_0$；随机初始化 $\boldsymbol{W}$、$\boldsymbol{a}$、$\boldsymbol{b}$ 为较小数值 2．当迭代训练次数 $t \in \{1, 2, \cdots, T\}$ 时，依次执行步骤 3～6 3．遍历隐层神经元 $j \in \{1, 2, \cdots, n_H\}$，以 v 为输入，执行式（3-2）计算隐层所有神经元的激活概率，并从条件分布 $P(h_j = 1\|v)$ 中抽取二值状态 $h_j \in \{0,1\}$ 4．遍历可见层神经元 $i \in \{1, 2, \cdots, n_V\}$，以 $h = \{h_j \| j = 1, 2, \cdots, n_H\}$ 为输入，执行式（3-3）计算可见层所有神经元的激活概率，并从条件分布 $P(\hat{v}_i = 1\|h)$ 中重构二值状态 $\hat{v}_i \in \{0,1\}$ 5．遍历隐层神经元 $j \in \{1, 2, \cdots, n_H\}$，以 $\hat{v} = \{\hat{v}_i \| i = 1, 2, \cdots, n_V\}$ 为输入，执行式（3-2）计算隐层所有神经元的激活概率，并从条件分布 $P(\hat{h}_j = 1\|\hat{v})$ 中重构二值状态 $\hat{h}_j \in \{0,1\}$ 6．更新模型参数：$\boldsymbol{W} \leftarrow \boldsymbol{W} + \eta\left[P(h_j = 1\|\boldsymbol{v})\boldsymbol{v}^T - P(\hat{h}_j = 1\|\hat{\boldsymbol{v}})\hat{\boldsymbol{v}}^T\right]$，$\boldsymbol{b} \leftarrow \boldsymbol{b} + \eta(\boldsymbol{v} - \hat{\boldsymbol{v}})$，$\boldsymbol{a} \leftarrow \boldsymbol{a} + \eta\left[P(h_j = 1\|\boldsymbol{v}) - P(\hat{h}_j = 1\|\hat{\boldsymbol{v}})\right]$

注：表中所示的 CD 算法基于可见层单元和隐层神经元状态均为二值变量的假设，对于服从高斯分布或其他类型分布的神经元，需调整可见层和隐层单元激活状态所服从的概率分布。

在 RBM 的基础上，学者们还提出了连续受限玻尔兹曼机（Continuous Restricted Boltzmann Machine，CRBM）。与传统的二值型数据不同，CRBM 的输入和输出可以是连续的实值。它通过学习数据分布的概率密度函数来捕捉数据中的模式和特征，因此 CRBM 主要用于处理连续型数据。CRBM 的结构与传统 RBM 类似，同样包含可见层和隐层，但其节点的取值是连续的。CRBM 也采用能量函数来描述模型，但其能量函数被定义为关于可见层和隐藏层之间连续变量的函数。通过最小化能量函数，不断调整学习可见层和隐层之间的权重，CRBM 将学习如何表示并生成与输入数据相符的样本。CRBM 在处理各种连续型数据上表现出色，包括但不限于时间序列数据、图像数据和声音数据，也可用于特征学习、数据降维、生成模型等任务。

3.1.2 深度置信网络智能诊断模型

堆叠 RBM 构建 DBN 智能诊断模型，其网络结构如图 3-3 所示。DBN 智能诊断模型的诊断流程包括 5 个步骤，如图 3-4 所示，具体如下。

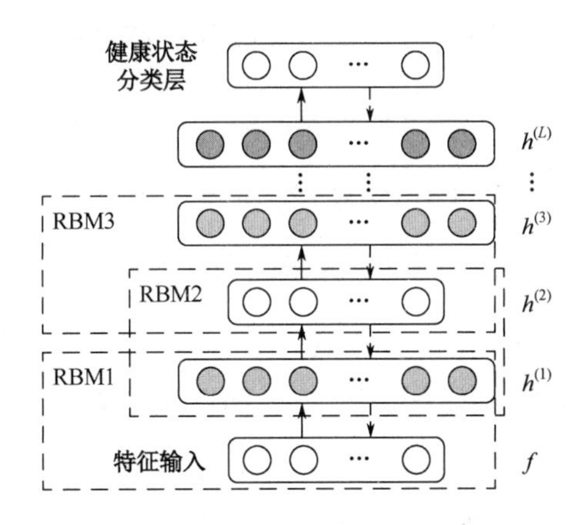

图 3-3 DBN 智能诊断模型网络结构

（1）提取高端装备监测数据的常用时域与频域特征，如表 3-4 所示。每个样本 f_i 由时域与频域特征描述，因此有数据集 $\left\{f_i \middle| i=1,2,\cdots,M\right\}$， M 为样本个数。数据集由训练数据集和测试数据集构成。其中，训练数据集的样本数量为 M_{tr}，这些样本对应的实际健康状态记为 $\left\{y_i \middle| i=1,2,\cdots,M_{\text{tr}}\right\}$；测试数据集的样本数量为 M_{te}，假设其健康状态未知。

（2）构建 DBN 智能诊断模型，确定诊断模型的隐层数 L 及各层神经元的个数。其中，DBN 智能诊断模型的第一层为输入层，其神经元个数为提取的时域与频域特征个数。在 DBN 模型的 $h^{(L)}$ 层后堆叠分类层，识别高端装备的健康状态，分类层的神经元个数为装备健康状态的个数。

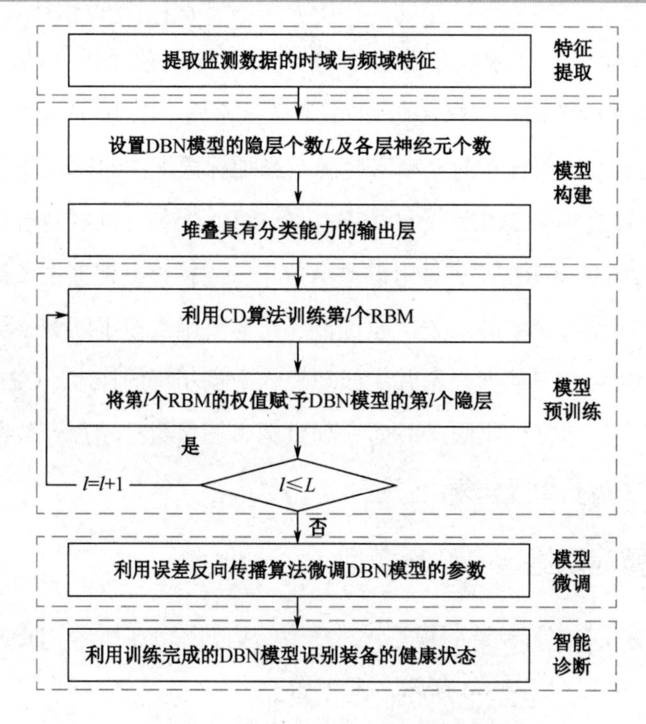

图 3-4　DBN 智能诊断模型的诊断流程

（3）利用训练数据集对 DBN 智能诊断模型进行预训练。首先利用表 3-1 中的 CD 算法逐层训练 L 个 RBM，并将每个 RBM 隐层的输出作为下一层 RBM 的输入。直到完成 L 个 RBM 的训练后，将这 L 个 RBM 逐层堆叠形成如图 3-3 所示的多隐层 DBN 智能诊断模型。

（4）微调 DBN 智能诊断模型。逐层预训练 DBN 智能诊断模型后，结合训练样本的特征及其对应的健康状态类型，利用误差反向传播算法对 DBN 智能诊断模型的所有参数进行微调，使网络具备识别高端装备健康状态的能力。训练的目标函数为：

$$\min L(y_i, \hat{y}_i) = \frac{1}{2M_{\text{tr}}} \sum_{i=1}^{M_{\text{tr}}} \|y_i - \hat{y}_i\|^2 \tag{3-4}$$

式中，y_i 为第 i 个训练样本的实际健康状态标记；$\hat{y}_i$ 为智能诊断模型预测的第 i 个训练样本属于各个健康状态的概率分布。此处，健康状态标记为 One-hot 向量形式。

（5）使用训练完成的 DBN 智能诊断模型识别装备的健康状态。将测试样本的特征输入训练完成的 DBN 智能诊断模型中，以识别这些样本对应的装备健康状态。

3.1.3 电动机滚动轴承故障智能诊断

1. 数据介绍

采用美国凯斯西储大学的电动机滚动轴承数据集验证 DBN 智能诊断模型的有效性，见表 3-2。被测轴承安装于电动机驱动端，包括正常、内圈故障、外圈故障和滚动体故障 4 种健康状态，每种健康状态下采集了 200 个振动信号样本，每个样本有 2 400 个数据点。从每种健康状态的数据中随机抽取 25%的样本对模型进行训练，剩余样本用于模型测试。

表 3-2 电动机滚动轴承故障数据集

健康状态类型	损伤程度/mm	工况/hp	样本总数/个	训练/测试样本比例	健康标记
正常	0	0～3	200	25% / 75%	1
内圈故障	0.18	0～3	200	25% / 75%	2
	0.36	0～3	200	25% / 75%	3
	0.54	0～3	200	25% / 75%	4
外圈故障	0.18	0～3	200	25% / 75%	5
	0.36	0～3	200	25% / 75%	6
	0.54	0～3	200	25% / 75%	7
滚动体故障	0.18	0～3	200	25% / 75%	8
	0.36	0～3	200	25% / 75%	9
	0.54	0～3	200	25% / 75%	10

2. 诊断结果

提取监测数据的 18 种时域与频域特征，因此设置 DBN 智能诊断模型的输入层神经元个数为 18，将特征输入智能诊断模型前进行 z-score 归一化。表 3-2 中的电动机滚动轴承故障数据集包含 10 种健康状态类型，因此将 DBN 智能诊断模型的输出层神经元个数设置为 10。构造的 DBN 智能诊断模型包含 3 个 RBM 网络结构，其结构参数通过粒子群优化（Particle Swarm Optimization，PSO）算法自动选取。通过 PSO 算法，获得第 1 个 RBM 的可见层—隐层神经元个数为 18～57，第 2 个 RBM 的可见层—隐层神经元个数为 57～38，第 3 个 RBM 的可见层—隐层神经元个数为 38～25。因此，该 DBN 诊断模型的网络结构参数为 18-57-38-25-10。DBN 诊断模型在逐层预训练与反向微调时，可通过训练数据集的交叉验证，设定学习率为 0.001、动量惩罚系数为 0.86。为避免因随机初始化模型权值系数而引入的诊断误差，重复模型训练-测试实验 15 次，获得如图 3-5 所示的诊断结果。由图 3-5 可知，在 15 次实验中，DBN 诊断模型的测试诊断精度均保持在 99%左右。统计结果的标准差为 0.22%，说明 DBN 诊断模型的诊断性能稳定。此外，对比分析了与 DBN 具有相同网络结构的多层 BPNN 智能诊断模型的诊断精度，其测试诊断精度仅为 96%左右，低于 DBN 诊断模型的诊断精度。另选取第 1 次实验的诊断结果，绘制 DBN 模型诊断结果的混淆矩阵，如图 3-6 所示。由图 3-6 可知，DBN 诊断模型除有少量的内圈故障出现了误分的情况，在其他健康状态均获得了 100%的识别精度。上述结果说明，逐层预训练的 DBN 诊断模型较传统智能诊断模型具有更好的诊断性能。

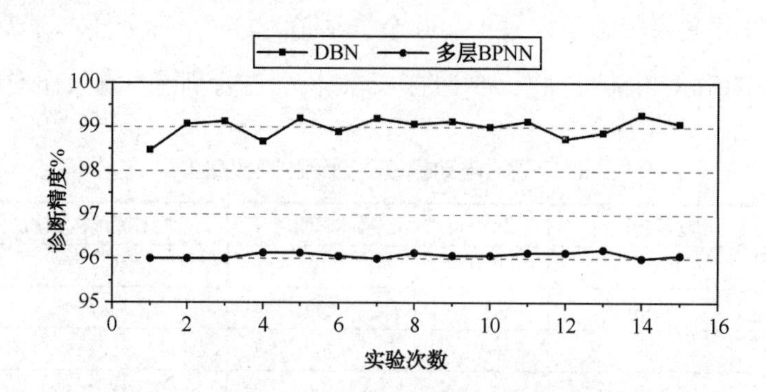

图 3-5 DBN 智能诊断模型与多层 BPNN 智能诊断模型的诊断精度对比

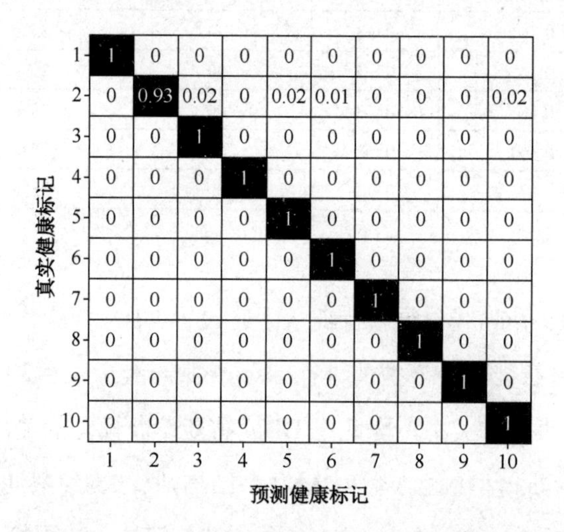

图 3-6 DBN 智能诊断模型诊断结果的混淆矩阵

3.2 堆叠自编码机故障智能诊断

堆叠自编码机（Stacked Auto-Encoder，SAE）是由多层自编码机（Auto-Encoder，AE）堆叠而成的深层网络结构，具有实现简单、训练速度快等优点，已经成功地在语音识别等领域得到了应用。在 AE 的后续研究工作中，相继发展了多种变体，如去噪自编码机（Denoising Auto-encoder，DAE）、收缩自编码机（Contractive Auto-encoder，CAE）、稀疏

自编码机（Sparse AE）、变分自编码机（Variational Auto-encoder，VAE）等。本节首先介绍 AE 的基本原理，然后构建 SAE 智能诊断模型，并将其应用于行星齿轮箱的故障智能诊断。

3.2.1　自编码机基本原理

AE 作为一种神经网络模型，在无监督学习领域占有重要地位。它的独特之处在于其能够通过学习数据的紧凑表示，从而在降维、特征学习和生成新数据等任务中发挥重要作用。AE 的概念最早可以追溯到 20 世纪 80 年代，其设计灵感来自于神经科学中对生物神经网络如何自我学习的理解，当时的研究主要集中在神经网络和模式识别领域。然而，由于当时计算资源和数据集的限制，AE 并没有受到足够的关注。随着深度学习的兴起和计算能力的提升，AE 重新引起了研究者们的关注，并在图像处理、语音处理、无监督预训练等领域取得了显著的成果。

AE 将特征提取分为输入监测数据的编码与解码过程。如果一个自编码机只是简单学会处处完美恢复编码后的数据，那么这个 AE 就没有什么特别的用处。相反，不应将 AE 设计成输入到输出完全相等的形式。这通常需要向 AE 中加入一些约束条件，使其只能近似复制与训练数据相同的输入。在添加约束条件时，需要考虑输入数据中的哪些特性需要被优先复制。从 AE 获得有用特性的一种方法是限制编码特征的维度小于输入数据的维度，此时的 AE 被称为欠完备 AE。学习欠完备的特征将强制 AE 捕捉训练数据中最重要的特性。如果编码后特征的维度大于或等于输入数据的维度，此时的 AE 称为过完备 AE。AE 的容量可能过大，导致无法学到任何与数据分布相关的有用信息。因此，在理想情况下，要根据建模数据分布的复杂性，选择合适的编码维度和模型容量，才可能通过训练得到真正有用的 AE。正则化 AE 提供了自动选择合适网络复杂性的能力，使用的损失函数鼓励模型学习复制输入到输出之外的其他特性，而不会限制必须使用较为浅层的编码器和解码器及较小的编码维度来限制模型容量。即使当模型容量大到足以学习一个无意义的恒等函数时，非线性且过完备的正则化 AE 仍能够从数据中学习到有用信息。

在图 3-7 所示的 AE 网络结构中，输入层与编码层构成编码网络；编码层与重构层构成解码网络。给定装备健康状态的无标记数据集为 $\left\{x_i \middle| i=1,2,\cdots,M\right\}$，其中 x_i 为第 i 个监测数据样本，M 为样本数量。假设 AE 编码网络的编码函数为 $f_\theta(\cdot)$，编码网络通过 $f_\theta(\cdot)$ 将 x_i 变换为编码向量 $\boldsymbol{u}_i$，即：

$$\boldsymbol{u}_i = f_\theta(x_i) = \sigma_f(\boldsymbol{\omega} x_i + \boldsymbol{b}) \tag{3-5}$$

式中，$\sigma_f(\cdot)$ 为编码网络的激活函数；$\boldsymbol{\omega}$ 为编码网络的权值矩阵；$\boldsymbol{b}$ 为编码网络的偏置向量；$\theta=\{\omega,b\}$，为编码网络的待训练参数。

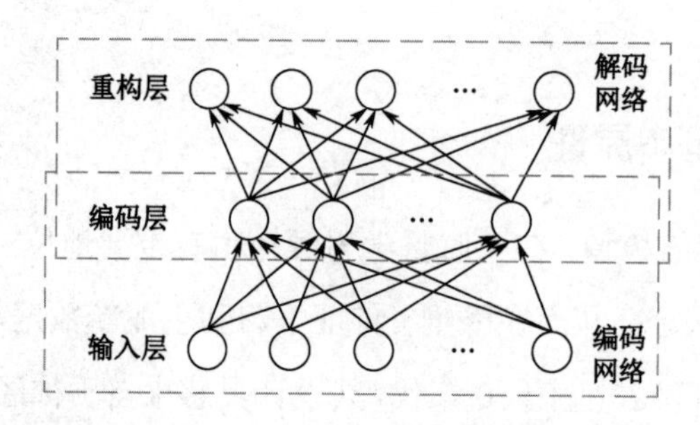

图 3-7　AE 的网络结构

假设 AE 解码网络的解码函数为 $g_{\theta'}(\cdot)$，解码网络通过 $g_{\theta'}$ 将编码向量 $\boldsymbol{u}_i$ 变换为机械监测数据样本 x_i 的重构信号样本 $\hat{x}_i$：

$$\hat{x}_i = g_{\theta'}(u_i) = \sigma_g(\omega' u_i + b') \tag{3-6}$$

式中，$\sigma_g(\cdot)$ 为解码网络的激活函数；$\boldsymbol{\omega}'$ 为解码网络的权值矩阵；$\boldsymbol{b}'$ 为解码网络的偏置向量；$\theta'=\{\omega',b'\}$，为解码网络的待训练参数。当 AE 中编码网络与解码网络的结构严格对称时，可将解码网络的权值配置为编码网络的权值镜像，以提高 AE 的训练速度并降低过拟合风险。解码网络的镜像权值设置为：

$$\boldsymbol{\omega}' = \boldsymbol{\omega}^{\mathrm{T}} \tag{3-7}$$

AE 的训练目标是促使重构的监测数据样本 $\hat{x}_i$ 与原始样本 x_i 尽可能相同，因此，引入平方损失函数 $L(\cdot,\cdot)$ 来评价 AE 对输入样本的重构误差：

$$L(x_i,\hat{x}_i) = \frac{1}{2M}\sum_{i=1}^{M}\left\|x_i - \hat{x}_i\right\|^2 \tag{3-8}$$

通过调整 θ 和 θ' 最小化重构误差 $L(x,\hat{x})$，完成网络训练。因此，AE 的优化目标函数可表示为：

$$\min_{\theta,\theta'} L\left(x,\hat{x}\right) \tag{3-9}$$

训练完成的 AE 编码网络可以对输入的机械监测数据进行编码，获取其编码向量。

3.2.2　堆叠自编码机智能诊断模型

在构建 SAE 智能诊断模型时，使用快速傅里叶变换（Fast Fourier Transform，FFT）将时域振动数据转化为对应频谱，并以此作为 SAE 的输入。这是由于 SAE 各层神经元之间为全连接结构，无法直接处理具有时移特性的时域振动数据。FFT 去除了时域振动数据的时间信息，获得了具有时移不变性的频谱，满足了 SAE 对输入数据特性的要求。

SAE 智能诊断模型由多层堆叠的 AE 和具有分类能力的输出层构成，其训练过程与 DBN 智能诊断模型类似：首先逐层预训练多层 AE，然后利用监督学习机制对网络参数进行整体微调。SAE 智能诊断模型的诊断流程如图 3-8 所示，具体包含以下 5 个步骤。

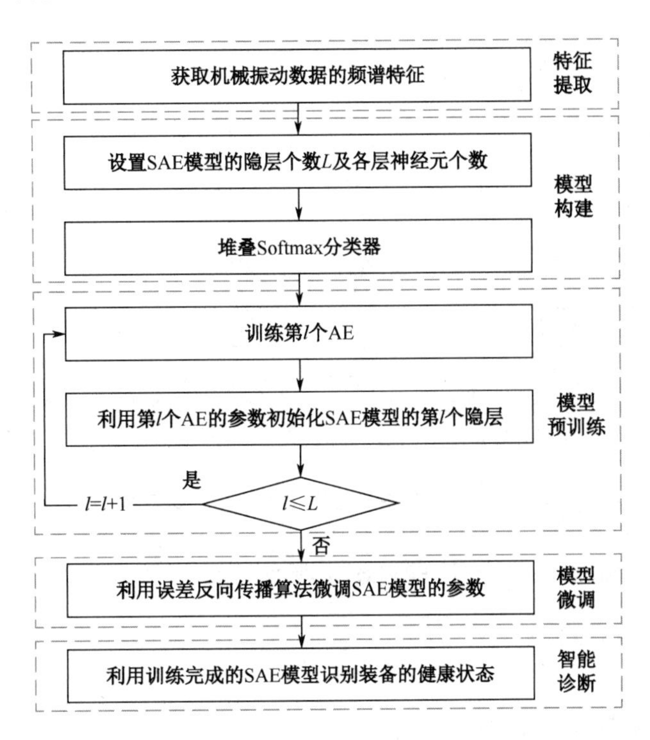

图 3-8 SAE 智能诊断模型的诊断流程

（1）获取装备在不同健康状态下的频谱，并组成健康状态样本集 $\{(z_i, y_i)|i=1,2,\cdots,M\}$，$z_i$ 为第 i 个频谱样本，y_i 为其对应的健康状态标记。

（2）构建 SAE 智能诊断模型，确定 SAE 智能诊断模型的隐层数 L 及各层神经元的个数。

（3）逐层预训练 SAE 智能诊断模型。SAE 智能诊断模型的预训练过程如图 3-9 所示。首先通过无监督训练方式逐层训练 L 个 AE，然后将每个 AE 编码层的输出作为下一层 AE 的输入，直到完成 L 个 AE 的训练。最后将这 L 个 AE 的编码网络逐层堆叠形成多隐层的 SAE 智能诊断模型。这一过程可概述为：

利用装备频谱样本 $\{z_i|i=1,2,\cdots M\}$ 训练第一个自编码机 AE_1，并利用 AE_1 的编码网络将 z_i 转换为编码向量 $\boldsymbol{u}_i^{(1)}$：

$$\boldsymbol{u}_i^{(1)} = f_{\theta_1}(z_i) \tag{3-10}$$

式中，$\theta_1=\{\boldsymbol{\omega}_1,\boldsymbol{b}_1\}$ 为 AE_1 编码网络的待训练参数集合。以 $\{\boldsymbol{u}_i^{(1)}|i=1,2,\cdots M\}$ 为输入训练 AE_2，并利用 AE_2 的编码网络将输入编码向量 $\boldsymbol{u}_i^{(1)}$ 转换为编码向量 $\boldsymbol{u}_i^{(2)}$：

$$\boldsymbol{u}_i^{(2)}=f_{\theta_2}\left(\boldsymbol{u}_i^{(1)}\right) \tag{3-11}$$

式中，$\theta_2=\{\boldsymbol{\omega}_2,\boldsymbol{b}_2\}$ 为 AE_2 编码网络的待训练参数集合。

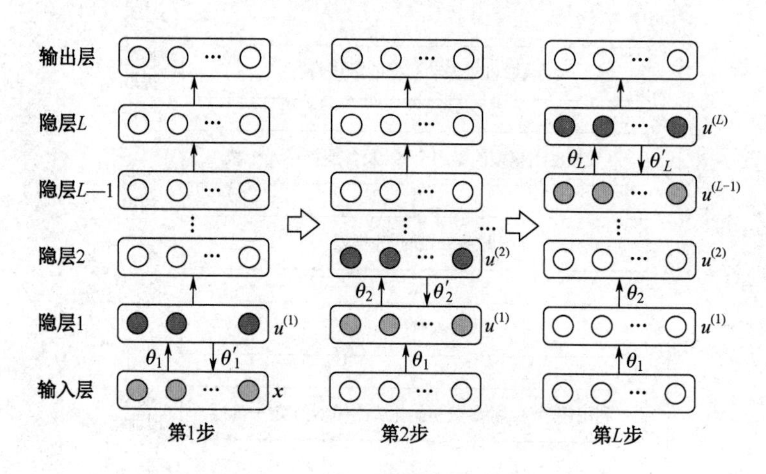

图 3-9　SAE 智能诊断模型的预训练过程

重复上述编码-解码训练过程，直到 AE_L 训练完毕，完成频谱中机械健康信息的逐层编码，并获得：

$$\boldsymbol{u}_i^{(L)}=f_{\theta_L}\left(\boldsymbol{u}_i^{(L-1)}\right) \tag{3-12}$$

式中，$\theta_L=\{\boldsymbol{\omega}_L,\boldsymbol{b}_L\}$ 为 AE_L 编码网络的待训练参数集合。

（4）微调 SAE 智能诊断模型。逐层预训练 SAE 智能诊断模型之后，结合频谱样本 $\boldsymbol{z}_i$ 及其对应的健康状态标记 y_i，利用误差反向传播算法对 SAE 模型的所有参数进行微调，使网络具备识别装备健康状态的能力。分类层的输出可以表示为：

$$\hat{y}_i=\sigma_{\mathrm{sm}}\left(\boldsymbol{\omega}_{L+1}\boldsymbol{u}_i^{(L)}+\boldsymbol{b}_{L+1}\right) \tag{3-13}$$

式中，$\sigma_{\mathrm{sm}}(\cdot)$ 为 Softmax 激活函数；$\boldsymbol{\omega}_{L+1}$ 为输出层的权值矩阵；$\boldsymbol{b}_{L+1}$ 为输出层的偏置向量；记输出层的待训练参数为 $\theta_{L+1}=\{\omega_{L+1},b_{L+1}\}$。最后利用误差反向传播算法最小化式（3-4）所示的目标函数，更新 SAE 智能诊断模型的待训练参数集合 $\{\theta_1,\theta_2,\cdots,\theta_{L+1}\}$，完成微调过程。

（5）使用训练完成的 SAE 智能诊断模型识别装备的健康状态。将未知健康状态的装备频谱输入 SAE 智能诊断模型，实现健康状态的自动识别。

3.2.3 行星齿轮箱故障智能诊断

1. 数据获取

应用 SAE 智能诊断模型识别多级齿轮传动系统中行星齿轮箱的多种健康状态。通过在行星齿轮箱的齿轮上加工故障，模拟 7 种健康状态，即正常状态、第一级太阳轮齿根裂纹、第一级太阳轮点蚀、第一级行星轮齿根裂纹、第一级行星轮剥落、第二级太阳轮剥落与第二级太阳轮缺齿。见表 3-3，多级齿轮传动系统每种健康状态的样本在 8 种工况下采集，其中电动机转速分别为 2 100 r/min、2 400 r/min、2 700 r/min 与 3 000 r/min，并分别在空载和加载两种条件下运行。每种健康状态在 8 种工况下共有 1 888 个样本，每个样本是长度为 2 560 的时域振动数据，采样频率为 5.12 kHz，共获得 13 216 个数据样本。

表 3-3 行星齿轮箱数据集

健康状态类型	工况数	样本个数	训练/测试样本的比例	健康标记
正常	8	1 888	25% / 75%	1
第一级太阳轮齿根裂纹	8	1 888	25% / 75%	2
第一级太阳轮点蚀	8	1 888	25% / 75%	3
第一级行星轮齿根裂纹	8	1 888	25% / 75%	4
第一级行星轮剥落	8	1 888	25% / 75%	5
第二级太阳轮剥落	8	1 888	25% / 75%	6
第二级太阳轮缺齿	8	1 888	25% / 75%	7

2. 诊断结果

首先使用 FFT 将行星齿轮箱的时域振动数据转换为对应频谱，作为 SAE 智能诊断模型的输入。由于采集的时域振动数据长度为 2 560，转换成频谱后的有效数据长度为 1 280，因此设置 SAE 模型的输入层神经元个数为 1 280。考虑行星齿轮箱故障数据集中包含 7 种健康状态，设置 SAE 模型的输出层神经元个数为 7。为压缩频谱特征信息，实现特征降维，需设置编码层的神经元个数小于其输入层的神经元个数，因此本节取编码层的神经元个数约为其输入层的 1/2。随机选取数据集中 25%的频谱样本用于模型训练，剩余样本用于模型测试，最小训练批次样本数为 32 个。为减小随机初始化的影响，重复模型的训练-测试实验 15 次。在不同模型层数的设置下（3 层结构：1280-600-7；4 层结构：1280-600-300-7；5 层结构：1280-600-300-100-7），SAE 智能诊断模型的诊断精度和训练时间如图 3-10 所示。由图 3-10 可知，随着模型层数的增多，SAE 智能诊断模型的测试精度不断提升，同时训练时间也不断增长。当层数达到 5 层时，SAE 模型的测试精度达到 100%。折中考虑测试精度与训练时间，SAE 智能诊断模型的结构参数配置为 1280-600-300-100-7。

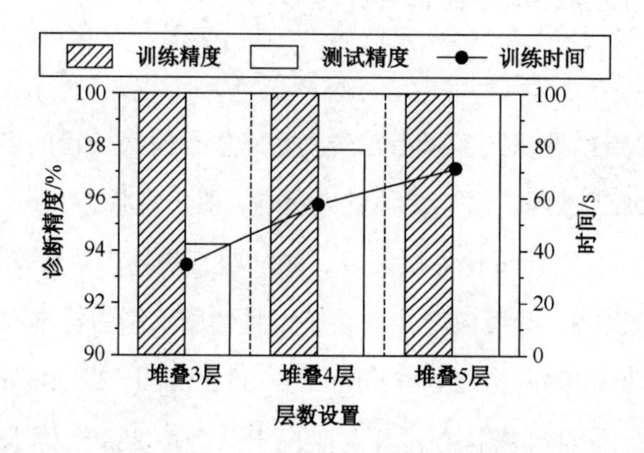

图 3-10　不同层数的 SAE 智能诊断模型的诊断精度和训练时间

见表 3-4，在结构参数相同的条件下，基于深层 BPNN 的智能诊断模型的平均训练精度为 79.69%，平均测试精度为 79.79%，诊断精度明显低于 SAE 智能诊断模型的诊断精度。此外，基于深层 BPNN 的智能诊断模型的诊断精度标准差较大，表明该方法的诊断稳定性较差。结构参数为 1280-600-7 的基于浅层 BPNN 的智能诊断模型的平均训练精度为 45.32%，平均测试精度为 44.34%，低于基于深层 BPNN 的智能诊断模型，表明基于浅层 BPNN 的智能诊断模型虽然结构简单、易于训练，但对行星齿轮箱健康状态的识别能力弱于深层网络。基于深层 BPNN 的智能诊断模型虽然使用了深层网络结构，提高了健康状态识别能力，但由于其网络参数的初值由随机初始化方式确定，较差的网络参数初值使该模型向次优的局部极值点收敛，而较好的网络参数初值则促使该模型收敛于较优的局部极值，因而增大了该模型的网络诊断结果标准差。SAE 智能诊断模型通过逐层预训练，使自身具有较好的网络参数初值，再利用监督式微调训练使诊断模型向最优的极值点收敛，因此在结构参数相同的条件下获得了比 BPNN 更高的诊断准确性和稳定性。

表 3-4　行星齿轮箱健康状态的识别结果

方法	训练精度/%		测试精度/%	
	平均值	标准差	平均值	标准差
基于浅层 BPNN 的智能诊断模型	45.32	3.79	44.34	3.93
基于深层 BPNN 的智能诊断模型	79.69	27.98	79.79	28.08
SAE 智能诊断模型	100	0	100	0

利用 PCA 方法分别提取频谱、SAE 智能诊断模型第二层至第四层特征的前三阶主成

分，并绘制如图 3-11 所示的散点图。如图 3-11（a）所示为频谱特征的主成分散点图，由于未进行深度特征提取，再加上不同工况的影响，不同健康状态的样本特征分布散乱。如图 3-11（b）所示为 SAE 智能诊断模型第二层提取的特征的主成分散点图，相比原始的频谱，第二层提取的特征呈现一定的规律：同一健康状态的特征散点开始相互聚集，不同健康状态的特征散点开始相互分离，但依然受工况变化的影响，同一健康状态的散点在部分工况下聚集为不同的簇，如第一级行星轮剥落的特征散点聚集为三簇。如图 3-11（c）所示为 SAE 智能诊断模型第三层提取的特征的主成分散点图，相比第二层提取的特征，第三层提取的特征克服了工况的干扰，使同一健康状态的特征散点聚集成一簇，但不同健康状态的特征散点互有交叉，如正常状态与第二级太阳轮缺齿的特征散点分布依然有重合。如图 3-11（d）所示为 SAE 智能诊断模型第四层提取的特征的主成分散点图，可以看到，同一健康状态的特征散点较好地聚集，不同健康状态的特征散点有效分离，因此将该层特征输入 SAE 智能诊断模型的输出层进行分类时，最终获得 100%的识别精度。

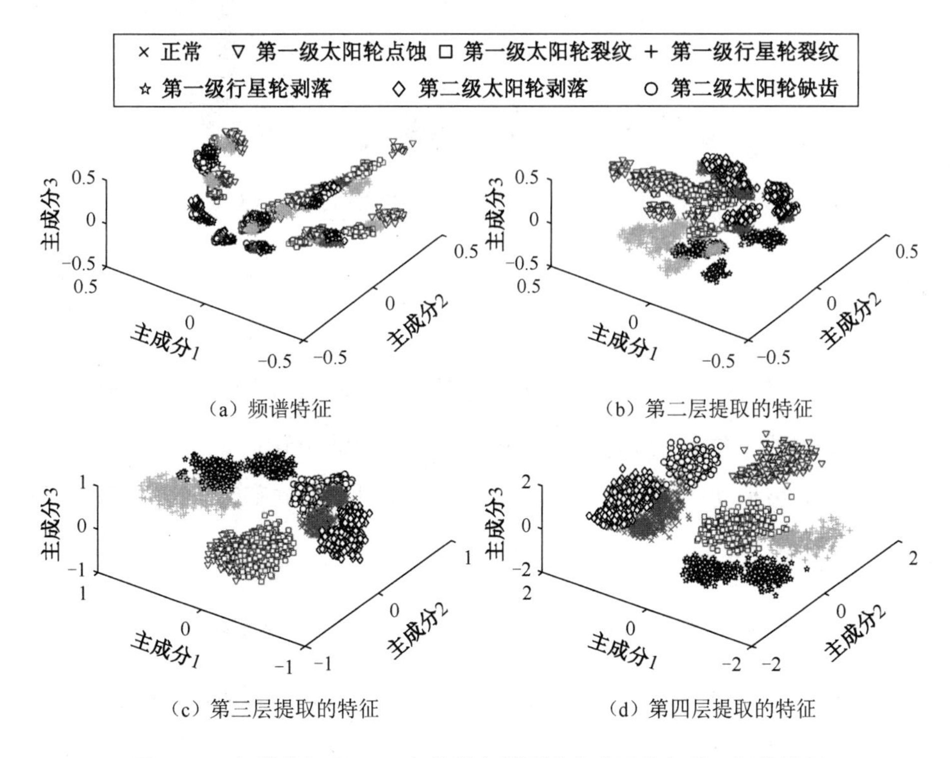

图 3-11　频谱特征及 SAE 智能诊断模型中各隐层特征的可视化结果

3.3　加权卷积神经网络故障智能诊断

时域振动信号有时移特性，以两组轴承外圈故障样本进行说明。如图 3-12 所示，当轴承外圈出现损伤时，在转动过程中，一旦轴承滚动体通过外圈损伤处，便会激发故障冲击信号，故障冲击的周期为T_1。但由于数据采集开始时间存在不确定性，导致不同样本中记录的故障冲击初始激发时间不同，如样本 1 与样本 2 中故障冲击的激发时间相差T_2，该现象即为时域振动信号的时移特性。SAE 等具有全连接结构的深层神经网络受时域振动信号的时移特性影响，难以从时域信号中提取时移不变性特征。不同于 SAE 等深层模型，卷积神经网络（Convolutional Neural Networks，CNN）的各层神经元之间采用局部连接，能够提取时域振动信号的局部特征，避免了信号时移特性的影响，从而有效获取了时移不变性特征。

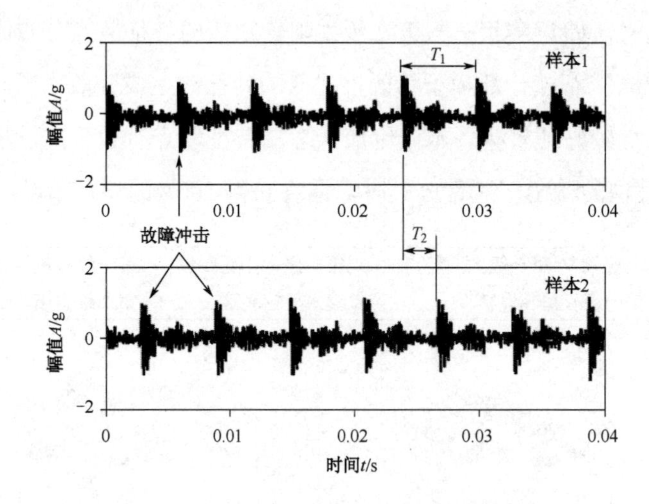

图 3-12　轴承外圈故障样本之间的时移特性

本节首先介绍 CNN 的基本原理，然后针对故障智能诊断中广泛存在的样本不平衡问题，构建加权卷积神经网络（Weight Convolutional Neural Networks，WCNN）智能诊断模型，在直接建立时域振动信号与装备健康状态之间映射关系的基础上，实现样本不平衡条件下的故障智能诊断。

3.3.1　卷积神经网络基本原理

CNN 的局部连接原理源于对猫视觉系统的研究。研究发现，猫视觉系统中用于方向选择等功能的神经元具有局部连接特性，这降低了系统连接的复杂性。据此，日本学者福岛邦彦提出了 CNN 的原型，并将其命名为新识别机。深度学习先驱 LeCun 在该网络的训练中引入误差反向传播算法，并提出了 LeNet 模型，正式形成了 CNN 的雏形。在 2012 年的 ImageNet 图像识别挑战赛中，深度 CNN 结构 Alexnet 的提出，显著降低了图像识别的错误率，Alexnet 的提出不仅将 CNN 的研究推向热潮，更成为深度学习理论发展的里程碑。CNN

根据输入数据维数的不同，可分为1维CNN、2维CNN与3维CNN。

CNN一般由卷积层、池化层与全连接层组成。其中，卷积层用于提取输入信号的局部特征，池化层主要用于特征降维，全连接层主要用于分类识别。CNN通过堆叠连接这三种网络层，将特征提取、特征降维与分类识别统筹到同一个学习框架之中。除上述三种基本层，CNN还可包括批标准化层、激活层和丢弃层等扩展层。这些扩展层能够加快神经网络的训练过程或提高网络的泛化能力。

1. 卷积层

卷积层的权值矩阵由一组卷积核组成。CNN在进行前向传播时，每个卷积核对输入信号进行卷积操作，得到的卷积结果可视为提取的输入信号特征。假设在第 l 层卷积层中，使用卷积核 $k^{(l)} \in \mathbf{R}^{J\times D\times H}$ 提取该层输入的特征。其中，J 表示卷积核的个数；D 表示卷积核的通道数；H 表示卷积核的维数。提取的特征可以表示为：

$$\boldsymbol{x}_j^{(l)} = \sigma\left(\sum_d \boldsymbol{k}_{j,d}^{(l)} * \boldsymbol{x}_d^{(l-1)} + \boldsymbol{b}_j^{(l)}\right) \tag{3-14}$$

式中，$\boldsymbol{x}_j^{(l)}$ 为第 l 层输出的第 j 个通道的特征向量；$\sigma(\cdot)$ 为激活函数；$\boldsymbol{k}_{j,d}^{(l)}$ 为第 j 个卷积核中第 d 个通道的卷积向量；$\boldsymbol{x}_d^{(l-1)}$ 为第 l-1 层输出的第 d 个通道的特征向量；$\boldsymbol{b}_j^{(l)}$ 为卷积层的偏置向量。如图3-13（a）所示为卷积层的卷积过程。

2. 池化层

池化层对卷积层提取的特征进行降采样，常用的降采样方法有最大池化与平均池化。其中，最大池化提取输入特征向量中相邻 s 个元素的最大值，平均池化计算输入特征向量中相邻 s 个元素的平均值，这两种方法本质上降低了卷积层特征的维数。池化操作不仅能够减少CNN的待训练参数量、缩短计算时间，而且可以抑制过拟合现象的发生。以最大池化为例，在第 l 层池化层中，池化操作可以表示为：

$$\boldsymbol{v}_j^{(l)} = \mathrm{down}(\boldsymbol{x}_j^{(l-1)}, s) \tag{3-15}$$

式中，$\mathrm{down}(\cdot)$ 为最大池化下采样函数；$\boldsymbol{x}_j^{(l-1)}$ 为第 l-1 卷积层中提取的第 j 个通道的特征向量；$\boldsymbol{v}_j^{(l)}$ 为池化后的特征向量；s 为池化参数，它决定了池化后特征的维数。如图3-13（b）所示为 s=2 时的最大池化过程。

3. 全连接层

全连接层的输入为1维特征向量，其结构为多隐层ANN。第 l 个中间隐层的输出 $\boldsymbol{x}^{(l)}$ 可表示为：

$$\boldsymbol{x}^{(l)} = \sigma\left(\boldsymbol{\omega}^{(l)}\boldsymbol{x}^{(l-1)} + \boldsymbol{b}^{(l)}\right) \tag{3-16}$$

式中，$\boldsymbol{\omega}^{(l)} \in \mathbf{R}^{N_{l-1} \times N_l}$，为第 l 个中间隐层的权值矩阵，其中，N_l 为 $x^{(l)}$ 的维数，N_{l-1} 为 $x^{(l-1)}$ 的维数；$\boldsymbol{b}^{(l)}$ 为第 l 个中间隐层的偏置向量。全连接层的最后一层神经元输出分类识别的结果。

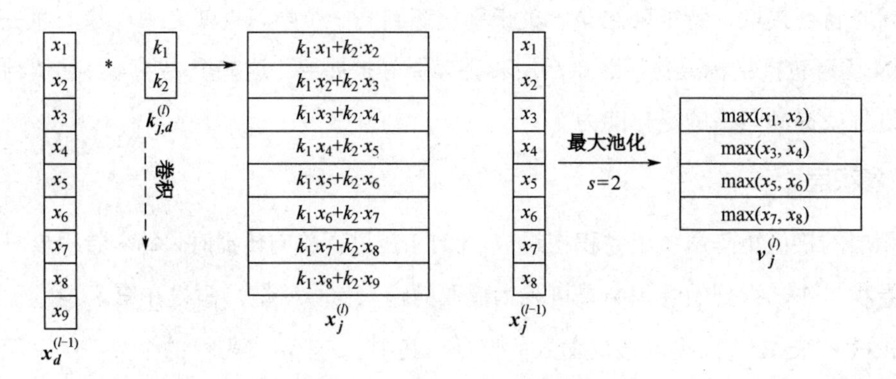

（a）卷积过程　　（b）最大池化过程

图 3-13　卷积层与池化层操作过程示意图

4．批标准化层

批标准化层（Batch Normalization，BN）可加速神经网络的训练过程并提高模型的泛化能力。该层通常添加在激活函数之前，对网络中每个批次的输入进行标准化，以使其具有零均值和单位方差。批标准化的过程可由下式表示为：

$$\begin{cases} \hat{\boldsymbol{x}}^{(l-1)} = \dfrac{\boldsymbol{x}^{(l-1)} - \mu^{(l-1)}}{\sqrt{\left[\sigma^{(l-1)}\right]^2 + \varepsilon}} \\ \boldsymbol{x}^{(l)} = \gamma^{(l)} \hat{\boldsymbol{x}}^{(l-1)} + \beta^{(l)} \end{cases} \tag{3-17}$$

式中，$\mu^{(l-1)}$ 是 $l-1$ 层输出样本特征 $x^{(l-1)}$ 的均值，$\sigma^{(l-1)}$ 为其标准差；ε 为防止分母为 0 而设置的极小值；$\gamma^{(l)}$ 和 $\beta^{(l)}$ 分别为待训练的缩放系数和平移系数。BN 能够通过规范化处理样本特征，缓解梯度消失问题，加速训练，进而提高网络的稳定性和泛化能力。

5．Dropout 层

Dropout 是一种用于防止神经网络过拟合的正则化技术。在训练过程中，Dropout 层随机将网络层中的部分神经元置零，有助于提高模型的泛化能力。Dropout 操作可表示为：

$$\boldsymbol{x}^{(l)} = D\left(\boldsymbol{x}^{(l-1)}, p\right) = \begin{cases} 0, & \text{以概率 } p \text{选取神经元} \\ \boldsymbol{x}^{(l-1)}, & \text{其他} \end{cases} \tag{3-18}$$

式中，$p \in [0,1]$ 为随机选取神经元置零的概率。

3.3.2 加权卷积网络智能诊断模型

高端装备不同健康状态下的监测数据具有不平衡性：①装备长期工作在正常状态，故障状态下的样本数量远少于正常状态下的样本数量；②装备的复合故障由单一故障发展而来，因此复合故障样本较单一故障样本更难获取，导致其样本数量少于单一故障状态下的样本数量。在 CNN 智能诊断模型的训练过程中，监测数据的不平衡性使 CNN 更容易从样本数量多的健康状态中充分地学习诊断知识。而对于样本数量少的健康状态，由于数据中蕴含的健康信息不足，CNN 所能学到的诊断知识有限。因此，监测数据不平衡下训练的 CNN 诊断模型对样本数量少的健康状态识别能力弱。监测数据平衡下的故障智能诊断如图 3-14（a）所示，由于正常状态与故障状态下的样本数量均较为充足，CNN 智能诊断模型能够有效学到这两种健康状态的诊断知识，并建立合理的诊断决策面以判断装备是否产生故障。然而，当故障状态下的样本数量远少于正常状态下的样本数时，CNN 智能诊断模型充分地学习了正常状态的诊断知识，而对故障状态的诊断知识学习不足，导致诊断决策面向样本数量少的故障状态偏移，如图 3-14（b）所示。若利用该诊断模型识别无健康标记的故障样本，将导致部分故障样本被识别为正常，造成漏诊。

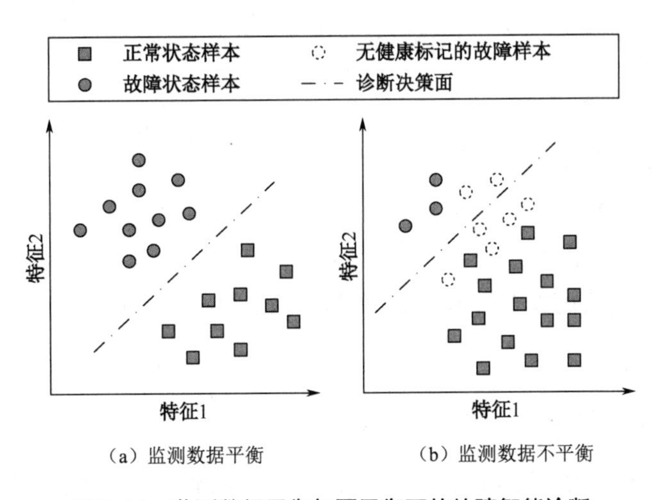

图 3-14 监测数据平衡与不平衡下的故障智能诊断

为有效诊断监测数据不平衡下的装备健康状态，本节基于 CNN 构建了 WCNN 智能诊断模型，该模型的网络结构如图 3-15 所示。该模型依次堆叠卷积层与池化层，构成多个特征提取模型，直接从时域监测数据中提取故障深度特征，然后利用全连接层建立故障深度特征与装备健康状态之间的映射关系。在 WCNN 智能诊断模型的卷积层与全连接层中，采用权值矩阵归一化策略，并提出加权 Softmax 损失函数对诊断模型进行训练，提高监测数

据不平衡下的装备健康状态识别精度。下面分别对归一化层与加权 Softmax 损失函数进行介绍。

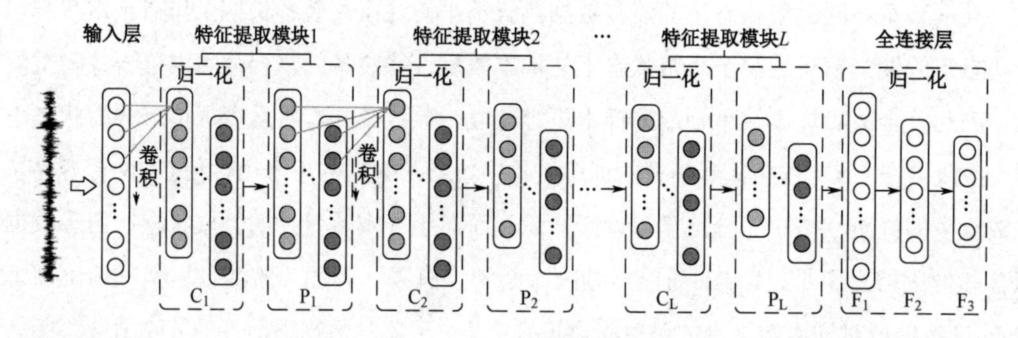

图 3-15　WCNN 智能诊断模型的网络结构

1. 归一化层

使用 C、P 与 F 分别代表 CNN 中的卷积层、池化层与全连接层。由于特征提取模块的输入为上一个模块中池化层的输出，因此，式（3-14）所示的卷积层处理过程可改写为：

$$\boldsymbol{x}_j^{C_l}=\sigma_{\mathrm{r}}\left(\boldsymbol{u}_j^{C_l}\right)=\sigma_{\mathrm{r}}\left(\boldsymbol{u}_j^{C_l}*\boldsymbol{v}^{P_{l-1}}+\boldsymbol{b}_j^{C_l}\right) \tag{3-19}$$

式中，$\boldsymbol{x}_j^{C_l}$ 为第 l 个特征提取模块中卷积层输出的第 j 个通道的特征向量；$\sigma_{\mathrm{r}}(\cdot)$ 为 ReLU 激活函数；$\boldsymbol{k}_j^{C_l}$ 为卷积层中第 j 个卷积核；$\boldsymbol{v}^{P_{l-1}}$ 为第 l–1 个特征提取模块中池化层输出的特征向量。

对卷积层的卷积核进行归一化，可得：

$$\boldsymbol{x}_j^{C_l}=\sigma_{\mathrm{r}}\left(\gamma_j^{C_l}\frac{\boldsymbol{k}_j^{C_l}}{\left\|\boldsymbol{k}_j^{C_l}\right\|_{\mathrm{F}}}\boldsymbol{v}^{P_{l-1}}+\boldsymbol{b}_j^{C_l}\right) \tag{3-20}$$

式中，$\gamma_j^{C_l}$ 为可学习的尺度缩放参数；$\|\cdot\|_{\mathrm{F}}$ 为向量的 Frobenius 范数。式中的权值矩阵优化可以分为两项进行：第一，优化 $\boldsymbol{k}_j^{C_l}/\left\|\boldsymbol{k}_j^{C_l}\right\|_{\mathrm{F}}$，提高归一化卷积层权值收敛的平稳性；第二，优化 $\gamma_j^{C_l}$，促进卷积核参数归一化。参数 $\gamma_j^{C_l}$ 的引入，有利于解决深层网络优化时产生的内部变量偏移问题，并在权值矩阵归一化时保留网络的表征能力，减少优化时的误差波动。

使用误差反向传播算法更新归一化卷积层的权值矩阵。假设 ℓ 为 CNN 的损失函数，则第 l 个特征提取模块中卷积层的传递误差为：

$$\delta_j^{C_l}=\frac{\partial\ell}{\partial u_j^{C_l}}=\sigma_{\mathrm{r}}'\left(u_j^{C_l}\right)\odot\mathrm{up}\left(\delta_j^{P_{l+1}}\right) \tag{3-21}$$

式中，$\sigma_{\mathrm{r}}'(\cdot)$ 为 ReLU 激活函数的导数；$u_j^{C_l}$ 为归一化卷积层的线性激活；$\odot$ 表示两个矩阵间对应元素的相乘运算；$\delta_j^{P_{l+1}}$ 为第 l+1 个特征提取模块中池化层的传递误差；up(·) 为上采

样函数，常使用 Kronecker 乘积实现。由此，参数 $\gamma_j^{C_l}$ 与卷积核 $\boldsymbol{k}_j^{C_l}$ 的梯度为：

$$\begin{cases}\dfrac{\partial \ell}{\partial \gamma_j^{C_l}}=\sum\limits_d\left[\sum\limits_u\left(\delta_j^{C_l}\right)_u\left(\boldsymbol{v}_d^{P_{l-1}}\right)_u\odot\boldsymbol{k}_{j,d}^{C_l}/\left\|\boldsymbol{k}_j^{C_l}\right\|_{\mathrm{F}}\right]\\ \dfrac{\partial \ell}{\partial \boldsymbol{k}_j^{C_l}}=\dfrac{\gamma_j^{C_l}}{\left\|\boldsymbol{k}_j^{C_l}\right\|_{\mathrm{F}}}\sum\limits_u\left(\delta_j^{C_l}\right)_u\left(\boldsymbol{v}_d^{P_{l-1}}\right)_u-\dfrac{\gamma_j^{C_l}}{\left\|\boldsymbol{k}_j^{c_l}\right\|_{\mathrm{F}}^2}\dfrac{\partial \ell}{\partial \gamma_j^{C_l}}\boldsymbol{k}_{j,d}^{C_l}\end{cases} \tag{3-22}$$

式中，$\left(\boldsymbol{v}_d^{P_{l-1}}\right)_u$ 表示 $\boldsymbol{v}_d^{P_{l-1}}$ 的片段，可通过与卷积核 $\boldsymbol{k}_{j,d}^{C_l}$ 对应元素相乘获得 $\boldsymbol{x}_d^{C_l}$ 在位置 u 处的值。归一化卷积层中 $\boldsymbol{b}_j^{C_l}$ 的梯度计算与传统卷积层相同。

对全连接层进行归一化，可得：

$$x_n^{F_l}=\sigma_{\mathrm{r}}\left(u_n^{F_l}\right)=\sigma_{\mathrm{r}}\left(\gamma_n^{F_l}\frac{\boldsymbol{\omega}_n^{F_l}}{\left\|\boldsymbol{\omega}_n^{F_l}\right\|_2}x^{F_{l-1}}+\boldsymbol{b}_n^{F_l}\right) \tag{3-23}$$

式中，$\boldsymbol{\omega}_n^{F_l}\in\mathbf{R}^{N_{l-1}}$ 为全连接层权值矩阵的第 n 列向量，$n=1,2,\cdots,N_l$。由此，参数 $\gamma_n^{F_l}$ 与权值列向量 $\boldsymbol{\omega}_n^{F_l}$ 的梯度为：

$$\begin{cases}\dfrac{\partial \ell}{\partial \gamma_n^{F_l}}=\sum\limits_m\left(\delta_n^{F_l}\boldsymbol{x}_m^{F_{l-1}}\cdot\boldsymbol{\omega}_{m,n}^{F_l}/\left\|\boldsymbol{\omega}_n^{F_l}\right\|_2\right)\\ \dfrac{\partial \ell}{\partial \omega_n^{F_l}}=\dfrac{\gamma_n^{F,l}}{\left\|\boldsymbol{\omega}_n^{F_l}\right\|_2}\delta_n^{F_l}\boldsymbol{x}_m^{F_{l-1}}-\dfrac{\gamma_n^{F,l}}{\left\|\boldsymbol{\omega}_n^{F_l}\right\|_2^2}\dfrac{\partial \ell}{\partial \gamma_n^{F_l}}\boldsymbol{\omega}_n^{F_l}\end{cases} \tag{3-24}$$

式中，$\delta_n^{\mathrm{F}_l}=\boldsymbol{\omega}_n^{F_{l+1}}\delta^{F_{l+1}}\cdot\sigma_r'\left(u_n^{F_l}\right)$ 为第 l 层全连接层的传递误差。偏置 $\boldsymbol{b}_n^{F_l}$ 的梯度计算与传统全连接层相同。基于上述梯度计算式与误差反向传播算法，归一化层的参数将得到有效更新。

2. 加权 Softmax 损失函数

WCNN 利用损失函数加权策略提高智能诊断模型在监测数据不平衡的情况下对高端装备健康状态的识别精度：在计算诊断模型对不平衡训练样本的诊断误差时，对样本数量少的健康状态的诊断误差施加较大的权重，提高这些样本在诊断模型训练过程中的比重；对样本数量多的健康状态的诊断误差施加较小的权重，平衡各健康状态样本对误差计算的贡献，使诊断模型能够在监测数据不平衡下充分学习各个健康状态的诊断知识。

假设有训练数据集 $\left\{\left(\boldsymbol{x}_i,y_i\right)\middle|i=1,2,\cdots M_{\mathrm{tr}}\right\}$，其中，$x_i$ 为第 l 个训练样本，y_i 为该样本的健康标记，且 $y_i\in\{1,2,\cdots,R\}$。可统计训练数据集中每种装备健康状态的样本个数：

$$n_c=\sum_{i=1}^{M_{\mathrm{tr}}}I\left(y_i=c\right),\quad c=1,2,\cdots,R \tag{3-25}$$

式中，n_c 为第 c 个健康状态的训练样本个数；$I(\cdot)$ 为指示函数，当输入条件为真时，输出为 1，反之，输出为 0。构建第 c 个健康状态的诊断误差权重为：

$$w_c=\frac{1}{n_c}\max\left\{n_c\middle|c=1,2,\cdots,C\right\} \tag{3-26}$$

由式（3-26）可知，当训练数据集的样本数量平衡分布时，各健康状态的诊断误差权重均为 1；当样本数量不平衡分布时，样本数量少的健康状态的诊断误差权重较大，而样本数量多的健康状态的诊断误差权重较小。结合式（3-26）可得加权 Softmax 损失函数：

$$\ell_{\mathrm{wsl}} = -\frac{1}{M_{\mathrm{tr}}}\sum_{i=1}^{M_{\mathrm{tr}}}\sum_{c=1}^{R} w_c I\left(y_i = c\right)\log\left(p_{i,c}\right) \tag{3-27}$$

式中，$p_{i,c}$ 为最后一层全连接层（F_3）预测的第 l 个样本属于第 c 个健康状态的概率。利用误差反向传播算法训练 WCNN 的模型参数，最小化式（3-27）所示的损失函数。

3.3.3　机车轮对轴承故障智能诊断

1. 数据介绍

轴承数据集从第 2 章图 2-12 所示的机车轴承测试台架上获取。该数据集中包含内圈故障、外圈故障、滚动体故障三种单一轴承故障数据，以及由这三种单一轴承故障组合而成的轴承复合故障数据。见表 3-5，将不同健康状态下的机车轴承样本组成数据集 A、B、C。在数据集 A 中，从每种轴承健康状态的样本中随机选取 50%组成训练数据集，使用其余 50%的样本进行测试。由于每种健康状态的训练样本数量相同，因此数据集 A 模拟样本平衡的诊断场景。在数据集 B 中，训练数据集由 50%的正常状态样本、30%的单故障状态样本、20%的两种故障复合状态样本及 10%的三种故障复合状态样本组成，模拟样本轻微不平衡的诊断场景。数据集 C 模拟了样本严重不平衡的诊断场景，其训练数据集中包含 50%的正常状态样本、20%的单故障状态样本、5%的两种故障复合状态样本与 2%的三种故障复合状态样本。

表 3-5　机车轮对轴承数据集

健康状态类型	样本个数	训练样本比例			测试样本比例
		数据集 A	数据集 B	数据集 C	数据集 A/B/C
正常状态	1 092	50%	50%	50%	50%
滚动体故障	1 092	50%	30%	20%	50%
内圈故障	1 092	50%	30%	20%	50%
外圈故障	1 092	50%	30%	20%	50%
外圈与滚动体的复合故障	1 092	50%	20%	5%	50%
外圈与内圈的复合故障	1 092	50%	20%	5%	50%
内圈与滚动体的复合故障	1 092	50%	20%	5%	50%
外圈、滚动体与内圈的复合故障	1 092	50%	10%	2%	50%

2. 诊断结果

构建的 WCNN 智能诊断模型的结构参数见表 3-6，由输入层、2 个特征提取模块、全

连接层组成。其中，每个特征提取模块依次堆叠了一个卷积层与一个池化层；全连接层为单隐层 ANN 结构。

表 3-6　WCNN 智能诊断模型的结构参数

网络模块		参数名称	参数维数	输出维数
输入层	/	/	/	1 200
特征提取模块 1	C_1	卷积核	16×1×49	16×1 152
	P_1	池化参数	4	16×288
特征提取模块 2	C_2	卷积核	16×16×21	16×268
	P_2	池化参数	4	16×67
全连接层	F_1	/	/	1 072
	F_2	权值矩阵	1 072×100	100
	F_3	权值矩阵	100×8	8

为验证 WCNN 智能诊断模型中归一化层的有效性，对比分析 S-CNN（使用 Sigmoid 激活函数）、R-CNN（使用 ReLU 激活函数）对数据集 A 的诊断性能。S-CNN、R-CNN 与 WCNN 智能诊断模型具有相同的结构参数与训练参数。三种智能诊断模型对数据集 A 的训练误差、测试误差与梯度分布如图 3-16 所示。由于 S-CNN 使用 Sigmoid 激活函数，模型训练过程中存在梯度消失（如图 3-16（d）所示，梯度分布由 F_2 层至 C_1 层逐渐衰减并趋于 0），导致训练过程缓慢。此外，在模型训练后期（图 3-16（a）中迭代次数大于 1 000 次），测试误差明显大于训练误差，说明模型训练过程中出现过拟合现象。R-CNN 与 WCNN 智能诊断模型均利用了 ReLU 激活函数，缓解了梯度消失问题（如图 3-16（e）所示，由 F_2 层至 C_1 层的梯度分布未出现衰减趋势），加快了模型训练的收敛速度，而且模型训练过程中未出现过拟合现象。对比 R-CNN 与 WCNN 智能诊断模型可知，WCNN 智能诊断模型通过权值归一化策略，使训练误差与测试误差收敛到了更小值，提高了模型的性能。分别在数据集 A 上对这三种智能诊断模型进行 10 次训练–测试重复实验，诊断精度的统计结果见表 3-7。S-CNN 智能诊断模型的平均测试精度为 96.48%，标准差为 0.19%，低于 R-CNN 与 WCNN 智能诊断模型，说明 ReLU 激活函数的引入缓解了梯度消失，提高了模型的诊断性能。R-CNN 智能诊断模型的平均测试精度为 97.59%，标准差为 0.61%，低于 WCNN 智能诊断模型 99.22%的平均诊断精度，说明 WCNN 智能诊断模型的归一化层能够通过改善模型的收敛特性，达到提高诊断性能的目的。

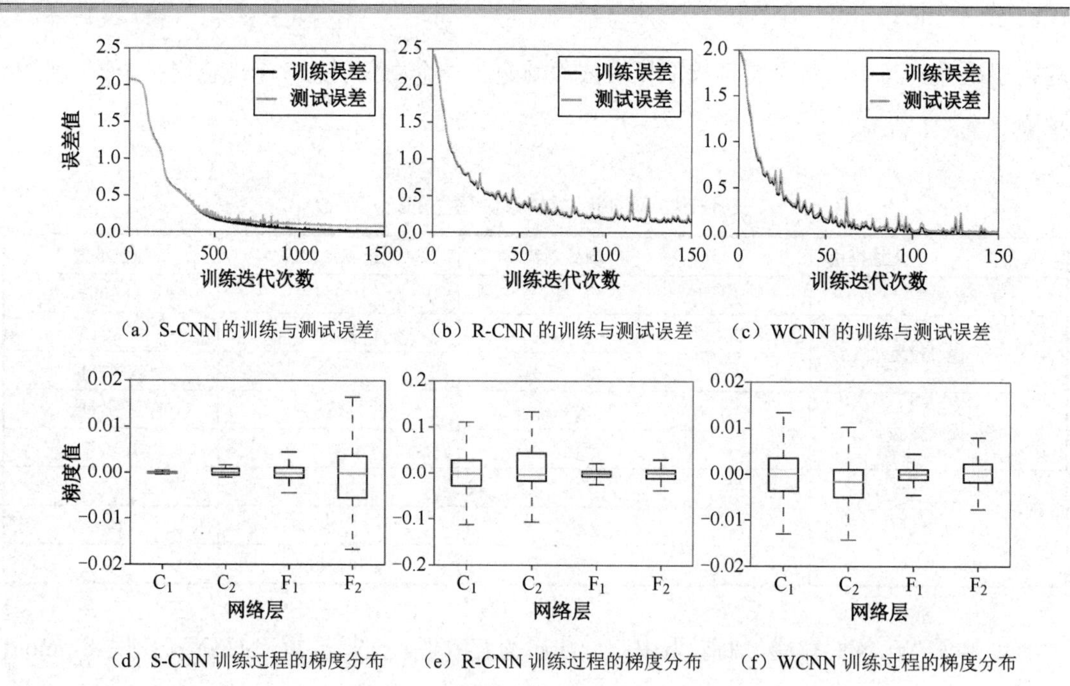

（a）S-CNN 的训练与测试误差　（b）R-CNN 的训练与测试误差　（c）WCNN 的训练与测试误差

（d）S-CNN 训练过程的梯度分布　（e）R-CNN 训练过程的梯度分布　（f）WCNN 训练过程的梯度分布

图 3-16　三种智能诊断模型对数据集 A 的训练误差、测试误差与梯度分布

应用 WCNN 智能诊断模型识别数据集 B 与 C 中样本的健康状态，验证该模型在监测数据不平衡下的诊断性能，并与 S-CNN 与 R-CNN 智能诊断模型的诊断性能进行对比。通过 10 次训练-测试重复实验，这三种模型一致精度的统计结果见表 3-7。受样本数量分布不平衡的影响，这三种模型对数据集 B 与 C 的诊断精度在不同程度上均低于数据集 A。WCNN 智能诊断模型通过最小化加权 Softmax 损失函数，训练模型参数，在数据集 B 与 C 上分别获得了 98.19%与 95.52%的平均诊断精度，均明显高于 S-CNN 与 R-CNN 智能诊断模型，验证了构造的加权 Softmax 损失函数在样本数量分布不平衡诊断问题中的有效性。

表 3-7　三种智能诊断模型对轴承复合故障数据集的一致精度

方法	数据集 A		数据集 B		数据集 C	
	测试精度平均值	标准差	测试精度平均值	标准差	测试精度平均值	标准差
S-CNN	96.48%	0.19%	89.59%	0.57%	74.46%	0.80%
R-CNN	97.59%	0.61%	95.52%	0.70%	88.20%	0.86%
WCNN	99.22%	0.21%	98.19%	0.70%	95.52%	0.97%

3.4　残差网络故障智能诊断

深度学习的崛起带来了对更深层次神经网络的需求，然而随着网络层数的增加，传统神经网络往往面临梯度消失和梯度爆炸等训练难题。2015 年微软研究院何恺明等人提出了

ResNet，通过引入残差单元的设计成功解决了这些问题，使 ResNet 成为深度学习领域的重要里程碑之一。ResNet 在当年 ImageNet 挑战赛的图像识别任务中获得了 96.4%的准确率，超过了人类的图像识别能力。ResNet 利用跨层连接思想，在堆叠卷积层过程中添加捷径（Short-cut）连接，学习深层网络恒等变换中的残差信息，不仅通过加深网络层数大幅提高了网络性能，而且缓解了网络层数过深带来的性能退化问题。ResNet 的设计经验为后续深度学习研究提供了有益的启示。深度学习领域的许多模型都在 ResNet 的基础上进行了改进和拓展，形成了一系列变体。这些变体在网络结构、损失函数、正则化等方面进行了创新，以适应不同的任务和数据集。例如，ResNet 结合压缩与激发（Squeeze-and-Excitation，SE）单元形成 SENet，在 2017 年 ImageNet 挑战赛的图像识别任务中一举拿下冠军。受 ResNet 启发，深度学习领域的学者又相继发明了宽度残差网络、稠密连接卷积网络、集成残差变换网络，进一步提高了图像识别的准确率。

在机械故障诊断领域中，ResNet 也得到了关注。本节首先介绍 ResNet 基础模块——残差单元的基本原理，然后构建基于 ResNet 的智能诊断模型，并将其应用于行星齿轮箱的故障智能诊断。

3.4.1 残差单元基本原理

1. 残差单元基本结构

残差单元是 ResNet 的基本模块，其基本原理如图 3-17 所示，由残差函数与捷径连接组成。假设残差函数为两层卷积层堆叠形成的非线性映射 $\Pi(\cdot)$，当给定输入特征 u 时，残差单元输出的泛化特征 $\tilde{u}$ 为输入特征及其非线性映射值之和，可表达为：

$$\tilde{u} = \sigma_{\mathrm{r}}\left[\Pi\left(u;\theta^{(1)},\theta^{(2)}\right)+u\right] \tag{3-28}$$

式中，$\sigma_{\mathrm{r}}(\cdot)$ 为 ReLU 激活函数；$\theta^{(1)}$ 为第一个卷积层的网络参数；$\theta^{(2)}$ 为第二个卷积层的网络参数。为保证残差单元运算的执行，输入特征维数需与其非线性映射后的特征维数相等。因此，当残差函数由卷积层堆叠而成时，卷积运算常采用零填充方式，即在输入特征的边缘使用零值进行填充，控制特征在卷积运算前后的维数不变。

由于残差单元中的捷径连接不引入额外的网络参数，因此残差单元的训练过程即更新残差函数的参数，使堆叠的卷积层能够从输入特征中表征更深层的泛化特征。当 $\Pi(u)\to 0$ 时，堆叠的卷积层实现了输入特征的恒等映射，从而缓解了由于网络层数过深引起的性能退化。

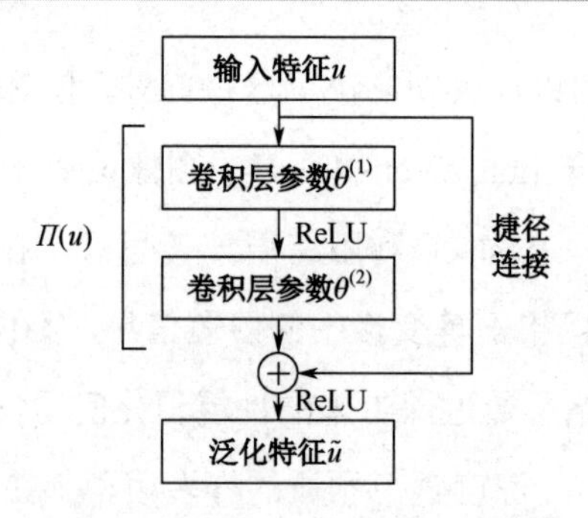

图 3-17　残差单元的基本原理

为便于分析残差单元的作用，假设网络连接为直接映射。通过堆叠 L 个残差单元，构建深度残差网络，可得深层特征为：

$$\tilde{u}^L = u^l + \sum_{i=l}^{L-1} \Pi\left(u^i;\theta_i^{(1)},\theta_i^{(2)}\right) \tag{3-29}$$

由式（3-29）可知：任意深层泛化特征 $\tilde{u}^L$ 均可表示为较浅层特征 u^l 及第 l 层与第 L 层之间的残差函数累积和。根据 BP 算法的链式法则，若损失函数为 ς，则式（3-29）的梯度为：

$$\frac{\partial \varsigma}{\partial u^l} = \frac{\partial \varsigma}{\partial \tilde{u}^L}\frac{\partial \tilde{u}^L}{\partial u^l} = \frac{\partial \varsigma}{\partial \tilde{u}^L}\left(1 + \frac{\partial}{\partial u^l}\sum_{i=l}^{L-1} \Pi\left(u^i;\theta_i^{(1)},\theta_i^{(2)}\right)\right) \tag{3-30}$$

式（3-30）的梯度由两部分组成，第一项可通过捷径连接由深层向浅层反向传播。第二项的梯度传播与残差函数的权值大小相关，考虑到部分残差函数的输入与输出之间存在较小差异，括号内的第二项梯度值不恒为 -1。因此，即使部分残差函数的权值较小，梯度在深度残差网络内反向传播时也不会消失，从而解决了深度神经网络因层数加深而引起的性能退化问题。

为了证明捷径连接为直接映射的必要性，假设捷径连接上的函数 $\varpi\left(u^l\right) = \tau_l u^l$，则有：

$$\tilde{u}^L = \left(\prod_{i=l}^{L-1}\tau_i\right)u^l + \sum_{i=l}^{L-1}\left(\prod_{j=i+1}^{L-1}\tau_j\right)\Pi\left(u^i;\theta_i^{(1)},\theta_i^{(2)}\right) \tag{3-31}$$

同理，根据 BP 算法的链式法则，式（3-31）的梯度为：

$$\frac{\partial \varsigma}{\partial u^l} = \frac{\partial \varsigma}{\partial \tilde{u}^L}\frac{\partial \tilde{u}^L}{\partial u^l} = \frac{\partial \varsigma}{\partial \tilde{u}^L}\left(\left(\prod_{i=l}^{L-1}\tau_i\right) + \frac{\partial}{\partial u^l}\sum_{i=l}^{L-1}\left(\prod_{j=i+1}^{L-1}\tau_j\right)\Pi\left(u^i;\theta_i^{(1)},\theta_i^{(2)}\right)\right) \tag{3-32}$$

由式（3-32）可知：对于映射函数 $\varpi\left(u^l\right) = \tau_l u^l$，当 $\tau_l > 1$ 时，第一项梯度迅速增大，引起梯度爆炸；当 $\tau_l < 1$ 时，捷径连接上产生的梯度逐渐消失，加大了深度神经网络的训练难度。因此，$\tau_l = 1$ 是保证深度残差网络性能的必要条件。

2. Bottleneck结构的引入

为了进一步优化ResNet的性能，减少模型的计算成本和参数数量，同时保持网络性能，引入了Bottleneck结构。Bottleneck结构的主要特点是降低模型的计算成本和参数数量，同时保持网络性能。传统的Residual Block中，主路径包含两个3×3的卷积层，而Bottleneck结构将主路径拆分为三个部分：1×1卷积层、3×3卷积层和1×1卷积层。Bottleneck结构的主要步骤包括：第一个1×1卷积层：降低输入特征图的维度，减小计算量。3×3卷积层：学习特征映射，是网络中的主要变换层。第二个1×1卷积层：将特征图维度升高，为后续的相加操作做准备。Bottleneck结构通过巧妙地设计，既减小了计算复杂度，又能够处理更复杂的特征映射，提高了网络性能。

3. 全局平均池化的应用

为了进一步减少参数数量和防止过拟合，ResNet引入了全局平均池化（Global Average Pooling，GAP）。这种池化方式对每个特征图的所有值取平均，取代传统的全连接层。全局平均池化的优势在于减少参数数量，提高模型的泛化能力，同时降低过拟合的风险。

全局平均池化的应用有助于网络对输入的空间变换更具鲁棒性，进一步改善了ResNet在各种任务上的表现。

3.4.2 基于残差网络的智能诊断模型

通过堆叠残差单元，构建基于ResNet的智能诊断模型，如图3-18所示，图中C、R、P、F分别代表卷积层、残差单元、池化层及全连接层。该模型由输入层、多级残差单元和全连接层组成。其中，输入层首先通过卷积层直接处理时域振动信号，从中表征数据特征，然后利用最大池化层对提取的数据特征进行降维。多级残差单元共堆叠了L个残差单元，即当前残差单元的输出为下一个残差单元的输入。每个残差单元由两个卷积层串联组成，为保证残差单元的运算执行，卷积层均采用零填充方式使卷积处理前后的特征维度保持不变。多级残差单元表征的振动信号深层特征再次经最大池化层降维后，输入全连接层。全连接层由单隐层ANN构成，建立提取的深层特征与装备健康状态之间的映射关系。最后，利用误差反向传播算法最小化式（3-4）所示的目标函数，完成ResNet智能诊断模型的训练。构建的智能诊断模型中，F_3层配置了Softmax激活函数，预测输入样本分别属于各个健康状态的概率分布。除此之外，各卷积层、全连接层均配置ReLU激活函数，克服了深层网络训练过程中常出现的梯度消失问题，加快了模型收敛速度，提高了模型对装备健康状态的诊断精度。

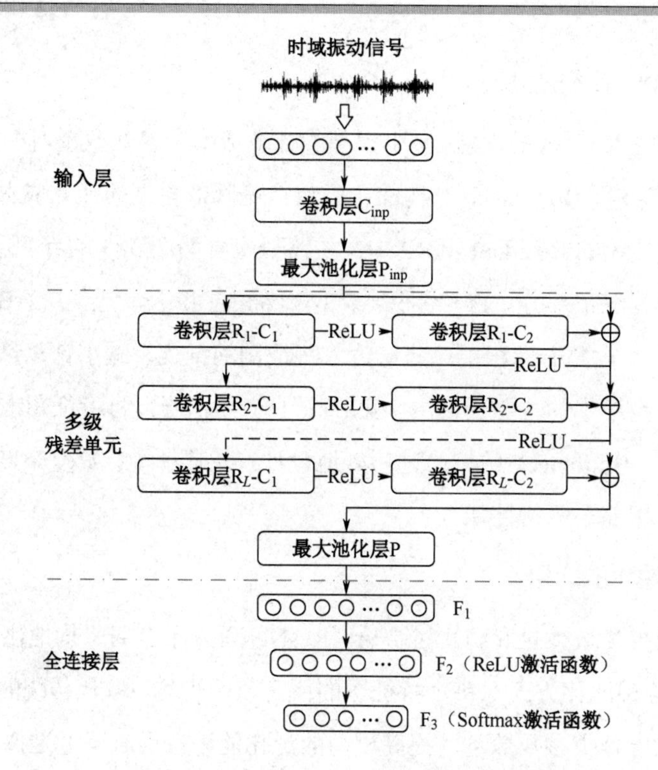

图 3-18　基于 ResNet 的智能诊断模型

3.4.3　行星齿轮箱故障智能诊断

1. 数据获取

以第 2 章图 2-15 多级齿轮传动系统中的行星齿轮箱为对象，应用基于 ResNet 的智能诊断模型，识别其多种故障状态。实验模拟了行星齿轮箱的 7 种健康状态，即正常、第一级太阳轮裂纹、第一级太阳轮磨损、第一级行星轮裂纹、第一级行星轮剥落、第二级太阳轮剥落与第二级太阳轮缺齿。每种健康状态的样本在 8 种工况下进行采集，共获得样本 13 216 个，见表 3-8。

表 3-8　行星齿轮箱数据集

健康状态类型	工况数	样本个数	训练/测试样本的比例	健康标记
正常	8	1 888	20% / 80%	1
第一级太阳轮裂纹	8	1 888	20% / 80%	2
第一级太阳轮磨损	8	1 888	20% / 80%	3
第一级行星轮裂纹	8	1 888	20% / 80%	4
第一级行星轮剥落	8	1 888	20% / 80%	5
第二级太阳轮剥落	8	1 888	20% / 80%	6
第二级太阳轮缺齿	8	1 888	20% / 80%	7

2. 诊断结果

ResNet 智能诊断模型的参数设置如下：卷积层 C_{inp} 的卷积核长度为 128；多级残差单元中使用的卷积层核长度均为 3；全连接层 F_1、F_2、F_3 的神经元个数分别为 256、128、7。诊断模型训练时采用 Adam 优化算法，学习率设置为 0.001。为分析残差单元中捷径连接对智能诊断模型性能的影响，构建 CNN 智能诊断模型与 ResNet 模型进行性能对比。CNN 诊断模型仅去除了 ResNet 模型中各个残差单元的捷径连接，形成由两层卷积层堆叠而成的卷积块，其他结构参数不变。分别在 ResNet 智能诊断模型与 CNN 智能诊断模型中堆叠不同数量（1～10）的残差单元或卷积块，在每种结构配置下，进行训练—测试重复实验 15 次，诊断精度的统计结果如图 3-19 所示。由图 3-19 可知，在相同数量的残差单元或卷积块配置下，ResNet 智能诊断模型的平均诊断精度均高于 CNN 智能诊断模型，标准差更小。随着模型层数的加深，CNN 智能诊断模型的平均诊断精度先上升至 92.95%，后下降至 75.71%，而 ResNet 智能诊断模型的诊断精度逐渐提高至 99.6%，而且未出现衰减。上述结果表明，残差单元中引入的捷径连接能够缓解深度诊断模型随网络层数加深而产生的诊断性能退化现象。

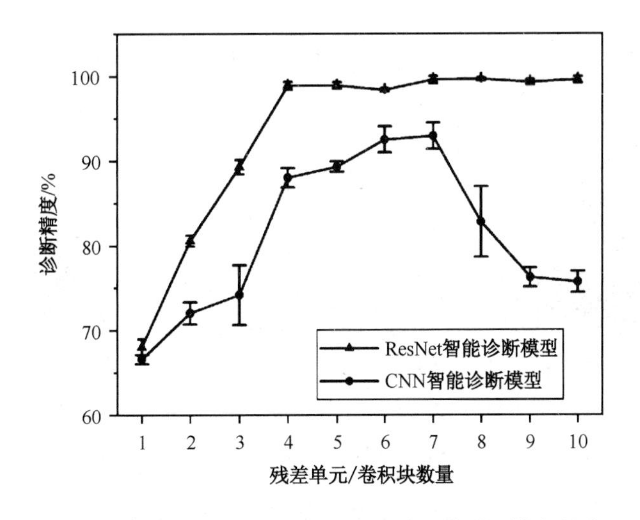

图 3-19　ResNet 与 ConvNet 智能诊断模型的诊断精度

当卷积单元或残差单元数目分别配置为 2、6、10 时，提取 ResNet 智能诊断模型与 CNN 智能诊断模型中 F_2 层的样本特征，然后利用 t-分布邻域嵌入算法（t-Distributed Stochastic Neighbor Embedding，t-SNE）算法将这些特征降维投影至二维平面，并绘制散点图可视化特征分布，如图 3-20 所示。当卷积块数量由 2 增加至 6 时，CNN 智能诊断模型提取的样本特征在同一健康状态上逐渐聚集，在不同健康状态上逐渐分离，但当卷积块数量持续增

加至 10 时，不同健康状态的样本特征开始混叠，说明 CNN 智能诊断模型随着网络层数的加深出现了诊断性能退化。相比之下，当 ResNet 智能诊断模型增加残差单元的数量时，提取的样本特征在同一健康状态上不断聚集，在不同健康状态上散点间的边界愈加清晰。例如，当残差单元数量为 2 时，第二级太阳轮剥落样本的特征由于工况变化的影响而分散聚集到不同的簇；当残差单元数量提高到 10 时，这类样本的特征散点聚集为同一簇。上述结果表明，随着网络层数的加深，ResNet 智能诊断模型不仅能够克服因网络层数的加深而导致的诊断性能退化现象，而且能够获得对工况变化鲁棒的特征。

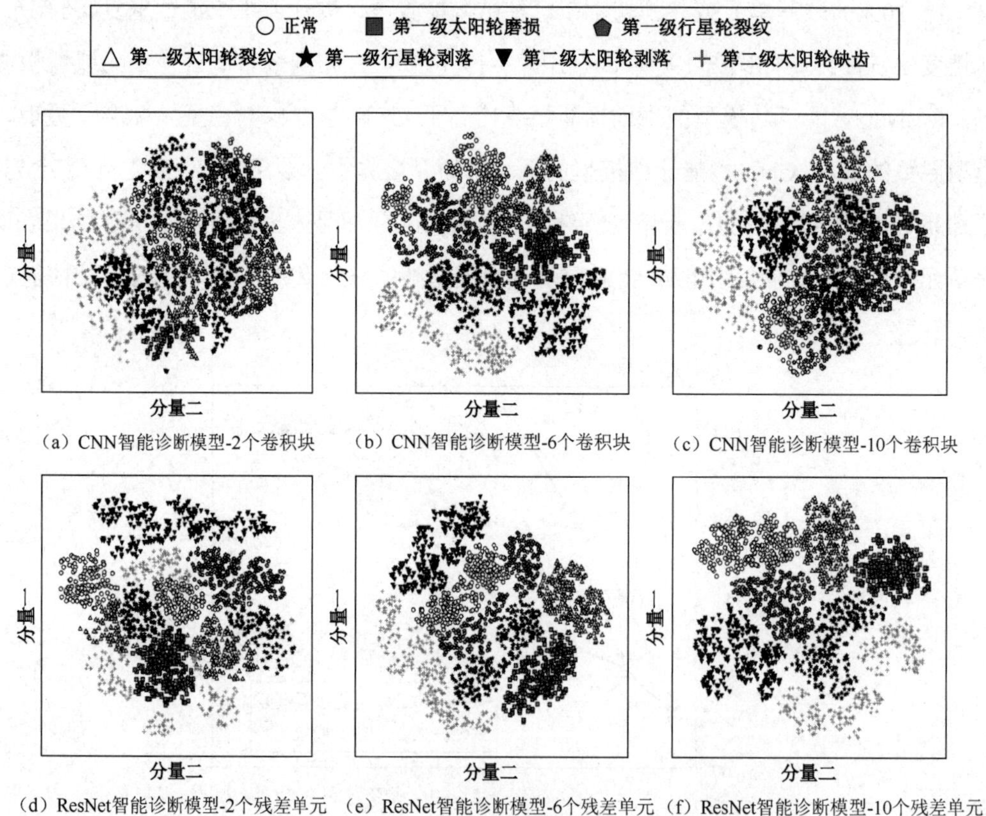

图 3-20 CNN 和 ResNet 智能诊断模型提取的特征

本章小结

本章结合深度学习理论，实现了监测数据中故障特征的自适应表征，还克服了传统智能诊断方法泛化能力不足、难以处理日益增长的机械监测大数据等缺陷。首先，介绍了 DBN 智能诊断方法及 PSO 算法在构造最优网络结构中的作用。然后，通过 SAE 智能诊断模型

的构建，介绍了逐层预训练策略在深度学习方法中的应用。之后，针对工程实际中样本数量不平衡分布的问题，给出了 WCNN 智能诊断模型，不仅直接建立了原始振动信号输入与健康状态输出之间的非线性映射，而且实现了样本数量不平衡分布条件下的机械健康状态的准确识别。最后，阐述了 ResNet 智能故障诊断模型，并将其应用于行星齿轮箱的故障智能诊断。

习　题

1．阐述深度置信网络的基本结构。

2．自编码机的主要任务是什么，它有哪些用途？

3．简述卷积神经网络的基本结构及卷积层、池化层、全连接层、其他拓展层的基本作用。

4．加权卷积神经网络中“加权”的目的是什么？

5．编程构建一个残差网络智能诊断模型，并在美国凯斯西储大学的轴承公开数据集上验证模型的性能。

参考文献

[1] HINTON G E, SALAKHUTDINOV R R. Reducing the dimensionality of data with neural networks[J]. Science, 2006, 313(5786): 504-507.

[2] GOODFELLOW I, BENGIO Y, COURVILLE A. Deep learning[M]. MIT Press, 2016.

[3] 周志华．机器学习[M]．北京：清华大学出版社，2016.

[4] ACKLEY D H, HINTON G E, SEJNOWSKI T J. A learning algorithm for Boltzmann machines[J]. Cognitive Science, 1985, 9(1): 147-169.

[5] DENG L, SELTZER M L, YU D, et al. Binary coding of speech spectrograms using a deep auto-encoder[C]//Annual Conference of the International-Speech-Communication- Association in Makuhari, Japan, September 26-30, 2010.

[6] VINCENT P, LAROCHELLE H, LAJOIE I, et al. Stacked denoising autoencoders: Learning useful representations in a deep network with a local denoising criterion[J]. Journal of Machine Learning Research, 2010, 11: 3371-3408.

[7] RIFAI S, MESNIL G, VINCENT P, et al. Higher order contractive auto-encoder[C]

//European Conference on Machine Learning and Knowledge Discovery in Databases in Athens, Greece, September 5-9, 2011: 645-660.

[8] DENG J, ZHANG Z, MARCHI E, et al. Sparse autoencoder-based feature transfer learning for speech emotion recognition[C]//International Conference on Affective Computing and Intelligent Interaction in Geneva, Switzerland, September 2-5, 2013: 511-516.

[9] KINGMA D P, WELLING M. Auto-encoding variational bayes[C]//International Conferen ce on Learning Representations in Banff, Canada, Apri 14-16, 2014.

[10] JIA F, LEI Y, GUO L, et al. A neural network constructed by deep learning technique and its application to intelligent fault diagnosis of machines[J]. Neurocomputing, 2018, 272: 619-628.

[11] JIA F, LEI Y, LIN J, et al. Deep neural networks: A promising tool for fault characteristic mining and intelligent diagnosis of rotating machinery with massive data[J]. Mechanical Systems and Signal Processing, 2016, 72-73: 303-315.

[12] HUBEL D H, WIESEL T N. Receptive fields and functional architecture of monkey striate cortex[J]. The Journal of physiology, 1968, 195(1): 215-243.

[13] FUKUSHIMA K. Neocognitron: A self-organizing neural network model for a mechanism of visual pattern recognition[J]. Biological Cybernetics, 1980, 36(4): 193-202.

[14] RUSSAKOVSKY O, DENG J, SU H, et al. ImageNet large scale visual recognition challenge[J]. International Journal of Computer Vision, 2015, 115(3): 211-252.

[15] LECUN Y, BENGIO Y, HINTON G. Deep learning[J]. Nature, 2015, 521(7553): 436-444.

[16] JIA F, LEI Y, LU N, et al. Deep normalized convolutional neural network for imbalanced fault classification of machinery and its understanding via visualization[J]. Mechanical Systems and Signal Processing, 2018, 110: 349-367.

[17] MARTIN-DIAZ I, MORINIGO-SOTELO D, DUQUE-PEREZ O, et al. Early fault detection in induction motors using AdaBoost with imbalanced small data and optimized sampling[J]. IEEE Transactions on Industry Applications, 2017, 53(3): 3066-3075.

[18] GUO H, LI Y, SHANG J, et al. Learning from class-imbalanced data: Review of methods and applications[J]. Expert Systems with Applications, 2016, 73: 220-239.

[19] IOFFE S, SZEGEDY C. Batch normalization: Accelerating deep network training by reducing internal covariate shift[C]//International Conference on Machine Learning in Lille,

France, July 6-11, 2015: 448-456.

[20] BOUVRIE J. Notes on Convolutional Neural Networks[EB/OL]. http://cogprints.org/5869, 2007-12-10.

[21] HE K, ZHANG X, REN S, et al. Deep residual learning for image recognition[C]//IEEE Conference on Computer Vision and Pattern Recognition in Las Vegas, USA, June 26-July 7, 2016: 770-778.

[22] HU J, SHEN L, SUN G. Squeeze-and-excitation networks[J]. arXiv preprint arXiv: 1709. 01507, 2017.

[23] ZAGORUYKO S, KOMODAKIS N. Wide residual networks[J]. arXiv preprint arXiv: 1605.07146, 2016.

[24]HUANG G, LIU Z, DER MAATEN L V, et al. Densely connected convolutional networks[C] //IEEE Conference on Computer Vision and Pattern Recognition in Honolulu, USA, July 21-26, 2017: 2261-2269.

[25] XIE S, GIRSHICK R B, DOLLAR P, et al. Aggregated residual transformations for deep neural networks[C]//IEEE Conference on Computer Vision and Pattern Recognition in Honolulu, USA, July 21-26, 2017: 5987-5995.

[26] ZHAO, M, KANG M, TANG B, et al. Deep residual networks with dynamically weighted wavelet coefficients for fault diagnosis of planetary gearboxes[J]. IEEE Transactions on Industrial Electronics, 2017, 65(5): 4290-4300.

第4章 高端装备故障迁移智能诊断

机械故障智能诊断的有效性往往建立在可用监测数据充足的基础上，即要求用于训练智能诊断模型的数据具有丰富的典型故障信息、充足的健康标记信息。然而，这在工程实际中却难以得到满足，主要由于以下两个原因：第一，高端装备在长期运行过程中大多处于正常运行状态，故障的发生存在不确定性且持续周期较短，因此获得的故障样本数量远远少于正常样本数量，导致监测大数据中的典型故障信息不全；第二，虽然工程实际中能够获取海量数据，但其中仅有少量数据对应的装备健康状态已知，可用于训练智能诊断模型，大多数数据需要标注其对应的健康状态，而标记数据代价高昂，如不可频繁停机自检故障、人工标记数据费时费力等，致使监测大数据的健康标记信息匮乏。

迁移学习作为新兴的机器学习方法，可望克服故障智能诊断在工程实际应用中所面临的挑战。根据《中国机器学习白皮书》对迁移学习的定义，迁移学习是运用已存有的知识对领域不同但相关的问题进行求解的一种新的机器学习方法。因此，它能将已有装备的诊断知识运用到相关装备的故障诊断问题中，旨在利用已有装备监测数据中丰富的典型故障信息，弥补拟诊断装备的典型故障信息缺失；降低智能诊断模型的训练对大量含标记样本的过分依赖。

本章首先描述了迁移诊断问题，引入了领域与诊断任务两个基本概念，给出了常见的迁移诊断任务类型，并对迁移智能诊断方法进行了分类。然后分别介绍了基于实例加权与基于浅层特征分布适配的迁移智能诊断方法，并将其分别应用于同装备迁移诊断任务与跨装备迁移诊断任务。之后结合深度学习与迁移学习理论，提出了多核特征空间适配的深度迁移智能诊断方法，不仅实现了核函数参数的自适应确定，而且提高了浅层特征分布适配方法的诊断精度。最后引入对抗训练机制，建立了特征对抗适配的深度迁移智能诊断方法，提高了迁移诊断精度。

4.1　迁移诊断问题

4.1.1　领域与诊断任务

结合迁移学习的相关概念与术语，迁移诊断问题涉及领域与诊断任务两个基本概念。其中，领域$\mathcal{D}$由d维数据空间$\mathcal{X}$及其边缘概率分布$P(\boldsymbol{x})$组成，即$\mathcal{D}=\left\{\mathcal{X},P(\boldsymbol{x})\middle|\boldsymbol{x}\in\mathcal{X}\right\}$；诊断任务$\mathcal{T}$包括健康标记空间$\mathcal{Y}$与智能诊断模型$f(\cdot)$，即$\mathcal{T}=\left\{\mathcal{Y},f(\cdot)\right\}$。健康标记空间大小由高端装备的健康状态类别数决定，智能诊断模型表征了由数据空间$\mathcal{X}$至健康标记空间$\mathcal{Y}$的映射关系$f:\mathcal{X}\to\mathcal{Y}$，这种映射关系通过利用含标记的数据集训练获得，包含了数据集中蕴含的诊断知识。

若给定源域$\mathcal{D}^{\mathrm{s}}=\left\{\mathcal{X}^{\mathrm{s}},P(\boldsymbol{x}^{\mathrm{s}})\middle|\boldsymbol{x}^{\mathrm{s}}\in\mathcal{X}^{\mathrm{s}}\right\}$与目标域$\mathcal{D}^{\mathrm{t}}=\left\{\mathcal{X}^{\mathrm{t}},P(\boldsymbol{x}^{\mathrm{t}})\middle|\boldsymbol{x}^{\mathrm{t}}\in\mathcal{X}^{\mathrm{t}}\right\}$、源域诊断任务$\mathcal{T}^{\mathrm{s}}=\left\{\mathcal{Y}^{\mathrm{s}},f_{\mathrm{s}}(\cdot)\right\}$与目标域诊断任务$\mathcal{T}^{\mathrm{t}}=\left\{\mathcal{Y}^{\mathrm{t}},f_{\mathrm{t}}(\cdot)\right\}$，则迁移诊断的目标为：当$\mathcal{D}^{\mathrm{s}}\neq\mathcal{D}^{\mathrm{t}}$或$\mathcal{T}^{\mathrm{s}}\neq\mathcal{T}^{\mathrm{t}}$时，提高目标域样本的诊断精度。针对源域与目标域有如下假设。

（1）源域$\mathcal{D}^{\mathrm{s}}$为迁移诊断提供从源域诊断任务$\mathcal{T}^{\mathrm{s}}$中学到的诊断知识，包括含健康标记的数据空间$\mathcal{X}^{\mathrm{s}}$和数据样本的边缘概率分布$P(\boldsymbol{x}^{\mathrm{s}})$。

（2）目标域$\mathcal{D}^{\mathrm{t}}$是源域中诊断知识的应用对象，其中，数据空间$\mathcal{X}^{\mathrm{t}}$含少量甚至无健康标记，数据样本的概率分布为$P(\boldsymbol{x}^{\mathrm{t}})$，且$P(\boldsymbol{x}^{\mathrm{s}})\neq P(\boldsymbol{x}^{\mathrm{t}})$。

（3）源域与目标域之间应具有相关的诊断知识，源域必须满足目标域的诊断知识需要，要求源域的健康标记空间$\mathcal{Y}^{\mathrm{s}}$必须覆盖目标域的健康标记空间$\mathcal{Y}^{\mathrm{t}}$，即$\mathcal{Y}^{\mathrm{t}}\subseteq\mathcal{Y}^{\mathrm{s}}\subseteq\mathcal{Y}$。

4.1.2　迁移诊断任务类型

根据源域与目标域之间差异性的形成原因不同，迁移诊断任务可分为两大类：同装备迁移诊断任务与跨装备迁移诊断任务，见表4-1。

表4-1　迁移诊断任务类型

迁移诊断任务	基本假设		领域差异性的诱因
	源域	目标域	
同装备迁移诊断任务	健康标记可用	• 少部分健康标记可用 • 无健康标记可用	• 转速变化 • 负载变化 • 工作环境变化
跨装备迁移诊断任务	健康标记可用	• 少部分健康标记可用 • 无健康标记可用	• 结构不同 • 型号不同 • 测试环境不同 • 服役环境不同

1. 同装备迁移诊断任务

同装备迁移诊断任务中，转速、负载、工作环境等因素的变化常常导致监测数据呈现明显的非平稳性，因此，数据样本在特征空间中的分布随环境工况的变化发生偏移，降低了已训练完成的智能诊断模型对未知环境工况下数据样本的诊断精度。此时，机械故障迁移诊断旨在提高诊断模型对环境工况变化的鲁棒性。

2. 跨装备迁移诊断任务

跨装备迁移诊断任务中，源域装备与目标域装备在物理结构、装备型号、服役与测试环境等诸多方面均存在差异，因此，源域与目标域数据的差异性显著。若直接利用源域数据训练的诊断模型识别目标域装备的健康状态，将造成严重的误诊或漏诊。然而，源域与目标域装备之间存在相似的工作原理及故障诊断知识，若能缩小两者监测数据之间的差异性，则有望将源域装备的诊断模型运用于目标域装备的诊断任务中，克服目标域因健康标记数据不足而难以训练出性能可靠的诊断模型的缺陷。

4.1.3 迁移智能诊断方法分类

针对同装备与跨装备迁移诊断任务，迁移智能诊断方法可分为实例加权、参数迁移、特征迁移等，见表 4-2。

1. 实例加权

实例加权根据源域与目标域样本间的相似度构建源域样本的加权机制，使源域样本能够辅助训练目标域的智能诊断模型，提高其诊断精度。常用的实例加权方法包括 TrAdaboost 算法、核均值匹配（Kernel Mean Matching，KMM）、KL 重要性估计过程（Kullback-Leibler Importance Estimation Procedure，KLIEP）等。实例加权的迁移智能诊断具有良好的理论支撑，易于推导模型的误差上界，但该方法通常只适用于源域与目标域差异性较小的同装备迁移诊断任务，对于差异性显著的跨装备迁移诊断任务效果不佳。

2. 参数迁移

参数迁移基于诊断模型的预训练-反向微调策略实现：首先利用源域数据预训练诊断模型，则模型的网络参数中存储了源域数据中蕴含的诊断知识；然后利用少量含标记的目标域数据对预训练模型的网络参数或部分参数进行微调，使之能够满足目标域样本的诊断需要。由于目标域中含标记的样本数量有限，当源域与目标域差异性较大时，这些目标域样本不足以反向微调出性能可靠的诊断模型。因此，参数迁移与实例加权方法相似，适用于

同装备迁移诊断任务。

3. 特征迁移

特征迁移通过减小源域与目标域样本特征的分布差异，使源域智能诊断模型能够解决目标域的诊断问题，并在跨装备迁移诊断任务中表现出较好的迁移性能。特征迁移包括特征分布适配与深度迁移，其中常用的特征分布适配方法，有迁移成分分析（Transfer Component Analysis，TCA）、联合分布适配（Joint Distribution Adaptation，JDA）、结构对应学习（Structural Corresponding Learning，SCL）等。深度迁移是特征分布适配的二次创新，它结合深度学习能够自适应表征样本深层特征的优势，有效提高了传统特征分布适配的迁移性能，近年来受到了国内外学者的广泛关注。常用的深度迁移方法有深度领域融合（Deep Domain Confusion，DDC）、领域对抗神经网络（Domain-Adversarial Neural Network，DANN）、对抗判别领域适配（Adversarial Discriminative Domain Adaptation，ADDA）等。下面将详述实例加权、参数迁移、特色迁移这三种常用的迁移智能诊断方法及其应用。

表4-2 迁移智能诊断方法分类

类型	适用的迁移诊断任务		方法
	同装备	跨装备	
实例加权	√		TrAdaboost、KMM、KLIEP
参数迁移	√		预训练–反向微调策略
特征迁移	√	√	特征分布适配：TCA、JDA、SCL 深度迁移：DDC、DANN、ADDA

4.2 基于实例加权的迁移智能诊断

在实例加权迁移智能诊断中，由于给定的目标域 $\mathcal{D}^{\mathrm{t}}=\left\{X^{\mathrm{t}},P\left(\boldsymbol{x}^{\mathrm{t}}\right)\right\}$ 仅包含少量含健康标记的样本，不足以监督训练并获得具有高诊断精度的智能诊断模型 $f_{\mathrm{t}}(\cdot)$。相比之下，源域 $\mathcal{D}^{\mathrm{s}}=\left\{X^{\mathrm{s}},P\left(\boldsymbol{x}^{\mathrm{s}}\right)\right\}$ 中的样本均含有健康标记，且其中部分样本与目标域样本相似，有助于提高诊断模型 $f_{\mathrm{t}}(\cdot)$ 的诊断精度。因此，基于实例加权的迁移诊断旨在根据源域与目标域样本之间的相似度重新为源域样本分配权重，辅助训练目标域诊断模型，降低其经验风险 $R_{\mathrm{t}}\left[f_{\mathrm{t}}(\cdot);\mathcal{D}^{\mathrm{t}}\sim P\left(\boldsymbol{x}^{\mathrm{t}}\right)\right]=E\left[f_{\mathrm{t}}\left(\boldsymbol{x}_i^{\mathrm{t}}\right)\neq y_i^{\mathrm{t}}\right]$。在这一过程中，由于给定源域的概率分布 $P\left(\boldsymbol{x}^{\mathrm{s}}\right)$ 与目标域样本的概率分布 $P\left(\boldsymbol{x}^{\mathrm{t}}\right)$ 未知，因此无法准确度量两者之间的相似度。针对这一问题，国内外学者开展了 KMM、KLIEP 等实例加权方法的研究，致力于估计源域与目标域样本的概率密度比值，即权重 $P\left(\boldsymbol{x}^{\mathrm{t}}\right)/P\left(\boldsymbol{x}^{\mathrm{s}}\right)$，并以此对源域样本进行加权，使其概率分布与目

标域样本的概率分布相似。TrAdaboost 算法是经典的实例加权迁移方法，它基于 Boosting 思想，将 Adaboost 算法扩展到迁移学习领域，利用源域样本提升了目标域诊断模型的性能。本节首先介绍了 TrAdaboost 算法的基本原理，然后基于 TrAdaboost 算法建立了迁移智能诊断策略，并将其应用于行星齿轮箱的跨工况迁移诊断任务。

4.2.1 TrAdaboost 算法描述

由于源域数据集与目标域数据集之间存在差异性，而且目标域的含标记样本数量远少于源域，如图 4-1（a）所示，若直接利用源域数据辅助训练目标域的智能诊断模型，则该模型仅充分学习了源域样本的诊断知识，但对目标域样本的诊断知识学习有限。这导致训练得到的诊断决策面对目标域样本存在较大的诊断误差。

TrAdaboost 算法考虑源域数据集中部分样本与目标域的含标记样本相似的特性，可以辅助训练目标域的智能诊断模型，因此基于调整源域样本权重的基本思想，提高目标域诊断模型的性能。该算法拓展了传统的 Adaboost 算法，使之具有迁移学习的能力。该算法的核心在于利用 Boosting 思想构建一种源域样本权重的自动调整机制，筛除源域中与目标域数据中相似度低的样本。如图 4-1（b）所示，利用目标域中含标记的样本训练一个待提升的诊断模型，并基于权重自动调节机制对模型进行迭代训练：当模型的诊断决策面误分了某个目标域的训练样本时，则在下一次迭代训练中提高该目标域样本的权重，减少其被误分的概率；当模型误分了某个源域的训练样本时，认为该源域样本与目标域样本差异较大，则在下一次迭代训练中降低该源域样本的权重。基于上述权重自动调节机制训练目标域的诊断模型，能够推动诊断决策面向降低诊断误差的方向移动，最终达到提高目标域样本诊断精度的目的。

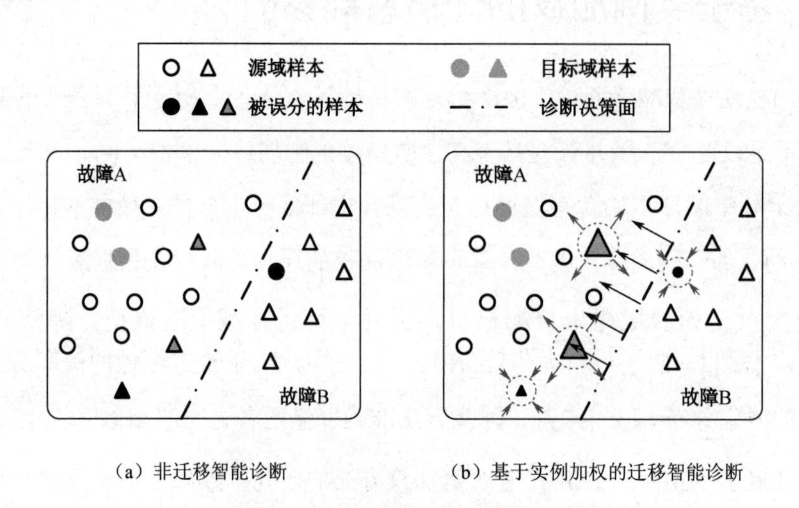

（a）非迁移智能诊断　　（b）基于实例加权的迁移智能诊断

图 4-1　TrAdaboost 算法基本原理

4.2.2　基于 TrAdaboost 算法的迁移诊断策略

基于 TrAdaboost 算法的迁移诊断策略主要包括两部分：待提升的目标域智能诊断模型建立及基于 TrAdaboost 算法的模型迭代训练。

假设目标域监测数据集 $\widehat{X}^{\mathrm{t}}=\left\{\left(\boldsymbol{x}_i^{\mathrm{t}},y_i^{\mathrm{t}}\right)\middle|i=1,2,\cdots,m\right\}$ 由少量的含健康标记的样本组成，并初始化一个待提升的目标域诊断模型 $f_{\mathrm{t}}^{(1)}(\cdot)$，本节以 SVM 为例构建诊断模型。另给定源域监测数据集 $X^{\mathrm{s}}=\left\{\left(\boldsymbol{x}_i^{\mathrm{s}},y_i^{\mathrm{s}}\right)\middle|i=1,2,\cdots,n\right\}$ 由大量含健康标记的样本组成，并假设用于 TrAdaboost 算法迭代训练的数据集为 $T=X^{\mathrm{s}}\cup\widehat{X}^{\mathrm{t}}$，迭代次数为 N，则目标域诊断模型的迭代训练依次执行如下步骤。

（1）初始化训练数据集样本的权重向量 $\boldsymbol{\omega}^{(1)}=\left[\omega_1^{(1)},\omega_2^{(1)},\cdots,\omega_i^{(1)},\cdots,\omega_{n+m}^{(1)}\right]$，其中，

$$\omega_i^{(1)}=\begin{cases}1/n, & i=1,2,\cdots,n\\ 1/m, & i=n+1,n+2,\cdots,n+m\end{cases}\tag{4-1}$$

（2）设置 $\beta=1\Big/\left(1+\sqrt{2\ln n/N}\right)$。假设当前迭代次数 $k\in\{1,2,\cdots,N\}$，迭代执行步骤（3）～步骤（7）。

（3）设置训练数据集 T 上的权重分布 $\boldsymbol{p}^{\mathrm{t}}$ 满足：

$$\boldsymbol{p}^{\mathrm{t}}=\frac{\boldsymbol{\omega}^{(k)}}{\sum_{i=1}^{n+m}\boldsymbol{\omega}_i^{(k)}}\tag{4-2}$$

（4）利用训练数据集 T 对待提升的智能诊断模型进行训练，然后，调用第 k 次训练后的智能诊断模型 $f_{\mathrm{t}}^{(k)}(\cdot)$，并根据训练数据集 T 及在数据集 T 上的权重分布 $\boldsymbol{p}^{\mathrm{t}}$，对模型进行加权训练。

（5）计算模型 $f_{\mathrm{t}}^{(k)}(\cdot)$ 在目标域监测数据集 $\widehat{X}^{\mathrm{t}}$ 上的错误率：

$$\varepsilon_{(k)}=\sum_{i=n+1}^{n+m}\frac{\omega_i^{(k)}\cdot\mathrm{sgn}\left|f_{\mathrm{t}}^{(k)}\left(x_i\right)-y_i\right|}{\sum_{i=n+1}^{n+m}\boldsymbol{\omega}_i^{(k)}}\tag{4-3}$$

（6）设置 $\beta_{(k)}=\varepsilon_{(k)}\Big/\left(1-\varepsilon_{(k)}\right)$，其中，$\varepsilon_{(k)}<1/2$。当 $\varepsilon_{(k)}>1/2$ 时，设置 $\varepsilon_{(k)}=1/2$。

（7）根据 $\varepsilon_{(k)}$ 更新下一次迭代时的权重，即：

$$\boldsymbol{\omega}_i^{(k)}=\begin{cases}\boldsymbol{\omega}_i^{(k)}\cdot\beta^{\mathrm{sgn}\left|f_{\mathrm{t}}^{(k)}(x_i)-y_i\right|}, & i=1,2,\cdots,n\\ \boldsymbol{\omega}_i^{(k)}\cdot\beta_{(k)}^{-\mathrm{sgn}\left|f_{\mathrm{t}}^{(k)}(x_i)-y_i\right|}, & i=n+1,n+2,\cdots,n+m\end{cases}\tag{4-4}$$

（8）当迭代训练完成后，输入目标域的无健康标记测试数据 $X^{\mathrm{t}}=\left\{\boldsymbol{x}_i^{\mathrm{t}}\middle|i=1,2,\cdots,l\right\}$，并通过式（4-5）输出这些样本的诊断结果：

$$f_{\mathrm{t}}\left(\boldsymbol{x}_i^{\mathrm{t}}\right)=\begin{cases}y_i^{\mathrm{t}}, & \sum_{k=\lceil N/2\rceil}^{N}\ln\left(1/\beta_{(k)}\right)I\left[f_{\mathrm{t}}^{(k)}\left(\boldsymbol{x}_i^{\mathrm{t}}\right)=y_i^{\mathrm{t}}\right]\geqslant\frac{1}{2}\sum_{k=\lceil N/2\rceil}^{N}\ln\left(1/\beta_{(k)}\right)\\ 0, & \text{其他}\end{cases} \tag{4-5}$$

式中，$I(\cdot)$为指示函数。

在 TrAdaboost 算法的每次迭代中，若源域样本被误分，表明该样本与目标域样本的相似度较低，则降低该样本的权重系数，即权重乘以$\beta^{\mathrm{sgn}\left|f_{\mathrm{t}}^{(k)}(x_i)-y_i\right|}\in[0,1]$，以抑制该样本在下一次迭代过程中对训练目标域诊断模型的贡献度。经过若干次迭代训练后，与目标域样本相似的源域样本拥有较大权重，而其他样本的权重较小，最终通过辅助训练，提高目标域智能诊断模型的诊断精度。

4.2.3 行星齿轮箱的跨工况故障迁移智能诊断

下面通过行星齿轮箱的跨工况故障迁移智能诊断任务说明基于 TrAdaboost 算法的迁移智能诊断方法的应用。

1. 迁移诊断数据集

选用的两级行星齿轮箱包含 6 种健康状态：正常、第一级太阳轮裂纹、第二级太阳轮缺齿、第一级行星轮裂纹、第一级行星轮轴承内圈磨损、第一级行星轮轴承滚针裂纹。在第 2 章图 2-15 中的多级齿轮传动系统实验台上，获得三个迁移数据集，见表 4-3，每个数据集都包含上述 6 种健康状态。其中，数据集 A 在电动机转速设置为 1 800 r/min、磁粉制动器处于空载状态下采集；数据集 B 在电动机转速为 1 800 r/min、磁粉制动器处于加载状态时采集；数据集 C 在电动机转速设置为 2 700 r/min、磁粉制动器处于空载状态时采集。在采集上述数据集的振动数据时，均设置采样频率为 5.12 kHz，测试结束后，共获得样本 900 个，每个样本中包含 1 200 个采样点。

表 4-3　行星齿轮箱不同工况下的迁移诊断数据集

数据集	样本数	电动机转速/（r/min）	负载状态	健康状态
A	900 (150×6)	1 800	空载	正常 第一级太阳轮裂纹 第二级太阳轮缺齿 第一级行星轮裂纹 第一级行星轮轴承内圈磨损 第一级行星轮轴承滚针裂纹
B	900 (150×6)	1 800	加载	
C	900 (150×6)	2 700	空载	

根据表 4-3 中的数据集 A、B、C，分别设置两个迁移诊断任务 A→B 与 A→C。其中，

任务 A→B 用于模拟变负载工况下的迁移诊断，任务 A→C 用于模拟变转速工况下的迁移诊断。在这两个迁移诊断任务中，数据集 A 被视为源域，数据集 B、C 分别被视为目标域，由于源域与目标域样本均在不同的工况下采集，因此，数据集 A 与数据集 B、C 之间存在因工况变化而引入的样本分布差异。作为源域，数据集 A 中所有样本的健康标记均已知，而在被视为目标域的数据集 B、C 中，假设仅有 4%的样本含健康标记。基于上述设定，迁移诊断任务 A→B 与 A→C 的目标为：当目标域数据集 B、C 的可用训练样本较少且不足以训练性能可靠的智能诊断模型时，利用数据集 A 辅助训练诊断模型，提高其对目标域样本的诊断精度，即利用源域中的所有样本和目标域中随机选取的 4%的样本训练智能诊断模型，使之能够识别目标域中剩余 96%的样本对应的健康状态。

2. 迁移诊断结果

分别提取源域与目标域样本的 19 种故障特征，包括 11 种时域特征和三层小波包分解后获得的 8 个频带能量指标。然后，以源域与目标域样本的特征集为输入，并结合 TrAdaboost 算法，提高目标域 SVM 智能诊断模型 $f_{\mathrm{t}}(\cdot)$ 的诊断精度。为降低目标域样本随机采样对诊断精度的影响，重复开展 10 次训练-测试实验，并取这 10 次结果的统计值作为 TrAdaboost 算法性能的评价结果。另选取两种智能诊断模型与基于 TrAdaboost 算法的智能诊断模型进行对比，方法 1 为无 TrAdaboost 算法辅助的 SVM 智能诊断模型，该模型选取高斯核函数作为非线性映射函数，核宽度选择范围为$\left\{1,10,10^{2},\cdots,10^{9}\right\}$，软间隔约束的惩罚因子选取范围为$\left\{1,10,10^{2},\cdots,10^{9}\right\}$，在最优参数组合下确定模型对测试集的诊断精度。方法 2 为无 TrAdaboost 算法辅助的 K 最近邻算法（K-Nearest Neighbor，KNN）的智能诊断模型，在该模型中，临近数 K 的选取范围为$\{2,4,8,16,32,64,128\}$，搜索最优参数下模型对目标域测试样本的诊断精度。三种方法在两个迁移诊断任务上的诊断结果对比见表 4-4。

表 4-4 三种方法在两个迁移诊断任务上的诊断结果对比（%）

迁移诊断任务	方法 1	方法 2	构建的迁移诊断模型
A→B	83.33	82.78	91.12±1.94
A→C	88.33	87.78	90.89±3.94

由表 4-4 可知，基于 TrAdaboost 算法的智能诊断模型通过对源域样本进行加权，提高了与目标域样本相似的样本在模型训练过程中的贡献度，使模型在目标域样本上的诊断精度有所提高。相比之下，由于源域与目标域样本之间存在分布差异，当直接利用源域与少量目标域样本训练基于 SVM 或 KNN 的诊断模型时，模型对目标域无标记样本的诊断精度

降低。

4.3 基于特征分布适配的迁移智能诊断

即使在目标域样本仅含有极少量甚至无标记时，特征分布适配方法仍能完成迁移诊断任务。给定目标域$\mathcal{D}^{\mathrm{t}}=\left\{\mathcal{X}^{\mathrm{t}},P\left(\boldsymbol{x}^{\mathrm{t}}\right)\right\}$，其中，数据空间$\mathcal{X}^{\mathrm{t}}$仅包含无健康标记的样本，无法监督训练并获得目标域的智能诊断模型$f_{\mathrm{t}}(\cdot)$。源域$\mathcal{D}^{\mathrm{s}}=\left\{\mathcal{X}^{\mathrm{s}},P\left(\boldsymbol{x}^{\mathrm{s}}\right)\right\}$中的数据空间$\mathcal{X}^{\mathrm{s}}$包含大量含健康标记的样本，能够训练并获得性能可靠的源域智能诊断模型$f_{\mathrm{s}}(\cdot)$。因此，特征分布适配旨在学习特征变换$\boldsymbol{\Phi}(\cdot)$，使迁移特征$\boldsymbol{\Phi}\left(\boldsymbol{x}^{\mathrm{s}}\right)$与$\boldsymbol{\Phi}\left(\boldsymbol{x}^{\mathrm{t}}\right)$具有相似的概率分布，从而将源域诊断模型$f_{\mathrm{s}}(\cdot)$迁移运用至目标域，并降低经验风险$R_{\mathrm{t}}\left[f_{\mathrm{s}}(\cdot);\mathcal{D}^{\mathrm{t}}\sim P_{\mathrm{t}}(X)\right]=E\left[f_{\mathrm{s}}\left(\boldsymbol{x}_i^{\mathrm{t}}\right)\neq y_i^{\mathrm{t}}\right]$[10]。

由于特征分布适配在源域与目标域差异性较大的任务中仍然表现出较好的迁移性能，因此成为迁移学习领域研究最为广泛的方法。为提取有效的迁移特征，缩小源域与目标域之间的差异性，国内外学者开展了一系列研究工作。加州大学伯克利分校 Blitzer 等人提出了 SCL，将数据特征由原特征空间映射到隐含的共特征空间，以提高特征表征的迁移性能；香港科技大学 Pan 等人率先将最大均值差异（Maximum Mean Discripancy，MMD）作为度量领域间特征分布差异性的基本准则，并提出 TCA 以最小化特征分布差异，成为迁移学习领域的经典方法；清华大学龙明盛等人在 TCA 的研究基础上提出了 JDA，减小了源域与目标域样本的联合概率分布差异。本节首先介绍特征分布适配的基本原理，然后基于典型的特征分布适配方法 TCA 与 JDA 建立迁移诊断策略，最后通过跨装备轴承间的迁移诊断任务说明特征分布适配的应用。

4.3.1 特征分布适配基本原理

特征分布适配假设源域由含健康标记的样本构成，目标域由少量含标记甚至无标记的样本组成，因此，仅利用目标域样本无法训练性能可靠的智能诊断模型。此外，由于源域样本与目标域样本的概率分布之间存在差异，若直接使用源域样本训练的诊断模型识别目标域样本，将产生较大的诊断误差。特征分布适配旨在减小源域与目标域样本概率分布之间的分布差异，提高源域智能诊断模型对目标域样本的识别精度，其基本原理如图 4-2 所示。首先构建非线性映射，将源域与目标域样本由各自独立的特征空间映射至共特征空间，并在该空间中通过相似性度量函数，如 MMD、欧式距离（Euclidean Distance，ED）、KL

散度（Kullback-Leibler Divergence，KLD）等估计源域与目标域样本特征的分布差异。然后结合凸优化理论，以最小化特征分布差异的度量值为目标，反向更新非线性映射参数，使之能够从源域与目标域样本中提取具有相似分布的特征。最后利用源域样本特征训练智能诊断模型，如 SVM、KNN 等，识别目标域样本特征对应的健康状态。由于经特征分布适配后，目标域样本特征与源域样本特征具有相似的分布，因此源域样本特征所训练的模型诊断决策面同样能够识别目标域的样本特征。

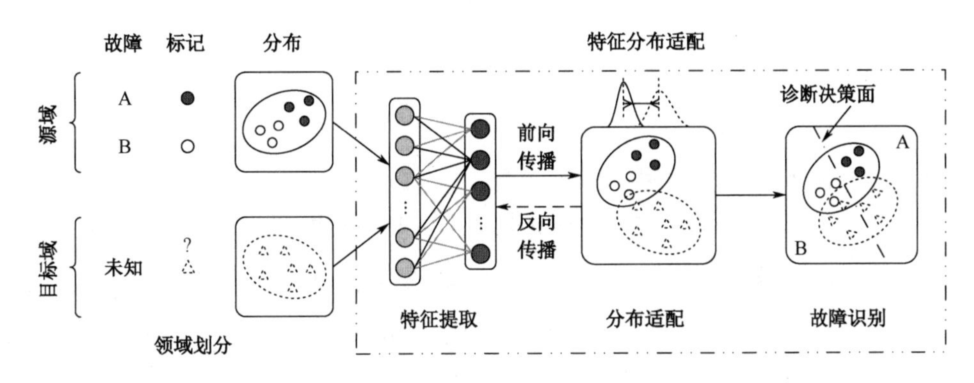

图 4-2 特征分布适配基本原理

4.3.2 基于特征分布适配的迁移智能诊断策略

1. TCA 及其迁移诊断策略

基于 TCA 的迁移诊断策略包括 TCA 特征分布适配与智能诊断模型建立两部分，本节以 SVM 为例构建智能诊断模型。

TCA 特征分布适配的算法核心在于利用 MMD 度量源域与目标域监测数据在同一再生核希尔伯特空间（Reproducing Kernel Hilbert Space，RKHS）中的分布差异。假设源域监测数据集 $X^{\mathrm{s}}=\left\{\left(\boldsymbol{x}_i^{\mathrm{s}},y_i^{\mathrm{s}}\right)\middle|i=1,2,\cdots,n\right\}$ 与目标域监测数据集 $X^{\mathrm{t}}=\left\{\boldsymbol{x}_i^{\mathrm{t}}\middle|i=1,2,\cdots,m\right\}$ 分别服从概率分布 p 和 q，则两者之间的 MMD 可定义为：

$$D_{\mathcal{H}}\left(X^{\mathrm{s}},X^{\mathrm{t}}\right):=\sup_{\Phi\in\mathcal{H}}\left\{E_{X^{\mathrm{s}}\sim p}\Phi\left(\boldsymbol{x}^{\mathrm{s}}\right)-E_{X^{\mathrm{t}}\sim q}\Phi\left(\boldsymbol{x}^{\mathrm{t}}\right)\right\} \tag{4-6}$$

式中，$\sup\{\cdot\}$ 为集合上确界；$\mathcal{H}$ 代表 RKHS；$\Phi(\cdot)$ 为原特征空间至 RKHS 的非线性映射。

式（4-6）的经验估计可表示为：

$$D_{\mathcal{H}}^2\left(X^{\mathrm{s}},X^{\mathrm{t}}\right)=\left\|\frac{1}{2}\sum_{i=1}^{n}\Phi\left(\boldsymbol{x}_i^{\mathrm{s}}\right)-\frac{1}{m}\sum_{j=1}^{m}\Phi\left(\boldsymbol{x}_j^{\mathrm{s}}\right)\right\|_{\mathcal{H}}^2 \tag{4-7}$$

根据 RKHS 中映射函数性质：对于任意 $\boldsymbol{x}\in X$、$\Phi(\cdot)\in\mathcal{H}$，存在 $\Phi(\boldsymbol{x})=\left\langle\Phi(\cdot),k(\cdot,\boldsymbol{x})\right\rangle_{\mathcal{H}}$，且有 $\left\langle\Phi(\boldsymbol{x}),\Phi(\boldsymbol{y})\right\rangle_{\mathcal{H}}=k(\boldsymbol{x},\boldsymbol{y})$，则由式（4-7）可得：

$$D_{\mathcal{H}}^2\left(X^{\mathrm{s}},X^{\mathrm{t}}\right)=\operatorname{trace}(\boldsymbol{KL})=\operatorname{trace}\left(\begin{bmatrix}\boldsymbol{K}_{\mathrm{ss}} & \boldsymbol{K}_{\mathrm{st}}\\ \boldsymbol{K}_{\mathrm{ts}} & \boldsymbol{K}_{\mathrm{tt}}\end{bmatrix}\times\boldsymbol{L}\right) \tag{4-8}$$

式中，$\boldsymbol{K}=\left[K_{i,j}\right]\in\mathbf{R}^{(n+m)\times(n+m)}$，为输入数据的核矩阵，且$K_{i,j}=k\left(\boldsymbol{x}_i,\boldsymbol{x}_j\right)$；$\boldsymbol{L}=\left[L_{i,j}\right]\geqslant 0$，矩阵中各个元素可表示为：

$$L_{i,j}=\begin{cases}\dfrac{1}{n^2}, & \boldsymbol{x}_i,\boldsymbol{x}_j\in X^{\mathrm{s}}\\ \dfrac{1}{m^2}, & \boldsymbol{x}_i,\boldsymbol{x}_j\in X^{\mathrm{t}}\\ -\dfrac{1}{nm}, & \begin{cases}\boldsymbol{x}_i\in X^{\mathrm{s}},\boldsymbol{x}_j\in X^{\mathrm{t}}\\ \boldsymbol{x}_i\in X^{\mathrm{t}},\boldsymbol{x}_j\in X^{\mathrm{s}}\end{cases}\end{cases} \tag{4-9}$$

引入比核矩阵$\boldsymbol{K}$维度低的矩阵$\boldsymbol{W}$，可得：

$$\tilde{\boldsymbol{K}}=\left(\boldsymbol{K}\boldsymbol{K}^{-1/2}\tilde{\boldsymbol{W}}\right)\left(\tilde{\boldsymbol{W}}^{\mathrm{T}}\boldsymbol{K}^{-1/2}\boldsymbol{K}\right)=\boldsymbol{K}\boldsymbol{W}\boldsymbol{W}^{\mathrm{T}}\boldsymbol{K} \tag{4-10}$$

式中，$\boldsymbol{W}=\tilde{\boldsymbol{W}}^{\mathrm{T}}\boldsymbol{K}^{-1/2}\in\mathbf{R}^{(n+m)\times d}$，且$(n+m)>d$。由此，式（4-8）可表示为：

$$D_{\mathcal{H}}^2\left(X^{\mathrm{s}},X^{\mathrm{t}}\right)=\operatorname{trace}\left(\boldsymbol{W}^{\mathrm{T}}\boldsymbol{KLKW}\right) \tag{4-11}$$

TCA通过调整矩阵$\boldsymbol{W}$，最小化源域与目标域数据之间的MMD，达到适配两者特征分布的目的。即优化如下目标函数：

$$\begin{aligned}&\min_{\boldsymbol{W}} \quad \operatorname{trace}\left(\boldsymbol{W}^{\mathrm{T}}\boldsymbol{KLKW}\right)+\mu\cdot\operatorname{trace}\left(\boldsymbol{W}^{\mathrm{T}}\boldsymbol{W}\right)\\ &\text{s.t.} \quad \boldsymbol{W}^{\mathrm{T}}\boldsymbol{KHKW}=\boldsymbol{I}\end{aligned} \tag{4-12}$$

式中，$\boldsymbol{H}=\boldsymbol{I}_{n+m}-1/(n+m)11^{\mathrm{T}}$为中心矩阵。优化后的矩阵$\boldsymbol{W}^{*}\boldsymbol{K}$即为源域与目标域数据在降维特征空间内具有相似分布的迁移特征。获得源域与目标域样本的迁移特征后，利用源域的迁移特征训练SVM智能诊断模型，再运用该模型识别目标域迁移特征对应的健康状态，完成迁移诊断任务。

2. JDA及其迁移诊断策略

由 TCA 特征分布适配的基本原理可知，TCA 能够获得变换矩阵$\boldsymbol{A}$，使$P\left(\boldsymbol{A}^{\mathrm{T}}\boldsymbol{x}^{\mathrm{s}}\right)\approx P\left(\boldsymbol{A}^{\mathrm{T}}\boldsymbol{x}^{\mathrm{t}}\right)$，这虽然适配了源域与目标域迁移特征之间的边缘概率分布，却未考虑特征在条件概率分布上的差异性，即$P\left(y^{\mathrm{s}}\middle|\boldsymbol{A}^{\mathrm{T}}\boldsymbol{x}^{\mathrm{s}}\right)\neq P\left(y^{\mathrm{t}}\middle|\boldsymbol{A}^{\mathrm{T}}\boldsymbol{x}^{\mathrm{t}}\right)$。条件概率分布差异表达了源域与目标域健康标记空间的差异性，健康标记空间不同，则智能诊断模型的跨域迁移将降低目标域样本的诊断精度。为提高源域诊断模型在目标域上的诊断精度，考虑适配源域与目标域样本集之间的联合概率分布，可近似计算为：

$$JD_{\mathcal{H}}\left(X^{\mathrm{s}},X^{\mathrm{t}}\right)=\left\|P\left(\boldsymbol{x}^{\mathrm{s}}\right)-P\left(\boldsymbol{x}^{\mathrm{t}}\right)\right\|^2+\left\|P\left(y^{\mathrm{s}}\middle|\boldsymbol{x}^{\mathrm{s}}\right)-P\left(y^{\mathrm{t}}\middle|\boldsymbol{x}^{\mathrm{t}}\right)\right\|^2 \tag{4-13}$$

由于目标域的智能诊断模型未知，难以拟合并获得准确的条件概率分布$P\left(y^{\mathrm{t}}\middle|\boldsymbol{x}^{\mathrm{t}}\right)$，因

此利用源域样本预训练的智能诊断模型，如SVM诊断模型等，预测目标域样本的伪标记 $\tilde{y}^{\mathrm{t}}$，进而通过估计目标域样本的类条件概率 $P\left(\boldsymbol{x}^{\mathrm{t}}\middle|\tilde{y}^{\mathrm{t}}\right)$，达到逼近其实际条件概率分布的目的。

最后结合MMD度量联合分布差异为：

$$\mathrm{JD}_{\mathcal{H}}\left(X^{\mathrm{s}},X^{\mathrm{t}}\right)=\left\|\frac{1}{n}\sum_{i=1}^{n}\Phi\left(\boldsymbol{x}_i^{\mathrm{s}}\right)-\frac{1}{m}\sum_{j=1}^{m}\Phi\left(\boldsymbol{x}_j^{\mathrm{s}}\right)\right\|_{\mathcal{H}}^2+\sum_{c=1}^{C}\left\|\frac{1}{n^{(c)}}\sum_{\boldsymbol{x}_i^{\mathrm{s}}\in X_{(c)}^{\mathrm{s}}}\Phi\left(\boldsymbol{x}_i^{\mathrm{s}}\right)-\frac{1}{m^{(c)}}\sum_{\boldsymbol{x}_i^{\mathrm{t}}\in X_{(c)}^{\mathrm{t}}}\Phi\left(\boldsymbol{x}_i^{\mathrm{t}}\right)\right\|_{\mathcal{H}}^2 \tag{4-14}$$

式中，$n^{(c)}$为源域数据集中第c类样本的个数；$m^{(c)}$为目标域数据集中第c类样本的个数。

引入核矩阵 $\boldsymbol{K}=\left[K_{i,j}\right]\in\mathbf{R}^{(n+m)\times(n+m)}$ 与低维度矩阵 $\boldsymbol{W}$，式（4-14）可表达为：

$$\mathrm{JD}_{\mathcal{H}}\left(X^{\mathrm{s}},X^{\mathrm{t}}\right)=\sum_{c=0}^{C}\mathrm{trace}\left(\boldsymbol{W}^{\mathrm{T}}\boldsymbol{K}\boldsymbol{M}_c\boldsymbol{K}\boldsymbol{W}\right) \tag{4-15}$$

式中，$\boldsymbol{M}_c=\left[M_{i,j}^{(c)}\right]\geqslant 0$。当$c=0$时，$\boldsymbol{M}_0=\boldsymbol{L}$，如式（4-9）所示；当$c=1,2,\cdots,C$时，有：

$$M_{i,j}^{(c)}=\begin{cases}\dfrac{1}{n^2}, & \boldsymbol{x}_i,\boldsymbol{x}_j\in X_{(c)}^{\mathrm{s}}\\ \dfrac{1}{m^2}, & \boldsymbol{x}_i,\boldsymbol{x}_j\in X_{(c)}^{\mathrm{t}}\\ -\dfrac{1}{nm}, & \begin{cases}\boldsymbol{x}_i\in X_{(c)}^{\mathrm{s}},\boldsymbol{x}_j\in X_{(c)}^{\mathrm{t}}\\ \boldsymbol{x}_i\in X_{(c)}^{\mathrm{t}},\boldsymbol{x}_j\in X_{(c)}^{\mathrm{s}}\end{cases}\end{cases} \tag{4-16}$$

JDA通过调整低维矩阵$\boldsymbol{W}$最小化源域与目标域样本集的联合概率分布差异，其优化目标函数可表示为：

$$\begin{aligned}\min_{\boldsymbol{W}}\quad & \sum_{c=0}^{C}\mathrm{trace}\left(\boldsymbol{W}^{\mathrm{T}}\boldsymbol{K}\boldsymbol{M}_c\boldsymbol{K}\boldsymbol{W}\right)+\lambda\cdot\|\boldsymbol{W}\|_{\mathrm{F}}^2\\ \mathrm{s.t.}\quad & \boldsymbol{W}^{\mathrm{T}}\boldsymbol{K}\boldsymbol{H}\boldsymbol{K}\boldsymbol{W}=\boldsymbol{I}\end{aligned} \tag{4-17}$$

式中，优化后的$\boldsymbol{W}^{*}\boldsymbol{K}$即为源域与目标域样本在降维特征空间内的迁移特征。通过源域的迁移特征$\left\{\left(\left[\boldsymbol{W}^{*}\boldsymbol{K}\right]_{i\times d},y_i^{\mathrm{s}}\right)\middle|i=1,2,\cdots,n\right\}$训练SVM智能诊断模型，再将其用于预测目标域样本的健康标记$\hat{y}_i^{\mathrm{t}}=f_{\mathrm{s}}\left(\left[\boldsymbol{W}^{*}\boldsymbol{K}\right]_{i\times d}\right)$，其中$i=n+1,n+2,\cdots,n+m$，至此，完成迁移诊断任务。

4.3.3 跨装备轴承间的故障迁移智能诊断

下面通过实验室齿轮箱轴承与机车轮对轴承之间的迁移诊断任务说明基于TCA与JDA的迁移诊断策略的应用。

1. 迁移诊断数据集获取

选用的迁移诊断数据集由两部分组成，见表4-5，包括实验室齿轮箱滚动轴承数据集A

与机车轮对轴承数据集 B。

表 4-5　跨装备滚动轴承迁移诊断数据集

数据集	轴承型号	健康状态	样本数	工况
齿轮箱滚动轴承数据集 A	LDK UER204	正常	1 088 (272×4)	转速 1 200 r/min、空载
		内圈故障		
		外圈故障		
		滚动体故障		
机车轮对轴承数据集 B	552732QT	正常	1 088 (272×4)	转速 490 r/min
		内圈擦伤		转速 500 r/min
		外圈擦伤		转速 490 r/min
		滚动体擦伤		转速 530 r/min

数据集 A 来自如图 4-3 所示的多级齿轮传动试验台，该试验台由电动机、定轴齿轮箱、行星齿轮箱和磁粉制动器 4 部分组成。被测轴承共包含 4 种健康状态：正常、内圈故障、外圈故障和滚动体故障，分别安装于定轴齿轮箱中间轴的右端，并通过安装在轴承端盖上的振动传感器获取监测数据。在测试过程中，每种健康状态的样本均在电动机转速为 1 200 r/min、空载、采样频率为 12.8 kHz 的条件下采集。测试结束后，共获得样本 1 088 个，每种健康状态下的样本 272 个，每个样本中包含 1 200 个采样点。

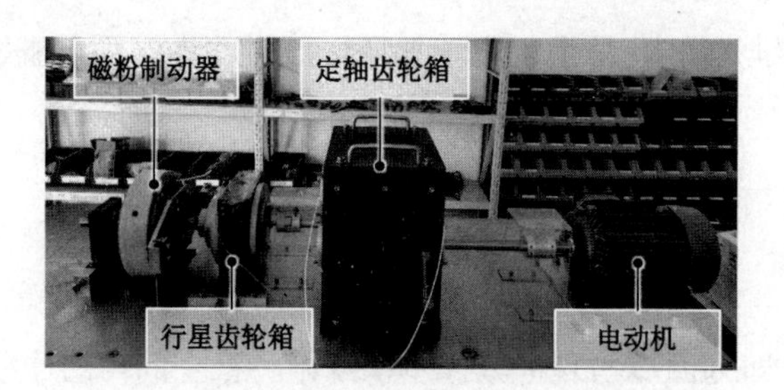

图 4-3　多级齿轮传动试验台

数据集 B 来自第 2 章图 2-12 中的机车轮对轴承测试台架，被测轴承包括 4 种健康状态：正常、内圈擦伤、外圈擦伤和滚动体擦伤。每种健康状态的振动信号均在转速约为 500 r/min、径向负载约 9 800 N 的工况下采集，采样频率为 12.8 kHz。测试结束后，共获得样本 1 088 个，每种健康状态下有样本 272 个，每个样本中包含 1 200 个采样点。

对比数据集 A 与数据集 B 可知，两种被测轴承的物理结构与工作原理相似，因此齿轮箱轴承样本训练的智能诊断模型可迁移运用到机车轮对轴承中。但由于这两种轴承来自不同的装备，两者的振动信号存在显著差异，样本在特征空间中的分布有较大偏差，导致齿

轮箱轴承样本训练的诊断模型对机车轮对轴承样本的诊断精度较低。基于上述轴承振动数据集，构建迁移诊断任务 A→B。在该任务中，数据集 A 被视为源域，其中所有样本的健康标记已知，可通过监督训练的方法训练智能诊断模型，充分学习样本中的诊断知识。数据集 B 被视为目标域，假设其中所有样本的健康标记均未知，是源域智能诊断模型的预测对象。因此，特征分布适配在迁移诊断任务 A→B 上的目标为：适配源域与目标域样本的迁移特征分布，减小跨装备迁移引入的偏差，提高源域诊断模型对目标域样本的诊断精度。

2. 迁移诊断结果

构建源域的 SVM 智能诊断模型，并分别利用 TCA 与 JDA 特征分布适配方法提高 SVM 诊断模型对目标域样本的诊断精度。首先提取源域与目标域振动信号的 11 种时域特征和 13 种频域特征。然后分别基于 TCA 与 JDA 构建特征映射空间，最小化源域与目标域的特征分布差异。其中，TCA 与 JDA 均采用高斯核函数作为 MMD 的核函数，核宽度的取值范围为$\left\{1,10,10^2,\cdots,10^9\right\}$，惩罚因子的取值范围为$\left\{1,10,10^2,\cdots,10^9\right\}$，共特征空间的维数取值范围为$\{2,4,8,16,24\}$。在最佳参数组合下，获得分布相似的源域与目标域迁移特征。最后利用源域的迁移特征训练 SVM 智能诊断模型，并通过该模型识别目标域迁移特征对应的健康状态。值得注意的是，JDA 在训练过程中，先利用 SVM 预测目标域样本的伪标记，再估计类条件概率分布。另选取两种方法进行对比，方法 1 为无特征分布适配的 SVM 诊断模型，其中，高斯核宽度的取值范围为$\left\{1,10,10^2,\cdots,10^9\right\}$，软间隔约束的惩罚因子取值范围为$\left\{1,10,10^2,\cdots,10^9\right\}$。方法 2 为无特征分布适配的 KNN 诊断模型，其中临近数 K 的取值范围为$\{2,4,8,16,32,64,128\}$。在对比实验中，方法 1 与方法 2 均利用源域样本的时域与频域特征训练诊断模型，然后直接在目标域样本上进行测试，诊断结果见表 4-6。

表 4-6 四种方法在迁移诊断任务上的诊断结果对比（%）

数据集	方法 1	方法 2	基于 TCA 的智能诊断模型	基于 JDA 的智能诊断模型
A（源域）	100	100	100	100
B（目标域）	25.09	24.91	62.78	64.61

由表 4-6 可知，当源域样本训练的智能诊断模型直接用于识别目标域样本时，由于源域与目标域的样本分布差异性显著，诊断模型对目标域样本的识别精度很低。相比之下，TCA 与 JDA 通过减小源域与目标域中样本特征的分布差异，提高了源域诊断模型对目标域样本的识别精度，如将 SVM 智能诊断模型（方法 1）的诊断精度由 25.09%分别提高至 62.78%与 64.61%，这在一定程度上实现了实验室轴承诊断知识在机车轴承上的迁移运用。然而，

由于 TCA 与 JDA 中非线性映射的特征变换能力有限，特征分布适配方法在跨装备轴承等差异性显著的迁移诊断任务上的诊断精度仍有待进一步提高。

4.4 多核特征空间适配的深度迁移智能诊断

随着深度学习理论与技术的快速发展，越来越多的研究人员开始关注如何利用深度学习求解迁移学习问题。机器学习领域权威学者Bengio等人研究了深度神经网络的迁移特性，结果表明加深网络层数有助于提取数据的内部特征，深层内部特征的领域独有性是改变网络迁移特性的关键。加州大学伯克利分校 Tzeng 等人在深度 CNN 中嵌入了基于 MMD 的特征适配层，构建了 DDC 网络，缩小了源域与目标域深层特征的分布差异，取得了较浅层特征分布适配方法更高的迁移性能。清华大学龙明盛等人利用 SAE 网络提取源域与目标域数据特征的深层特征，并在网络训练过程中正则化约束适配了源域与目标域深层特征的联合概率分布，提高了模型的迁移性能。

相较于 TCA 与 JDA 等浅层特征分布适配方法，深度迁移学习具有相似的原理：均假设源域 $\mathcal{D}^{s}$ 的数据空间包括若干含标记的样本，目标域 $\mathcal{D}^{t}$ 的数据空间中有极少量甚至无标记样本，在学习非线性映射的基础上，缩小源域与目标域样本特征的分布差异，提高源域分类模型 $f_{s}(\cdot)$ 在目标域上的泛化性能。不同的是，深度迁移学习继承了深度神经网络自适应特征表征的能力，它通过深度神经网络构建非线性映射，提取具有领域独有性的样本深层内部特征，对这类特征的分布进行适配能够提高分类模型 $f_{s}(\cdot)$ 的迁移性能。

本节结合深度学习与迁移学习理论，提出了多核特征空间适配的深度迁移智能诊断方法，该方法首先利用 ResNet 提取源域与目标域监测样本的深层表达，然后利用多核植入的特征分布适配与伪标记学习约束 ResNet 的训练过程，最终形成了深度迁移诊断模型，缩小了源域与目标域监测数据中迁移特征的分布差异，不仅提高了诊断模型的迁移诊断性能，而且克服了基于 MMD 的特征分布适配方法难以确定核函数参数的问题。

4.4.1 多核植入的最大均值差异

MMD 是一种度量两个数据集分布差异的非参数距离评估指标，它通过构建 RKHS，并利用映射函数 $\Phi(\cdot)\in\mathcal{H}$ 将源域特征 Z^{s} 与目标域特征 Z^{t} 从原来各自的特征空间投影至同一 RKHS，并在该空间内度量源域与目标域特征的距离。由式（4-6）可知，在完备的 RKHS 中总存在映射函数 $\Phi^{*}(\cdot)$，使源域与目标域特征之间的均值距离达到集合的最小上界。基于高斯核函数构建 RKHS，则 MMD 的经验估计可表达为：

$$D_{\mathcal{H}}^{2}\left(Z^{\mathrm{s}},Z^{\mathrm{t}}\right)=\frac{1}{n_{\mathrm{s}}^{2}}\sum_{i=1}^{n_{\mathrm{s}}}\sum_{j=1}^{n_{\mathrm{s}}}k\left(z_{i}^{\mathrm{s}},z_{j}^{\mathrm{s}}\right)-\frac{2}{n_{\mathrm{s}}n_{\mathrm{t}}}\sum_{i=1}^{n_{\mathrm{s}}}\sum_{j=1}^{n_{\mathrm{t}}}k\left(z_{i}^{\mathrm{s}},z_{j}^{\mathrm{t}}\right)+\frac{1}{n_{\mathrm{t}}^{2}}\sum_{i=1}^{n_{\mathrm{t}}}\sum_{j=1}^{n_{\mathrm{t}}}k\left(z_{i}^{\mathrm{t}},z_{j}^{\mathrm{t}}\right) \tag{4-18}$$

式中，$k\left(\boldsymbol{z}_{i},\boldsymbol{z}_{j}\right)=\exp\left(-\left\|\boldsymbol{z}_{i}-\boldsymbol{z}_{j}\right\|^{2}/\sigma^{2}\right)$，为高斯核函数，$\sigma$ 为高斯核宽度；n_{s} 与 n_{t} 分别为源域与目标域样本的个数。由式（4-18）可知，MMD 的估计值对核宽度敏感，导致基于 MMD 的特征分布适配的参数难以确定。因此，引入多核植入的高斯核函数，将传统的核参数手动选择问题转化为多核核函数的凸优化问题。假设多核高斯核函数集合为：

$$K:=\left\{\left(\beta_{u},k_{u}\left(\cdot,\cdot\mid\sigma_{u}\right)\right)\middle|\sum_{u=1}^{U}\beta_{u}=1,\beta_{u}\geqslant 0,\forall u=1,2,\cdots U\right\} \tag{4-19}$$

式（4-19）表明：函数集合由 U 个不同核宽度的高斯核函数及其加权系数 β_{u} 组成。因此多核植入的 MMD 为多个高斯核函数输出的凸组合，即：

$$D_{\mathrm{M}\mathcal{H}}^{2}\left(Z^{\mathrm{s}},Z^{\mathrm{t}}\right)=\sum_{u=1}^{U}\beta_{u}D_{\mathcal{H}}^{2}\left(Z^{\mathrm{s}},Z^{\mathrm{t}}\middle|\sigma_{u}\right) \tag{4-20}$$

为使源域与目标域特征在多核 RKHS 中的差异度量值最大，构造如下凸优化问题，求解最优的加权系数集合 $\boldsymbol{\beta}_{u}^{*}=\left\{\beta_{u}^{*}\middle|u=1,2,\cdots,U\right\}$：

$$\begin{aligned}&\boldsymbol{\beta}_{u}^{*}=\underset{\beta_{u}\in\boldsymbol{\beta}_{u}}{\arg\max}\frac{D_{\mathrm{M}\mathcal{H}}^{2}\left(Z^{\mathrm{s}},Z^{\mathrm{t}}\right)}{\sigma_{\mathrm{M}\mathcal{H}}^{2}}\\&\text{s.t.}\quad\sum_{u=1}^{U}\beta_{u}=1,\beta_{u}\geqslant 0\end{aligned} \tag{4-21}$$

式中，$\sigma_{\mathrm{M}\mathcal{H}}^{2}$ 为集合 $\left\{D_{\mathcal{H}}^{2}\left(Z^{\mathrm{s}},Z^{\mathrm{t}}\middle|\sigma_{u}\right)\middle|u=1,2,\cdots U\right\}$ 的方差。将 $\boldsymbol{\beta}_{u}^{*}$ 代入式（4-20）即可得源域与目标域特征的多核植入 MMD。

4.4.2　多核特征空间适配的深度迁移智能诊断模型

多核特征空间适配的深度迁移智能诊断模型由三部分组成：领域共享的 ResNet、多核植入 MMD 的深层特征适配模块及伪标记学习，其结构如图 4-4 所示。

1. 领域共享的 ResNet

领域共享的 ResNet 由输入层、多级残差单元和全连接层组成。在输入层，计算卷积核 $\boldsymbol{k}^{\mathrm{Inp}}$ 与源域、目标域中第 l 个样本 $\boldsymbol{x}_{i}^{\mathcal{D},\mathrm{Inp}}=\left\{\boldsymbol{x}_{i}^{\mathrm{s}},\boldsymbol{x}_{i}^{\mathrm{t}}\right\}$ 的卷积和，可得特征向量：

$$\boldsymbol{x}_{i}^{\mathcal{D},\mathrm{Inp}}=f\left(\boldsymbol{x}_{i}^{\mathcal{D}};\boldsymbol{\theta}^{\mathrm{Inp}}\right)=\sigma_{\mathrm{r}}\left(\boldsymbol{x}_{i}^{\mathcal{D}}*\boldsymbol{k}^{\mathrm{Inp}}+\boldsymbol{b}^{\mathrm{Inp}}\right) \tag{4-22}$$

式中，$\boldsymbol{\theta}^{\mathrm{Inp}}=\left\{\boldsymbol{k}^{\mathrm{Inp}},\boldsymbol{b}^{\mathrm{Inp}}\right\}$，为输入层的待训练参数；$\sigma_{\mathrm{r}}$ 为 ReLU 激活函数。为降低特征维数，减少 ResNet 的待训练参数数量，将特征向量 $\boldsymbol{x}_{i}^{\mathcal{D},\mathrm{Inp}}$ 分割为若干无重叠片段，并返回每个片段中的最大元素，即最大池化，由此可得池化后的特征向量 $\boldsymbol{v}_{i}^{\mathcal{D},\mathrm{Inp}}$。

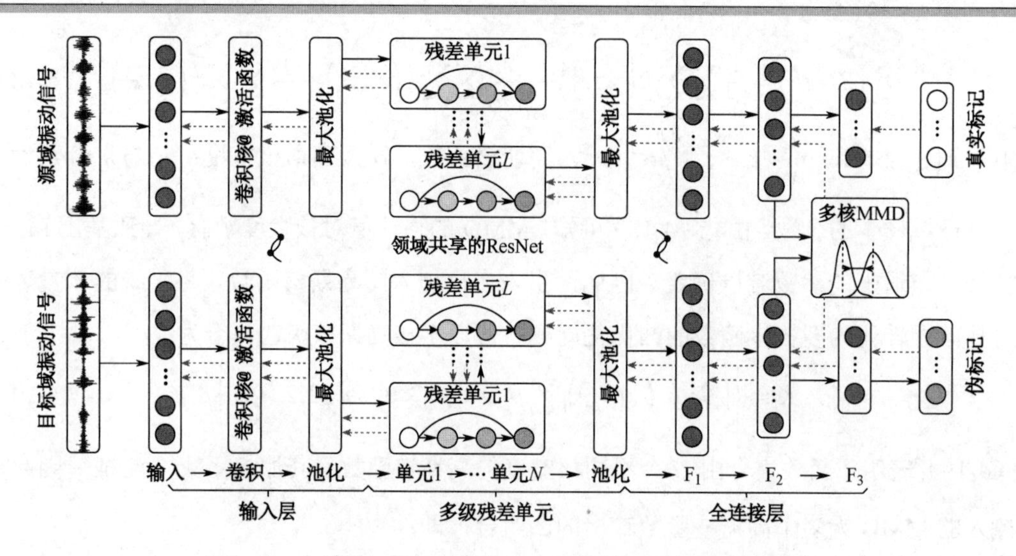

图 4-4 多核特征空间适配的深度迁移智能诊断模型的结构

ResNet 通过堆叠残差单元，提取池化后特征的深层表达。多级残差单元的输出为残差函数与输入特征之和，其中，残差函数由两层卷积层堆叠而成，可表示为：

$$g\left(\boldsymbol{x}_i^{\mathcal{D},l-1};\boldsymbol{\theta}^l\right)=\left[\sigma_{\mathrm{r}}\left(\boldsymbol{x}_i^{\mathcal{D},l-1}*\boldsymbol{k}^{l_1}+\boldsymbol{b}^{l_1}\right)\right]*\boldsymbol{k}^{l_2}+\boldsymbol{b}^{l_2} \tag{4-23}$$

式中，$\boldsymbol{\theta}^l=\left\{\boldsymbol{k}^{l_1},\boldsymbol{b}^{l_1},\boldsymbol{k}^{l_2},\boldsymbol{b}^{l_2}\right\}$为第 l 级残差单元的待训练参数。令 $\boldsymbol{x}_i^{\mathcal{D},0}=\boldsymbol{v}_i^{\mathcal{D},\mathrm{Inp}}$，则第 l 级残差单元的输出可表达为：

$$\boldsymbol{x}_i^{\mathcal{D},l}=\sigma_{\mathrm{r}}\left[g\left(\boldsymbol{x}_i^{\mathcal{D},l-1};\boldsymbol{\theta}^l\right)+\boldsymbol{x}_i^{\mathcal{D},l-1}\right],\quad l=1,2,\cdots,L \tag{4-24}$$

式中，L 为多级残差单元的级数。

获得源域与目标域样本的深层迁移特征 $\boldsymbol{x}_i^{\mathcal{D},L}$ 后，再次将其进行最大池化，并将池化后的特征平铺为一维向量，作为全连接层的输入：

$$\boldsymbol{x}_i^{\mathcal{D},\mathrm{F}_1}=\mathrm{flatten}\left[\mathrm{down}\left(\boldsymbol{x}_i^{\mathcal{D},L},s\right)\right] \tag{4-25}$$

式中，$\mathrm{flatten}(\cdot)$为平铺函数；$\mathrm{down}(\cdot)$为最大池化层下采样函数；s 为无重叠片段的维数。通过全连接层能够将提取的深层迁移特征映射至样本的健康标记空间，其中，全连接层的隐层（F_2）输出为：

$$\boldsymbol{x}_i^{\mathcal{D},\mathrm{F}_2}=h\left(\boldsymbol{x}_i^{\mathcal{D},\mathrm{F}_1};\boldsymbol{\theta}^{\mathrm{F}_2}\right)=\sigma_{\mathrm{s}}\left(\boldsymbol{\omega}^{\mathrm{F}_2}\cdot\boldsymbol{x}_i^{\mathcal{D},\mathrm{F}_1}+\boldsymbol{b}^{\mathrm{F}_2}\right) \tag{4-26}$$

式中，$\boldsymbol{\theta}^{\mathrm{F}_2}=\left\{\boldsymbol{\omega}^{\mathrm{F}_2},\boldsymbol{b}^{\mathrm{F}_2}\right\}$为 F_2 层的待训练参数；σ_{s} 为 Sigmoid 激活函数。在输出层 F_3 中引入 Softmax 函数，预测输入样本在健康标记空间中的概率分布：

$$\boldsymbol{C}_i^{\mathcal{D}} = \left[P\left(\hat{y}_i^{\mathcal{D}} = q \middle| \boldsymbol{x}_i^{\mathcal{D},\mathrm{F}_2}; \boldsymbol{\theta}^{\mathrm{F}_3} \right) \right]_{q=1}^{Q}$$
$$P\left(\hat{y}_i^{\mathcal{D}} = q \middle| \boldsymbol{x}_i^{\mathcal{D},\mathrm{F}_2}; \boldsymbol{\theta}^{\mathrm{F}_3} \right) = \frac{\exp\left(\boldsymbol{\omega}_q^{\mathrm{F}_3} \cdot \boldsymbol{x}_i^{\mathcal{D},\mathrm{F}_2} + \boldsymbol{b}_q^{\mathrm{F}_3} \right)}{\sum_{q=1}^{Q} \exp\left(\boldsymbol{\omega}_q^{\mathrm{F}_3} \cdot \boldsymbol{x}_i^{\mathcal{D},\mathrm{F}_2} + \boldsymbol{b}_q^{\mathrm{F}_3} \right)} \tag{4-27}$$

式中，$P\left(\hat{y}_i^{\mathcal{D}} = q \middle| \boldsymbol{x}_i^{\mathcal{D},\mathrm{F}_2}; \boldsymbol{\theta}^{\mathrm{F}_3} \right)$表示输入样本属于第 q 个健康状态的概率；$\boldsymbol{\theta}^{\mathrm{F}_3} = \left\{ \boldsymbol{\omega}^{\mathrm{F}_3}, \boldsymbol{b}^{\mathrm{F}_3} \right\}$，为 F_3 层的待训练参数。

2. 深层特征适配模块

源域与目标域的样本通过领域共享的 ResNet 处理后，获得深层迁移特征。考虑 F_2 层的迁移特征分布差异会直接影响源域诊断模型对目标域样本的诊断精度，首先利用多核植入的 MMD 度量 F_2 层的迁移特征分布差异，然后更新领域共享 ResNet 的网络参数，最小化迁移特征的分布差异。结合式（4-21），深层特征分布适配的目标函数为：

$$\min_{\boldsymbol{\theta}^{\mathrm{Inp}}, \left\{ \boldsymbol{\theta}^l \middle| l=1,\cdots,L \right\}, \boldsymbol{\theta}^{\mathrm{F}_2}} D_{\mathrm{M}\mathcal{H}}^2 \left(Z^{\mathrm{s}}, Z^{\mathrm{t}} \middle| \boldsymbol{\beta}_u^* \right) = \sum_{u=1}^{U} \beta_u^* D_{\mathcal{H}}^2 \left(Z^{\mathrm{s}}, Z^{\mathrm{t}} \middle| \sigma_u \right) \tag{4-28}$$

3. 伪标记学习

伪标记学习能够为无健康标记的目标域样本赋予伪标记，使该样本能够监督训练诊断模型。伪标记学习由样本标记预测与伪标记生成两部分组成。

由式（4-27）可知，Softmax 函数能够预测目标域样本对应健康标记的概率分布，因此，第 i 个目标域样本的伪标记可表达为：

$$\tilde{\boldsymbol{y}}_i^{\mathrm{t}} = \left[\tilde{y}_1^{\mathrm{t}} \quad \tilde{y}_2^{\mathrm{t}} \quad \cdots \quad \tilde{y}_j^{\mathrm{t}} \quad \cdots \quad \tilde{y}_Q^{\mathrm{t}} \right]$$
$$\tilde{y}_j^{\mathrm{t}} = \begin{cases} 1, & j = \arg\max\limits_{j \in \{1,2,\cdots,Q\}} \boldsymbol{C}_i^{\mathcal{D}} \\ 0, & \text{其余} \end{cases} \tag{4-29}$$

式中，$\tilde{\boldsymbol{y}}_i^{\mathrm{t}}$ 为目标域样本的二值化伪标记。

在利用源域样本监督训练领域共享的 ResNet 的网络参数时，最小化目标域样本的伪标记交叉熵损失，能够缩小目标域样本的类内距离并扩大类间距离，使源域智能诊断模型的决策面能够更好地区分不同健康状态的目标域样本，达到提高模型诊断性能的目的。结合源域样本的交叉熵损失，有如下伪标记学习的目标函数：

$$\min_{\boldsymbol{\theta}} L_{\mathrm{s}} + \alpha L_{\mathrm{t}} = -\frac{1}{n_{\mathrm{s}}} \sum_{i=1}^{n_{\mathrm{s}}} \left(\boldsymbol{y}_i^{\mathrm{s}} \right)^{\mathrm{T}} \ln\left(\boldsymbol{C}_i^{\mathrm{s}} \right) - \alpha \frac{1}{n_{\mathrm{t}}} \sum_{i=1}^{n_{\mathrm{t}}} \left(\tilde{\boldsymbol{y}}_i^{\mathrm{t}} \right)^{\mathrm{T}} \ln\left(\boldsymbol{C}_i^{\mathrm{t}} \right) \tag{4-30}$$

式中，$\boldsymbol{\theta} = \left\{ \boldsymbol{\theta}^{\mathrm{Inp}}, \left\{ \boldsymbol{\theta}^l \middle| l = 1,\cdots,L \right\}, \boldsymbol{\theta}^{\mathrm{F}_2}, \boldsymbol{\theta}^{\mathrm{F}_3} \right\}$ 为领域共享 ResNet 的网络参数；$\boldsymbol{y}_i^{\mathrm{s}}$ 为源域样本的二值化健康标记；α 为伪标记交叉熵损失的惩罚因子。

4. 深度迁移诊断模型的训练

根据式（4-28）与式（4-30）可得深度迁移诊断模型的目标函数为：

$$\min_{\theta} \quad -\frac{1}{n}\sum_{i=1}^{n}\left(\boldsymbol{y}_i^{\mathrm{s}}\right)^{\mathrm{T}}\ln\left(\boldsymbol{C}_i^{\mathrm{s}}\right)-\alpha\frac{1}{n}\sum_{i=1}^{n}\left(\tilde{\boldsymbol{y}}_i^{\mathrm{t}}\right)^{\mathrm{T}}\ln\left(\boldsymbol{C}_i^{\mathrm{t}}\right)+\lambda D_{\mathrm{M}\mathcal{H}}^{2}\left(Z^{\mathrm{s}},Z^{\mathrm{t}}\middle|\boldsymbol{\beta}_u^{*}\right) \qquad (4\text{-}31)$$

式中，n 为最小批训练的样本个数；λ 为深层特征分布适配正则项的惩罚因子。由式（4-31）可知，多核特征空间适配的深度迁移诊断模型的目标函数包含三部分：①最小化源域样本的预测标记与真实标记之间的交叉熵损失，获得领域共享的源域诊断模型；②最小化目标域样本的预测标记与伪标记之间的交叉熵损失，缩小目标域样本特征的类内距离并扩大类间距离；③最小化源域与目标域样本的深层迁移特征分布差异，使源域诊断模型能够识别目标域样本的健康状态。多核特征空间适配的深度迁移诊断模型的训练步骤见表 4-7。

表 4-7　多核特征空间适配的深度迁移诊断模型的训练步骤

输入：源域带健康标记的样本 $\left\{\left(\boldsymbol{x}_i^{\mathrm{s}},y_i^{\mathrm{s}}\right)\middle|i=1,2,\cdots,n_{\mathrm{s}}\right\}$；目标域的无健康标记样本 $\left\{\boldsymbol{x}_i^{\mathrm{t}}\middle|i=1,2,\cdots,n_{\mathrm{t}}\right\}$；惩罚因子 α、λ；多高斯核宽度 $\left\{\sigma_u\middle|u=1,2,\cdots,U\right\}$ 输出：目标域样本的预测健康标记 $\left\{\hat{y}_i^{\mathrm{t}}\middle|i=1,2,\cdots,n_{\mathrm{t}}\right\}$
1. 随机初始化领域共享的 ResNet 的待训练网络参数 $\boldsymbol{\theta}$，多高斯核函数的加权系数初始化为 $\left\{\beta_u=1/U\middle|u=1,2,\cdots,U\right\}$。 2. 当前迭代训练次数 $n\in\{1,2,\cdots,T\}$，或者判断目标函数值的变化大于 ε，依次执行步骤 3～步骤 8。 3. 当前样本的最小批次数为 $j\in 1,2,\cdots,M$，每批源域与目标域样本个数为 n。 4. 执行式（4-22）～式（4-26），提取深层迁移特征。 5. 执行式（4-20），计算多核植入的 MMD。 6. 执行式（4-21），求解多高斯核函数的最优加权系数 $\boldsymbol{\beta}_u^{*}=\left\{\beta_u^{*}\middle|u=1,2,\cdots,U\right\}$。 7. 执行式（4-27）与式（4-29），获得目标域样本的伪标记。 8. 执行式（4-31），利用 Adam 优化算法更新领域共享的 ResNet 的网络参数。 9. 输出目标域样本的预测健康标记 $\left\{\hat{y}_i^{\mathrm{t}}\middle|i=1,2,\cdots,n_{\mathrm{t}}\right\}$。

4.4.3　跨装备轴承间的故障迁移智能诊断

选用如表 4-5 所示的迁移诊断数据集验证多核特征空间适配的深度迁移诊断模型。在实验过程中，领域共享的 ResNet 由输入层、12 级残差单元和全连接层组成，其网络结构参数见表 4-8。其他主要参数设置如下：植入核宽度为 $\left\{10^{-3},10^{-2},10^{-1},1,10,10^{2},10^{3},10^{4}\right\}$ 的多核高斯核函数；惩罚因子 λ 的取值范围为 $\left\{10^{-1},1,10,10^{2},10^{3}\right\}$；惩罚因子 α 的取值范围为 $\left\{0.01,0.05,0.1,0.5,1\right\}$。在最优的惩罚因子组合下，重复实验 20 次，多核特征空间适配的深度迁移诊断模型对目标域样本的诊断精度统计值见表 4-9。该模型在迁移诊断任务上获得的诊断精度为 77.71%，标准差为 3.47%。

表 4-8 领域共享的 ResNet 的网络结构参数

网络层	结构参数	激活函数	输出维数
输入层	/	/	1 200
卷积层	卷积核：128×1×20（零填充）	ReLU	1 200×20
最大池化层	池化系数：2×1	/	600×20
12 级残差单元	卷积核：3×20×20（零填充）	ReLU	600×20
最大池化层	池化系数：2×1	/	300×20
平铺层 F_1	/	/	6 000
全连接层 F2	权值：6 000×256	ReLU	256
输出层 F3	权值：256×4	Softmax	4

另选取三种方法与多核特征空间适配的深度迁移诊断模型进行对比。方法 1 为 ResNet 智能诊断模型，该模型与深度迁移诊断模型具有相同的网络结构参数，不同的是，前者缺少深层特征分布适配模块与伪标记学习，即仅利用源域样本训练智能诊断模型，然后直接在目标域样本上进行测试。方法 2 为基于 TCA 的智能诊断模型，方法 3 为基于 JDA 的智能诊断模型，其中，TCA 与 JDA 算法均采用高斯核函数作为 MMD 的核函数，核宽度的选取范围为$\{1,10,10^2,\cdots,10^9\}$，惩罚因子的选取范围为$\{1,10,10^2,\cdots,10^9\}$，共特征空间的维数选取范围为$\{2,4,8,16,24\}$，在最优参数组合下，适配源域与目标域样本的时域与频域特征分布，最后利用源域样本特征训练的 SVM 诊断模型识别目标域样本特征的健康状态。三种对比方法的统计结果见表 4-9。

表 4-9 四种方法在迁移诊断任务上的迁移诊断结果对比

诊断方法	输入	结构	诊断精度/%
方法 1	原始振动信号	ResNet	27.55±3.13
方法 2	时域与频域特征	TCA+SVM	62.78±0.00
方法 3	时域与频域特征	JDA+SVM	64.61±0.00
多核特征空间适配的深度迁移诊断模型	原始振动信号	ResNet+多核植入 MMD+伪标记学习	77.71±3.47

由表 4-9 可知，方法 1 虽然自动地表征了源域与目标域振动信号的深层特征，但由于样本从不同装备的滚动轴承上采集，源域与目标域的深层特征之间存在显著的分布差异，这导致源域样本训练的智能诊断模型对目标域样本的诊断精度仅有 27.55%，明显低于多核特征空间适配的深度迁移诊断模型。方法 2 与方法 3 人工提取了源域与目标域样本的时域与频域特征，并适配了特征分布，因此提高了源域智能诊断模型对目标域样本的诊断精度，获得的诊断精度分别为 62.78%与 64.61%，但由于难以深层表征特征，提取的特征缺乏领

域独有性，导致这两种智能诊断模型的迁移性能有限。多核特征空间适配的深度迁移诊断模型不仅继承了 ResNet 网络自动从源域与目标域原始振动信号中表征深层特征的能力，而且能够缩小深层迁移特征之间的分布差异，表现出较浅层特征分布适配方法更好的迁移性能，验证了深度迁移智能诊断方法的优越性。

4.5 特征分布对抗适配的深度迁移智能诊断

生成对抗网络（Generative Adversarial Network，GAN）是一种非监督式学习方法，自 2014 年提出以来，备受人们关注，并成为当前机器学习领域的研究热点，已经在计算机视觉等领域取得了成功的应用。GAN 能够混淆生成数据与真实数据的分布情况，这为解决迁移学习问题提供了新的思路。俄罗斯斯科尔科沃科技学院 Ganin 等人在深度神经网络训练中引入了对抗机制，提出了 DANN，该网络通过对抗机制训练特征提取器与判别器，使提取的源域与目标域样本特征差异无法被判别器察觉，达到适配特征分布的目的。加州大学伯克利分校 Tzeng 等人针对源域与目标域之间具有较大偏差的迁移学习任务，提出了 ADDA 网络，为利用 GAN 解决迁移学习问题提供了通用框架。本节结合 GAN 与深度特征分布适配方法，提出了特征分布对抗适配的深度迁移智能诊断方法，该方法在源域与目标域的样本特征分布适配中加入了对抗机制，同时缩小了深层迁移特征的 MMD 与 Jensen-Shannon（JS）散度，提高了迁移诊断模型的性能，解决了目标域样本无健康标记下的故障迁移诊断问题。

4.5.1 生成对抗网络基本原理

GAN 是一种基于博弈论中二人零和博弈思想的无监督式深度学习模型，包含生成器与判别器两部分。其中，生成器能够根据噪声或其他数据生成一系列虚假样本；判别器为简单的二值分类模型，用以判断输入样本的真伪。通过对抗机制交替训练生成器与判别器，能够使判别器难以区分虚假样本与真实样本之间的差异性。

迁移学习任务中包含源域与目标域两组数据，假设目标域的数据为虚假样本，而源域数据为真实样本。首先构建领域共享的深度神经网络，即生成器，提取源域与目标域样本中的深层特征。然后建立判别器网络，识别源域与目标域深层特征的差异性。最后通过对抗训练机制，使判别器无法区分源域特征与目标域特征的差异。GAN 对抗训练的目标函数为：

$$\min_{\theta_g}\max_{\theta_d} V(G,D)=E_{z\sim P_s}\left[\log D\left(z|\theta_d\right)\right]+E_{z\sim P_t}\left[\log\left(1-D\left(z|\theta_d\right)\right)\right] \tag{4-32}$$

式中，$z=G\left(x|\theta_g\right)$，为生成器 $G(\cdot)$ 从源域与目标域样本中提取的深层特征，且网络参数为 θ_g；$D(\cdot)$ 为判别器，网络参数为 θ_d；P_s 与 P_t 分别为源域与目标域样本特征的概率密度函数。为分析生成对抗网络的基本原理，将式（4-32）所示的目标函数转化为：

$$\begin{aligned}V(G,D)&=\int_z P_s(z)\cdot\log D(z)\mathrm{d}z+\int_z P_t(z)\cdot\log\left(1-D(z)\right)\mathrm{d}z\\&=\int_z\left[P_s(z)\cdot\log D(z)+P_t(z)\cdot\log\left(1-D(z)\right)\right]\mathrm{d}z\\&=\int_z\tilde{V}(z)\mathrm{d}z\end{aligned} \tag{4-33}$$

交替训练生成器与判别器时，首先最大化式（4-33）以更新判别器参数 θ_d，然后在最优判别器的条件下，最小化式（4-33）更新生成器参数 θ_g，并生成虚假样本。

当固定生成器的网络参数 θ_g 时，最优判别器的参数即为：

$$\theta_d^*=\arg\max_{\theta_d}\tilde{V}(z) \tag{4-34}$$

当 $\partial\tilde{V}(z)/\partial\theta_d=0$ 时，有：

$$\frac{\partial D(z)}{\partial\theta_d}\left[P_s(z)\cdot\frac{1}{D(z)}+P_t(z)\cdot\frac{1}{1-D(z)}\right]_{\theta_d=\theta_d^*}=0 \tag{4-35}$$

因此，最优判别器的输出可表达为：

$$D^*(z)=\frac{P_s(z)}{P_s(z)+P_t(z)} \tag{4-36}$$

由式（4-36）可知：当固定生成器参数时，最优判别器的输出描述了真实样本分布与虚假样本分布之间的关系，能够指导生成器逐渐生成与真实样本分布相似的虚假样本。将式（4-36）代入式（4-32），可得最优判别器下生成器的优化目标函数为：

$$\begin{aligned}\min_{\theta_g}V\left(G,D^*\right)&=\int_z\left(P_s\cdot\log D^*(z)+P_t\cdot\log\left(1-D^*(z)\right)\right)\mathrm{d}z\\&=\int_z\left(P_s\cdot\log\frac{P_s(z)}{P_s(z)+P_t(z)}+P_t\cdot\log\left(1-\frac{P_s(z)}{P_s(z)+P_t(z)}\right)\right)\mathrm{d}z\\&=2D_{\mathrm{JS}}\left(P_s\|P_t\right)-2\log 2\end{aligned} \tag{4-37}$$

式中，$D_{\mathrm{JS}}\left(P_s\|P_t\right)$ 表示 P_s 与 P_t 的 JS 散度。综上所述，GAN 的训练机制可分为两步：首先，固定生成器参数，以最大化对抗损失函数为目标更新判别器的参数，使对抗损失函数能够逼近真实样本分布与虚假样本分布之间的 JS 散度；然后，固定判别器参数，以最小化对抗损失函数为目标更新生成器参数，缩小真实样本分布与虚假样本分布之间的 JS 散度，以达到特征分布适配的目的。最后，交替执行前两步，使虚假样本的分布逐渐接近于真实样本的分布。

4.5.2 特征分布对抗适配的深度迁移智能诊断模型

基于 GAN 的迁移诊断模型本质上能够缩小源域与目标域深层特征之间的 JS 散度。然而，当源域与目标域样本之间存在较大差异时，JS 散度趋于常数，导致生成器网络参数更新的梯度消失，使之无法继续从源域与目标域样本中提取具有相似分布的深层迁移特征。为解决这一问题，构建特征分布对抗适配的深度迁移智能诊断模型，如图 4-5 所示。该模型由领域共享的深层 CNN、特征分布适配模块与领域判别器三部分组成。

1. 领域共享的深层 CNN

领域共享的深层 CNN 能够直接从源域与目标域的原始振动信号中提取深层迁移特征。假设深层 CNN 为 $f\left(\cdot\middle|\boldsymbol{\theta}\right)=\left\{\varPhi\left(\cdot\middle|\boldsymbol{\theta}_{\mathrm{F}}\right),h_{\mathrm{c}}\left(\cdot\middle|\boldsymbol{\omega}_{\mathrm{c}}\right)\right\}$，其中，$f:X\mapsto\varUpsilon$ 构建了样本空间至健康标记空间的非线性映射，网络参数为 $\boldsymbol{\theta}=\left\{\boldsymbol{\theta}_{\mathrm{F}},\boldsymbol{\omega}_{\mathrm{c}}\right\}$；$\varPhi:X\mapsto T$ 为特征提取网络，构建了样本空间至深层特征空间 T 的非线性映射，网络参数为 $\boldsymbol{\theta}_{\mathrm{F}}$；$h_{\mathrm{c}}:T\mapsto\varUpsilon$ 为健康状态识别网络，网络参数为 $\boldsymbol{\omega}_{\mathrm{c}}$。给定源域与目标域的样本 $X_{\mathrm{Inp}}^{\varPhi}=\left\{\left(\boldsymbol{x}_i^{\mathrm{s}},\boldsymbol{x}_j^{\mathrm{t}}\right)\middle|i=1,\cdots n,j=1,\cdots,m\right\}$，通过逐层特征表征，可得深层迁移特征，即 F_2 层特征 $X_{\mathrm{F}_2}^{\varPhi}=\left\{\left(\varPhi\left(\boldsymbol{x}_i^{\mathrm{s}}\right),\varPhi\left(\boldsymbol{x}_j^{\mathrm{t}}\right)\right)\middle|i=1,\cdots,n,j=1,\cdots,m\right\}$。源域样本含有健康标记，可监督训练深层 CNN，损失函数为：

$$L_{\mathrm{c}}=\sum_{i=1}^{n}J_{\mathrm{c}}\left[\boldsymbol{\omega}_{\mathrm{c}}^{\mathrm{T}}\cdot\varPhi\left(\boldsymbol{x}_i^{\mathrm{s}}\right),y_i^{\mathrm{s}}\right] \tag{4-38}$$

式中，$J_{\mathrm{c}}(\cdot,\cdot)$ 为交叉熵损失函数。

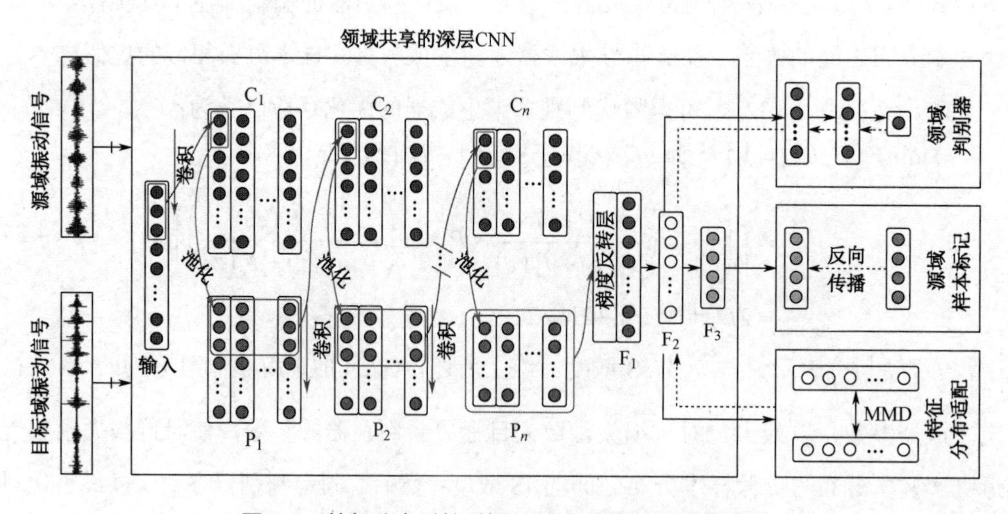

图 4-5 特征分布对抗适配的深度迁移智能诊断模型

2. 特征分布适配模块

利用高斯核植入的 MMD 估计 F_2 层的迁移特征分布差异为：

$$\begin{aligned} D_{\mathcal{H}}^2\left(X_{F_2}^{s}, X_{F_2}^{t}\right) = & \frac{1}{n}\sum_{i=1}^{n}\sum_{j=1}^{n} k\left[\Phi\left(\boldsymbol{x}_i^{s}\right), \Phi\left(\boldsymbol{x}_j^{s}\right)\right] - \frac{2}{nm}\sum_{i=1}^{n}\sum_{j=1}^{m} k\left[\Phi\left(\boldsymbol{x}_i^{s}\right), \Phi\left(\boldsymbol{x}_j^{t}\right)\right] \\ & + \frac{1}{m}\sum_{i=1}^{n}\sum_{j=1}^{m} k\left[\Phi\left(\boldsymbol{x}_i^{t}\right), \Phi\left(\boldsymbol{x}_j^{t}\right)\right] \end{aligned} \tag{4-39}$$

式中，$k(\cdot,\cdot)$ 为高斯核函数。

3. 领域判别器

领域判别器由简单的多隐层神经网络构成。其中，网络输入为提取的 F_2 层迁移特征；输出层仅包含单个神经元，用于判断输入的迁移特征是否来自源域或目标域。当输出趋于 1 时，说明输入的迁移特征来自源域；反之，则来自目标域。

根据式（4-38）可得领域判别器的损失函数为：

$$L_{adv} = -\frac{1}{n}\sum_{i=1}^{n}\log D\left(\Phi\left(\boldsymbol{x}_i^{s}\right)\middle|\boldsymbol{\theta}_d\right) - \frac{1}{m}\sum_{i=1}^{m}\log\left(1 - D\left(\Phi\left(\boldsymbol{x}_i^{t}\right)\middle|\boldsymbol{\theta}_d\right)\right) \tag{4-40}$$

基于式（4-40）更新网络参数时需要注意：领域判别器的训练目标为最大化损失函数 L_{adv}，而领域共享的深层 CNN 的训练目标为最小化损失函数 L_{adv}，即判别器网络参数 $\boldsymbol{\theta}_d$ 与深层特征提取网络参数 $\boldsymbol{\theta}_F$ 沿相反的梯度方向更新。因此，在深层 CNN 的全连接层 F_1 之前增加梯度反转层，系数为 R，当网络正向传播时，$R = 1$，不改变迁移特征的大小；当误差反向传播更新网络参数时，$R = -1$，使损失函数 L_{adv} 产生的梯度在更新深层 CNN 参数时反向。

4. 目标函数

由式（4-38）～式（4-40）可得深度迁移诊断模型的损失函数为：

$$L = L_c + \lambda \cdot D_{\mathcal{H}}^2\left(X_{F_2}^{s}, X_{F_2}^{t}\right) + \mu \cdot L_{adv} \tag{4-41}$$

式中，λ 为特征分布适配的惩罚因子；μ 为领域判别器训练的惩罚因子。

基于误差反向传播算法，更新网络参数为：

$$\boldsymbol{\theta}_F \leftarrow \boldsymbol{\theta}_F - \eta\frac{\partial L}{\partial \boldsymbol{\theta}_F},\ \boldsymbol{\omega}_c \leftarrow \boldsymbol{\omega}_c - \eta\frac{\partial L_c}{\partial \boldsymbol{\omega}_c},\ \boldsymbol{\theta}_d \leftarrow \boldsymbol{\theta}_d - \eta\frac{\partial L_{adv}}{\partial \boldsymbol{\theta}_d} \tag{4-42}$$

式中，η 为学习率。

4.5.3 跨工况与跨装备故障迁移智能诊断

下面通过跨工况迁移故障诊断与跨装备迁移故障诊断验证特征分布对抗适配的深度迁移诊断模型。

1. 数据介绍

选用的迁移诊断数据集由三部分组成，见表 4-10，包括电动机轴承数据集 A、电动机轴承数据集 B 与机车轮对轴承数据集 C。其中，数据集 A 与 B 选自美国凯斯西储大学的电动机滚动轴承公开数据集。被测轴承共包含 4 种健康状态：正常、内圈故障、外圈故障和滚动体故障，三种故障的损伤直径为 0.36 mm。在测试过程中，采样频率设置为 12 kHz。值得注意的是，数据集 A 与 B 分别在电动机转速为 1 797 r/min 与 1 730 r/min 的工况下采集，测试结束后，每种健康状态下获得样本 240 个，每个样本包含 1 200 个采样点。数据集 C 来自第 2 章图 2-12 中的机车轴承测试台架，被测轴承包括 4 种健康状态：正常、内圈擦伤、外圈擦伤和滚动体损伤。每种健康状态的振动信号均在转速约为 500 r/min、径向负载约 9 800 N 的工况下采集，采样频率为 12.8 kHz。测试结束后，共获得样本 960 个，每种健康状态下的样本 240 个，每个样本中包含 1 200 个采样点。

表 4-10　三种电动机滚动轴承数据集

数据集	轴承型号	健康状态	样本数	工况
电动机轴承数据集 A	SKF6205-2RS	正常	960 (240×4)	转速 1 797 r/min
		内圈故障		
		外圈故障		
		滚动体故障		
电动机轴承数据集 B	SKF6205-2RS	正常	960 (240×4)	转速 1 730 r/min
		内圈故障		
		外圈故障		
		滚动体故障		
机车轮对轴承数据集 C	552732QT	正常	960 (240×4)	转速 490 r/min
		内圈擦伤		转速 500 r/min
		外圈损伤		转速 480 r/min
		滚动体擦伤		转速 530 r/min

根据表 4-10 中的滚动轴承数据集，可构建两个迁移诊断任务 A→B 与 A→C，其中任务 A→B 模拟了同一滚动轴承的诊断知识在不同工况之间的迁移，任务 A→C 模拟了跨装备轴承迁移故障诊断。在这两个迁移诊断任务中，数据集 A 被视为源域，其中所有样本的健康状态均已知；数据集 B 与 C 被视为目标域，假设其中样本的健康状态在诊断模型训练过程中未知。通过上述设定，构建的深度诊断模型作用于任务 A→B 与 A→C 的目标是：利用深层网络结构从源域与目标域样本中自适应地表征深层迁移特征，然后缩小深层迁移特征之间的分布差异，使源域样本训练的智能诊断模型能够识别目标域样本的健康状态。

2. 迁移诊断结果

使用图 4-5 所示的深度迁移智能诊断模型。其中，领域共享的深层 CNN 由 4 层卷积层、最大池化层与 3 层全连接网络堆叠构成，网络结构参数见表 4-11；特征分布适配模块由高斯核函数植入的 MMD 构成，高斯核宽度为 10^3；领域判别器由三层全连接网络构成。如表 4-12 所示，特征分布对抗适配的深度迁移诊断模型能够从源域与目标域的原始振动信号中提取深层迁移特征，同时缩小了深层迁移特征之间的 MMD 与 JS 散度，使源域样本训练的诊断模型在目标域数据集 B 与 C 上分别获得了 99.89%与 90.42%的诊断精度。

表 4-11 领域共享的深层 CNN 的网络结构参数

网络层	结构参数	激活函数	输出维数
输入层	/	/	1 024
卷积层 C_1	卷积核：129×1×48	ReLU	896×48
池化层 P_1	池化系数：2×1	/	448×48
卷积层 C_2	卷积核：65×48×64	ReLU	384×64
池化层 P_2	池化系数：2×1	/	192×64
卷积层 C_3	卷积核：17×64×80	ReLU	176×80
池化层 P_3	池化系数：2×1	/	88×80
卷积层 C_4	卷积核：5×80×96	ReLU	84×96
池化层 P_4	池化系数：2×1	/	42×96
平铺层 F_1	/	/	4 032
全连接层 F_2	权值：4 032×512	ReLU	512
输出层 F_3	权值：512×4	Softmax	4

另选取四种方法与特征分布对抗适配的深度迁移诊断模型进行对比。方法 1 为基于深层 CNN 的智能诊断模型，该模型直接利用源域样本进行训练，然后在目标域样本上测试。该方法在目标域数据集 B 与 C 上的诊断精度分别为 98.23%与 67.29%，该诊断精度低于特征分布对抗适配的深度迁移诊断模型，验证了特征分布对抗适配模块的有效性。方法 2 与方法 3 分别为基于 TCA 与 JDA 的智能诊断模型，这两种方法首先提取了源域与目标域样本的时域与频域特征，然后通过简单的非线性变换，提取具有相似分布的迁移特征。选用高斯核函数建立特征映射空间，且核宽度的取值范围为 $\{1,10,10^2,\cdots,10^9\}$，然后利用 SVM 诊断模型实现样本健康状态识别。由于无法提取迁移特征的深层表达，方法 2 与方法 3 在给定迁移诊断任务上的诊断精度明显低于特征分布对抗适配的深度迁移诊断模型。方法 4 为基于 DDC 的深度迁移诊断模型，与特征分布对抗适配的深度迁移诊断模型相比，该模型缺少对抗机制，仅利用特征分布适配模块缩小了深层迁移特征的 MMD，因此，给定任务 A

→B 与 A→C 分别获得了 99.79%与 88.65%的诊断精度，低于特征分布对抗适配的深度迁移诊断模型。对比两个迁移诊断任务 A→B 与 A→C 可发现，给定的五种方法在跨装备迁移诊断任务上的作用效果均劣于跨工况迁移诊断任务，说明源域与目标域的相似性是保证迁移诊断的必要因素，相似性越高，迁移诊断模型的性能越高，反之则越低。

表 4-12　五种方法在迁移诊断任务 A→B 与 A→C 上的诊断结果对比（%）

方法	输入	结构	A→B	A→C
方法 1	原始振动信号	12 层 CNN	98.23	67.29
方法 2	时域与频域特征	TCA+SVM	85.63	52.39
方法 3	时域与频域特征	JDA+SVM	86.04	53.75
方法 4	原始振动信号	12 层 CNN+特征分布适配	99.79	88.65
特征分布对抗适配的深度迁移诊断模块	原始振动信号	12 层 CNN+特征分布适配+对抗机制	99.89	90.42

为直观地分析特征分布对抗适配的深度迁移诊断模块的有效性，利用 t-SNE 分别将上述五种方法获得的源域与目标域迁移特征降维映射至二维平面。以迁移诊断任务 A→C 为例，绘制的迁移特征的分布散点如图 4-6 所示。通过观察源域与目标域特征之间的相似性可知，方法 1 由于缺少特征分布适配功能，获得的源域与目标域特征之间存在较大的分布差异，如图 4-6（a）所示。方法 2 与方法 3 作为浅层特征分布适配方法，仅利用简单的非线性变换提取迁移特征，并缩小特征分布差异，但由于模型的非线性拟合能力不足，无法获得深层特征，导致特征分布的适配性能有限，甚至弱于方法 1，如图 4-6（b）与图 4-6（c）所示。这在另一方面也表明深度智能诊断通过表征深层迁移特征，在一定程度上缩小了特征分布之间的差异，有助于提高模型的迁移性能。方法 4 在无迁移特性的深度智能诊断模型训练过程中，施加特征分布适配约束，减小了迁移特征的 MMD，如图 4-6（d）所示，特征之间的相似性明显提升，使源域样本训练的智能诊断模型对目标域样本有效，达到了故障诊断知识跨装备迁移运用的目的。特征分布对抗适配的深度迁移诊断模块在特征分布适配中加入了对抗机制，同时缩小了迁移特征的 MMD 与 JS 散度，如图 4-6（e）所示，其特征分布的相似程度比方法 4 更高，说明对抗机制能够提升特征分布的适配性能，进而提高源域诊断模型对目标域样本的诊断精度。

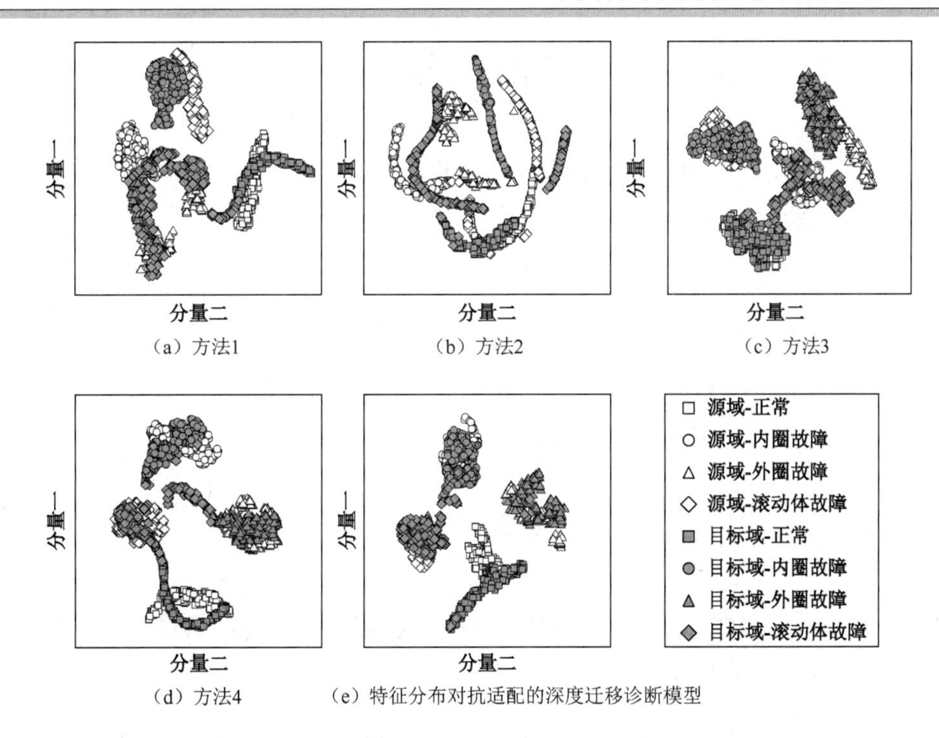

图 4-6 迁移诊断任务 A→C 中迁移特征的分布散点

本章小结

本章将高端装备故障迁移诊断任务划分为同装备迁移诊断任务和跨装备迁移诊断任务，并围绕这两大类任务阐述了四种迁移智能诊断方法及其应用。首先，基于 TrAdaboost 算法介绍了实例加权的迁移智能诊断方法，通过源域样本自适应加权机制，筛选出源域数据中与目标域样本相似性高的样本，辅助训练目标域的智能诊断模型，提高了模型的诊断精度，实现了诊断知识的同装备/跨工况迁移。然后，针对源域与目标域差异性较大的跨装备迁移诊断任务，给出了基于特征分布适配的迁移智能诊断方法，利用 TCA、JDA 等浅层特征分布适配方法，缩小了源域与目标域样本特征的分布差异，提高了源域智能诊断模型对目标域样本的诊断精度，在一定程度上实现了诊断知识的跨装备迁移。之后，结合深度学习与迁移学习理论，阐述了多核特征空间适配的深度迁移智能诊断方法，利用深度网络自适应表征了源域与目标域样本的深层内部特征，度量并缩小了深层特征之间的多核植入 MMD，不仅克服了传统 MMD 方法核参数不易确定的问题，而且极大地提高了诊断知识跨装备迁移时的诊断精度。最后，介绍了特征分布对抗适配的深度迁移智能诊断方法，在源域与目标域样本的深层特征分布适配中引入了对抗机制，缩小了特征的 MMD 与 JS 散度，进一步提高了深度迁移诊断模型在跨装备迁移诊断任务上的性能。

习　题

1．工程实际中，影响智能诊断模型应用效果的因素有哪些？

2．对比迁移智能诊断与浅层、深层智能诊断有何异同？

3．简述迁移智能诊断的目标与任务类型有哪些。

4．列举常用迁移智能诊断方法，并简述其基本原理。

5．通过 Pytorch/TensorFlow 编写基于最大均值差异的迁移智能诊断模型，并在美国凯斯西储大学的轴承公开数据集上验证模型的跨工况迁移诊断性能。

参考文献

[1] 雷亚国，杨彬，杜兆钧，等．大数据下机械装备故障的深度迁移诊断方法[J]．机械工程学报，2019，55(7)：1-8.

[2] 中国人工智能学会．中国机器学习白皮书[EB/OL]．http://www.caai.cn/index.php?s=/Home/File/download/id/24.html, 2016-01-09.

[3] PAN S J, YANG Q. A survey on transfer learning[J]. IEEE Transactions on Knowledge and Data Engineering, 2010, 22(10): 1345-1359.

[4] YANG B, LEI Y, JIA F, et al. An intelligent fault diagnosis approach based on transfer learning from laboratory bearings to locomotive bearings[J]. Mechanical Systems and Signal Processing, 2019, 122: 692-706.

[5] LEI Y, YANG B, JIANG X, et al. Applications of machine learning to machine fault diagnosis: A review and roadmap[J]. Mechanical Systems and Signal Processing, 2020, 138: 106587.

[6] HUANG J, SMOLA A J, GRETTON A, et al. Correcting sample selection bias by unlabeled data[C]//Advances in Neural Information Processing Systems in Vancouver, Canada, December 3-6, 2007: 601-608.

[7] SUGIYAMA M, NAKAJIMA S, KASHIMA H, et al. Direct importance estimation with model selection and its application to covariate shift adaptation[C]//Advances in Neural Information Processing Systems in Vancouver and Whistler, Canada, December 8-13, 2008: 1433-1440.

[8] DAI W, YANG Q, XUE G, et al. Boosting for transfer learning[C]//International Conference on Machine learning in Corvallis, USA, June 20-24, 2007: 193-200.

[9] 戴文渊．基于实例和特征的迁移学习算法研究[D]．上海：上海交通大学，2009.

[10] 龙明盛．迁移学习问题与方法研究[D]．北京：清华大学，2014.

[11] BLITZER J, MCDONALD R, PEREIRA F. Domain adaptation with structural correspondence learning[C]//Empirical Methods in Natural Language Processing in Sydney, Australia, July 22-23, 2006: 120-128.

[12] PAN S J, TSANG I W, KWOK J T, et al. Domain adaptation via transfer component analysis[J]. IEEE Transactions on Neural Networks, 2010, 22(2): 199-210.

[13] LONG M, WANG J, DING G, et al. Transfer feature learning with joint distribution adaptation [C]//IEEE International Conference on Computer Vision in Sydney, Australia, December 1-8, 2013: 2200-2207.

[14] GRETTON A, BORGWARDT K, RASCH M, et al. A kernel method for the two-sample-problem [C]//Advances in Neural Information Processing Systems in Vancouver, Canada, December 4-7, 2006: 513-520.

[15] YOSINSKI J, CLUNE J, BENGIO Y, et al. How transferable are features in deep neural networks[C]//Advances in neural information processing systems in Kuching, Malaysis, November 3-6, 2014: 3320-3328.

[16] TZENG E, HOFFMAN J, ZHANG N, et al. Deep domain confusion: Maximizing for domain invariance[J]. arXiv preprint arXiv:1412.3474, 2014.

[17] LONG M, WANG J, CAO Y, et al. Deep learning of transferable representation for scalable domain adaptation[J]. IEEE Transactions on Knowledge and Data Engineering, 2016, 28(8): 2027-2040.

[18] GRETTON A, SEJDINOVIC D, STRATHMANN H, et al. Optimal kernel choice for large-scale two-sample tests[C]//Advances in neural information processing systems in Lake Tahoe, USA, December 3-6, 2012: 1205-1213.

[19] LEE D H. Pseudo-label: The simple and efficient semi-supervised learning method for deep neural networks[C]//International Conference on Machine Learning Workshop on Challenges in Representation Learning in Atlanta, USA, June 16-21, 2013.

[20] CRESWELL A, WHITE T, DUMOULIN V, et al. Generative adversarial networks: An overview[J]. IEEE Signal Processing Magazine, 2018, 35(1): 53-65.

[21] GANIN Y, USTINOVA E, AJAKAN H, et al. Domain-adversarial training of neural networks[J]. The Journal of Machine Learning Research, 2016, 17(1): 2096-2030.

[22] TZENG E, HOFFMAN J, SAENKO K, et al. Adversarial discriminative domain adaptation [C] //IEEE Conference on Computer Vision and Pattern Recognition in Honolulu, USA, July 21-26, 2017: 7167-7176.

[23] GOODFELLOW I, POUGET-ABADIE J, MIRZA M, et al. Generative adversarial nets [C]//Advances in Neural Information Processing Systems in Montreal Convention Center, Montreal, Canada, December 8-11, 2014: 2672-2680.

[24] ARJOVSKY M, CHINTALA S, BOTTOU L. Wasserstein GAN[J]. arXiv preprint arXiv: 1701. 07875, 2017.

[25] GUO L, LEI Y, XING S, et al. Deep convolutional transfer learning network: A new method for intelligent fault diagnosis of machines with unlabeled data[J]. IEEE Transactions on Industrial Electronics, 2018, 66(9): 7316-7325.

第 5 章

数据驱动的高端装备剩余寿命预测

前面的内容着重阐述了高端装备故障智能诊断问题，在诊断出装备的故障后，就需要预测其剩余寿命，实现预测性维护。装备剩余寿命预测根据装备历史服役记录、运行工况、服役环境及材料特性等信息，结合实时状态监测数据，预测装备由当前健康状态退化到完全失去服役能力的时长。作为预测性维护的关键环节与技术难点，剩余寿命预测结果的准确与否直接关系维护策略的成败。如果预测结果大于真实剩余寿命，则无法对装备进行及时维护，导致事故发生；反之，提前维护则会使零部件还未满“服役期”就提前“退役”，造成资源浪费。因此，对装备进行预测性维护就如看方抓药，只有全面掌握了装备的健康状态，对其剩余寿命进行准确预测，才能对症下药，取得药到病除的效果。根据方法原理的不同，现有的剩余寿命预测方法主要分为两类：基于物理模型的剩余寿命预测方法和数据驱动的剩余寿命预测方法。基于物理模型的剩余寿命预测方法通过研究装备失效机理，建立装备衰退过程的数学物理模型，预测装备的剩余寿命。数据驱动的剩余寿命预测方法借助随机过程、机器学习等理论与方法，从监测数据中表征装备的退化信息，进而构建数据与剩余寿命之间的映射关系，实现装备剩余寿命预测。基于物理模型的剩余寿命预测方法可解释性强，能够对装备衰退过程的物理机理进行模型化表示，但需要较强的先验知识或专家经验确定模型参数，而且各类装备失效机理复杂多样，个体差异较大，建模过程充满挑战。数据驱动的剩余寿命预测方法通过构建随机过程模型、机器学习模型等描述装备监测数据中蕴含的衰退趋势，无需深入研究装备衰退过程的物理机理，因此受到越来越多研究者的关注。

如图 5-1 所示，数据驱动的剩余寿命预测方法主要包括四个环节：数据获取、健康指标构建、退化行为学习和剩余寿命预测。首先，通过在高端装备上安装振动、力、声发射、电流等不同类型的传感器，获取对应的物理信号。这些信号中蕴含丰富的装备退化信息，是剩余寿命预测的数据基础。然后，利用信号处理、机器学习等方法从监测数据中提取能够反映装备退化趋势的健康指标，并从单调性、趋势性等方面对健康指标进行系统的评价与选择，进而构建敏感健康指标。之后，将这些健康指标输入随机过程模型及相关向量机（Relevance Vector Machines，RVM）、ANN、高斯过程回归等机器学习模型中，通过多次迭代训练，自动学习装备的退化规律。最后，利用训练好的机器学习模型，根据新获取的监测数据预测装备的剩余寿命。

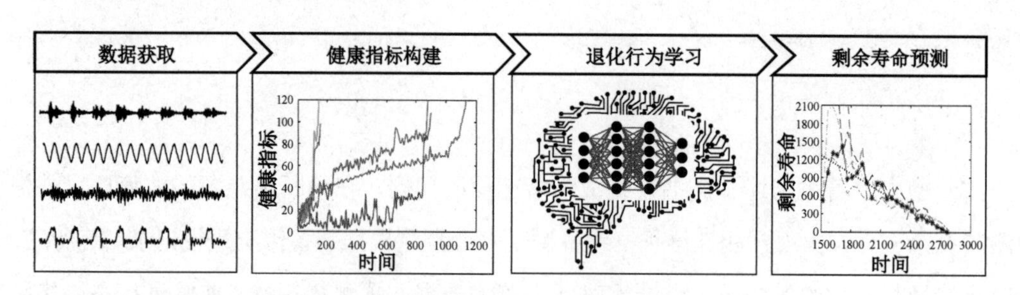

图 5-1 数据驱动的剩余寿命预测流程

本章聚焦于数据驱动的高端装备剩余寿命预测方法。首先分析了传统健康指标构建方法在剩余寿命预测中存在的问题与不足，提出了基于循环神经网络（Recurrent Neural Network，RNN）的健康指标构建方法。然后利用粒子滤波（Particle Filter，PF）状态评估算法，实现装备监测数据与随机退化模型参数的动态匹配更新，进而完成装备剩余寿命预测。之后，提出了自适应多核组合 RVM 剩余寿命预测方法，解决人为选择核函数导致 RVM 的预测精度对参数依赖性大和鲁棒性弱的问题。接着构建了深度可分卷积网络（Deep Separable Convolutional Network，DSCN），建立了原始监测数据与装备剩余寿命之间的直接映射关系。最后，构建了循环卷积神经网络（Recurrent Convolutional Neural Network，RCNN），并基于变分推理对剩余寿命预测结果的不确定性进行量化。

5.1 基于循环神经网络的健康指标构建方法

高端装备监测数据具有大容量、速度快、多样性、低价值密度等特性。这些特性促使装备健康指标（Health Indicator，HI）的构建需要在现有基础上做出转变。传统的健康指标构建方法以先验知识为基础，需要人工设计特征提取算法。这种方法存在许多缺点：首先，指标构建过程需要研究人员反复调试，耗费人力物力；其次，指标的适配性难以保证，无法直接迁移到新工况、新装备等新场景中；最后，构建的健康指标仅包含单一时间尺度信

息。但在大数据时代，健康指标构建方法需要以数据为中心，通过机器学习方法充分挖掘与解析监测数据中蕴含的多时间尺度信息，自主构建健康指标。因此，本节重点研究大数据背景下如何利用深度学习的优势来构建装备健康指标。

高端装备剩余寿命预测的健康指标通常可分为两类：物理健康指标和虚拟健康指标。物理健康指标一般直接利用信号处理方法从振动信号中提取；而虚拟健康指标由多个物理健康指标或多个传感器数据融合得到。相比于物理健康指标，虚拟健康指标没有明确的物理意义，但因为综合了多方面信息，所以能够更有效地反映装备的健康状态。现有的虚拟健康指标构建方法主要存在以下两个问题：第一，传统的时域、频域与时频域特征往往具有不同的取值区间，导致不同特征在虚拟健康指标构建过程中有不同的权重；第二，数据驱动的剩余寿命预测方法往往通过预测健康指标幅值超过失效阈值的时刻来确定装备的剩余寿命，因此失效阈值的设置将直接影响剩余寿命预测结果的准确性。然而，现有的虚拟健康指标在失效阶段通常有较大的幅值变化区间，难以确定合理的失效阈值。

为了解决上述两个问题，本节提出了基于 RNN 的虚拟健康指标构建方法，如图 5-2 所示。

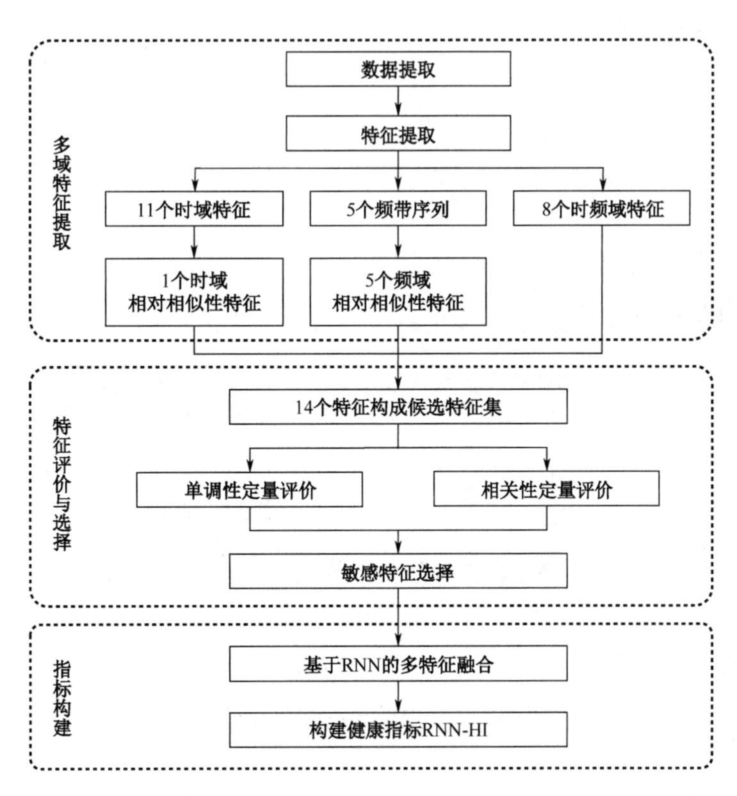

图 5-2　基于 RNN 的健康指标构建方法

该方法主要包含三个步骤：多域特征提取、特征评价与选择和健康指标构建。首先，

为解决传统特征取值区间不同的问题，提出了相对相似性特征提取方法，分别从监测数据中提取 1 个时域相对相似性特征和 5 个频域相对相似性特征，结合 8 个时频域特征构成候选特征集。然后，综合考虑单调性和相关性两方面，对各候选特征进行定量评价，并从中选择能够较好地表征装备退化状态的敏感特征。最后，将选取的敏感特征输入 RNN，构建出新的健康指标 RNN-HI。

5.1.1　多域特征提取

在特征提取环节，基于 RNN 的健康指标构建方法首先从获取的监测数据中提取均值、均方根值、峭度、裕度、峰值、标准差、熵、峰值指标、波形指标、脉冲指标和裕度指标等 11 个时域特征、5 个频带序列和 8 个时频域特征，然后使用提取的时域特征和频带序列构建相对相似性特征。

1. 相对相似性特征

相对相似性特征通过计算不同时刻的数据序列相似性得到。给定时刻 t 的数据序列为 f_t，初始时刻的数据序列 f_0 为参考信号，那么相对相似性特征可计算为：

$$\mathrm{RS}_t=\frac{\left|\sum_{i=1}^{k}(f_0^i-\tilde{f}_0)(f_t^i-\tilde{f}_t)\right|}{\sqrt{\sum_{i=1}^{k}(f_0^i-\tilde{f}_0)^2\sum_{i=1}^{k}(f_t^i-\tilde{f}_t)^2}} \tag{5-1}$$

式中，k 是数据长度；$\tilde{f}_0$ 和 $\tilde{f}_t$ 分别为数据序列 $\{f_0^i\}_{i=1:k}$ 和 $\{f_t^i\}_{i=1:k}$ 的均值。如图 5-3 所示是一个相对相似性特征的计算过程。

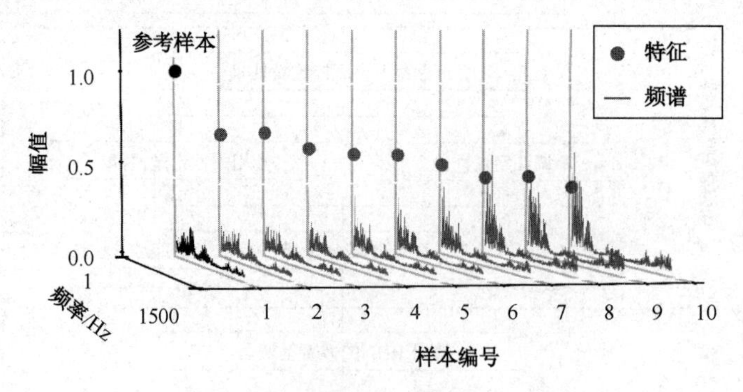

图 5-3　相对相似性特征计算过程

基于式（5-1），基于 RNN 的健康指标构建方法共构建了 1 个时域相对相似性特征和 $N+1$ 个频域相对相似性特征。时域相对相似性特征序列 f_{T} 由 11 个时域特征构成，其计算流程如下：

（1）分别提取参考信号和监测信号的时域特征，得到时域特征序列。

（2）通过式（5-1）计算监测信号与参考信号时域特征序列之间的相似性，进行权重归一化，得到时域相对相似性特征。

频域相对相似性特征序列 f_F 由频谱数据构成。具体计算流程如下：

（1）分别对参考信号和监测信号进行傅里叶变换，得到相应的频率序列。

（2）由低频到高频（最高频率为采样频率/2）将频率序列均分成 N 个频率段，得到频段内的特征序列。

（3）通过式（5-1）计算监测信号与参考信号频段特征序列之间的相似性，得到 $N+1$ 个频域相对相似性特征。

以采样频率为 25.6 kHz 下获取的信号介绍频域相对相似性特征序列的获取过程。取 $N=4$，可得 5 个频域相对相似性特征的数据序列，分别是全频带数据和 4 个子频带数据。考虑采样频率是 25.6 kHz，因而 5 个频带分别是 0～12.8 kHz、0～3.2 kHz、3.2～6.4 kHz、6.4～9.6 kHz 和 9.6～12.8 kHz，见表 5-1。

表 5-1 提取的候选特征集

时域相对相似性特征		频域相对相似性特征		时频域能量比特征	
F1	由 11 个时域特征构成的 1 个相对相似性特征	F2	0～12.8 kHz 的相对相似性特征	F7	（3，0）的能量比
		F3	0～3.2 kHz 的相对相似性特征	F8	（3，1）的能量比
		F4	3.2～6.4 kHz 的相对相似性特征	F9	（3，2）的能量比
		F5	6.4～9.6 kHz 的相对相似性特征	F10	（3，3）的能量比
		F6	9.6～12.8 kHz 的相对相似性特征	F11	（3，4）的能量比
				F12	（3，5）的能量比
				F13	（3，6）的能量比
				F14	（3，7）的能量比

2. 时频域特征

装备的性能退化过程，振动信号的频谱数据分布会随之变化。因此，不同频带内的能量比在一定程度上能够表征装备性能退化状态，时频域特征的具体提取步骤如下。

（1）对监测信号进行 n 层 Haar 小波包变换得到 2^n 个等间隔划分的小波时频段。

（2）分别计算信号在各节点处的能量与总能量之比。

取 $n=3$ 进行详细说明。3 层小波包变换得到 8 个小波时频段，分别计算 8 个时频段的能量与总能量之比，见表 5-1，其中，时频域特征 F7 为节点（3，0）处的能量与总能量的

比值。

5.1.2 特征评价与选择

在工程实际中，从监测信号中提取的时域、频域或时频域特征通常仅在某些特定工况下对高端装备的性能退化较为敏感。当工况发生改变时，这些特征将难以有效地表征装备的退化过程，进而影响剩余寿命预测的精度。因此，本节在研究多个特征评价准则的基础上，提出了新的特征评价方法，实现敏感特征的自动优选。

1. 相关性评价准则

相关性评价准则刻画了特征与时间序列之间的相关程度。两者之间的相关性越大，对应的特征越能较好地描述装备的性能退化过程。相关性可由下式定量评估：

$$\mathrm{Corr}=\frac{\left|\sum_{t=1}^{T}(F_t-\tilde{F})(l_t-\tilde{l})\right|}{\sqrt{\sum_{t=1}^{T}(F_t-\tilde{F})^2\sum_{t=1}^{T}(l_t-\tilde{l})^2}} \tag{5-2}$$

式中，F_t和 l_t分别是第 t 个样本的特征值和对应时刻；$\tilde{F}$ 和 $\tilde{l}$ 分别是样本特征值序列和时间序列的均值；T 是全寿命周期内的样本个数。相关性评价指标的取值为 0～1，而且特征与时间的相关性越好，取值越接近 1，否则越接近 0。

2. 单调性评价准则

单调性评价准则刻画了特征单调递减或单调递增的特性。单调性基于以下现象提出：随着装备性能的逐渐退化，故障程度也会越来越严重，相应地，特征值也会表现出一定的退化趋势，即逐渐变大或变小。单调性可由下式定量评估：

$$\mathrm{Mon}=\left|\frac{\mathrm{num}(\mathrm{d}F>0)}{T-1}-\frac{\mathrm{num}(\mathrm{d}F<0)}{T-1}\right| \tag{5-3}$$

式中，$\mathrm{num}(\mathrm{d}F>0)$ 为特征序列差分值大于零的个数；$\mathrm{num}(\mathrm{d}F<0)$ 为特征序列差分值小于零的个数；T 为特征序列的长度。单调性评价指标的取值为 0～1，而且特征的单调性趋势越好，取值越接近 1，否则越接近 0。

在进行特征优选时，需要综合考虑相关性和单调性。因此，本节将上述两个评价准则进行线性组合，得到如下综合评价准则：

$$\mathrm{Cri}=\omega_1\mathrm{Corr}+\omega_2\mathrm{Mon} \tag{5-4}$$

式中，Cri 为综合评价指标；ω_1 和 ω_2 分别为两个评价准则的权重，本节取 $\omega_1=\omega_2=0.5$ 。

5.1.3 健康指标构建

RNN 是一种用于处理时序型数据的神经网络，它通过引入状态变量存储过去的信息和当前的输入，并将其反馈到当前的输出中。如图 5-4 所示是一个标准 RNN 模型，由输入层、隐层和输出层组成。其中，$\boldsymbol{x}_t$ 表示 t 时刻的输入，$\boldsymbol{h}_t$ 表示 t 时刻的隐状态，$\boldsymbol{o}_t$ 表示 t 时刻的输出，$\boldsymbol{U}$ 是输入层到隐层的权值矩阵，$\boldsymbol{V}$ 是隐层到输出层的权值矩阵，$\boldsymbol{W}$ 是隐层上一时刻的值作为当前时刻输入的权值矩阵。RNN 可以表示为：

$$\boldsymbol{o}_t = g\left(\boldsymbol{V} \cdot \boldsymbol{h}_t + \boldsymbol{b}_{\mathrm{o}}\right) \tag{5-5}$$

$$\boldsymbol{h}_t = f\left(\boldsymbol{U} \cdot \boldsymbol{x}_t + \boldsymbol{W} \cdot \boldsymbol{h}_{t-1} + \boldsymbol{b}_h\right) \tag{5-6}$$

式中，$g(\cdot)$ 和 $f(\cdot)$ 表示非线性激活函数；$\boldsymbol{b}_{\mathrm{o}}$ 和 $\boldsymbol{b}_h$ 分别表示输出层和隐藏层的偏置矩阵。从相邻时间步的隐状态变量 $\boldsymbol{h}_t$ 和 $\boldsymbol{h}_{t-1}$ 之间的关系可知，这些变量捕获并保留了序列直到其当前时间步的历史信息。由于在当前时间步中，隐状态使用的定义与前一个时间步中的定义相同，因此式（5-6）的计算是循环的（Recurrent），这也是 RNN 命名的由来。

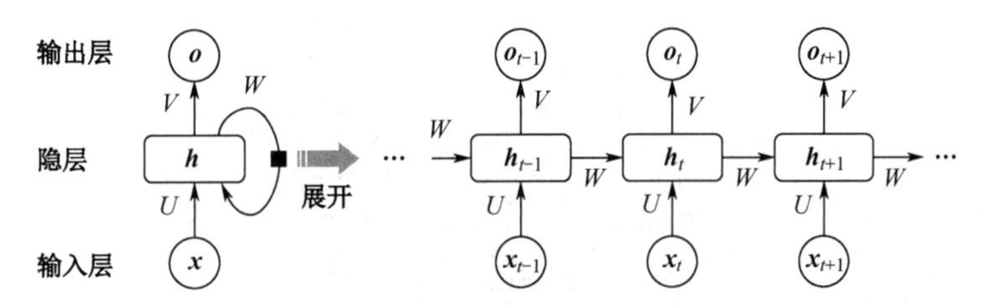

图 5-4 标准 RNN 模型

然而，标准 RNN 模型虽可以较好地处理序列数据，但存在数值不稳定性，在学习长期依赖关系时容易出现梯度消失或梯度爆炸的问题。此外，该模型在短期记忆中表现良好，但缺少机制存储重要的早期信息。为此，可以采用具有门控机制的长短期记忆（Long Short-Term Memory，LSTM）网络。LSTM 网络的设计灵感来自于计算机的逻辑门，它引入了记忆元，或简称为单元。记忆元与隐状态具有相同的形状，其设计目的是用于记录附加的信息。为了控制记忆元，往往需要许多逻辑门，包括遗忘门 $\boldsymbol{f}_t$、信息增加门（$\boldsymbol{i}_t$ 和 $\tilde{\boldsymbol{C}}_t$）和输出门 $\boldsymbol{e}_t$。这些门控结构能够将有用的信息保留在细胞中，同时将无用信息移除。遗忘门 $\boldsymbol{f}_t$ 根据当前时刻的输入值 $\boldsymbol{x}_t$ 和上一时刻的隐藏状态 $\boldsymbol{h}_{t-1}$ 决定将多少上一时刻的细胞状态 $\boldsymbol{C}_{t-1}$ 保留到当前时刻的细胞状态 $\boldsymbol{C}_t$ 中，遗忘门可表达为：

$$\boldsymbol{f}_t = \sigma_{\mathrm{s}}\left(\boldsymbol{U}_f \cdot \boldsymbol{x}_t + \boldsymbol{W}_f \cdot \boldsymbol{h}_{t-1} + \boldsymbol{b}_f\right) \tag{5-7}$$

式中，$\sigma_{\mathrm{s}}(\cdot)$ 表示 Sigmoid 激活函数；$\boldsymbol{U}_f$ 和 $\boldsymbol{W}_f$ 表示权值矩阵；$\boldsymbol{b}_f$ 表示偏置矩阵。

信息增加门决定将哪些重要的新信息存放到当前的细胞状态 $\boldsymbol{C}_t$ 中。信息增加门由输入

门 $\boldsymbol{i}_t$ 和细胞候选状态 $\tilde{\boldsymbol{C}}_t$ 组成。$\boldsymbol{i}_t$ 计算输入值的重要程度，$\tilde{\boldsymbol{C}}_t$ 将输入值约束在[−1,1]范围间，防止数值过大。$\boldsymbol{i}_t$ 和 $\tilde{\boldsymbol{C}}_t$ 的具体计算式如下：

$$\boldsymbol{i}_t = \sigma_{\mathrm{s}}\left(\boldsymbol{U}_i \cdot \boldsymbol{x}_t + \boldsymbol{W}_i \cdot \boldsymbol{h}_{t-1} + \boldsymbol{b}_i\right) \tag{5-8}$$

$$\tilde{\boldsymbol{C}}_t = \tanh\left(\boldsymbol{U}_C \cdot \boldsymbol{x}_t + \boldsymbol{W}_C \cdot \boldsymbol{h}_{t-1} + \boldsymbol{b}_C\right) \tag{5-9}$$

式中，$\boldsymbol{U}_i$、$\boldsymbol{W}_i$、$\boldsymbol{U}_C$ 和 $\boldsymbol{W}_C$ 是权值矩阵；$\boldsymbol{b}_i$ 和 $\boldsymbol{b}_C$ 是偏置矩阵。

基于上述遗忘门和信息增加门，当前时刻的 LSTM 细胞状态 $\boldsymbol{C}_t$ 能够通过如下方式更新：

$$\boldsymbol{C}_t = \boldsymbol{f}_t \cdot \boldsymbol{C}_{t-1} + \boldsymbol{i}_t \cdot \tilde{\boldsymbol{C}}_t \tag{5-10}$$

LSTM 细胞在 t 时刻的隐藏状态 $\boldsymbol{h}_t$ 由输出门 $\boldsymbol{e}_t$ 控制，即：

$$\boldsymbol{h}_t = \boldsymbol{e}_t \cdot \tanh\left(\boldsymbol{C}_t\right) \tag{5-11}$$

$$\boldsymbol{e}_t = \sigma_s\left(\boldsymbol{U}_e \cdot \boldsymbol{x}_t + \boldsymbol{W}_e \cdot \boldsymbol{h}_{t-1} + \boldsymbol{b}_e\right) \tag{5-12}$$

式中，$\boldsymbol{U}_e$ 和 $\boldsymbol{W}_e$ 是权值矩阵；$\boldsymbol{b}_e$ 是偏置矩阵。

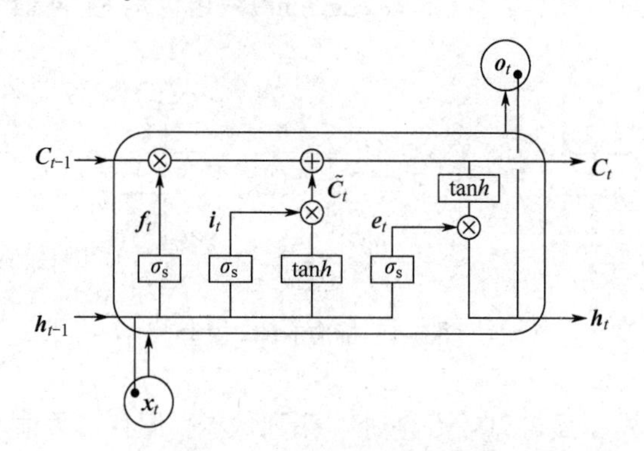

图 5-5　LSTM 细胞的内部结构

根据式（5-4）对提取的 14 个候选特征（6 个相对相似性特征与 8 个时频域特征）进行逐一评价，并优选出对装备退化较为敏感的特征。然后将这些敏感特征输入 RNN，自动构建健康指标 RNN-HI。

5.1.4　滚动轴承健康指标构建

1. 数据介绍

本节利用 2012 年电气和电子工程师协会 PHM 挑战赛的 FEMTO-ST 轴承数据集对基于 RNN 的健康指标构建方法进行验证。该数据集来源于 PRONOSTIA 实验台，其结构如图 5-6 所示。该实验台由传动、加载和测试三部分组成。传动部分提供动力和转速。加载部分通过气缸对测试轴承的径向加压。测试部分包含加速度传感器、温度传感器、压力传

感器、速度传感器等。

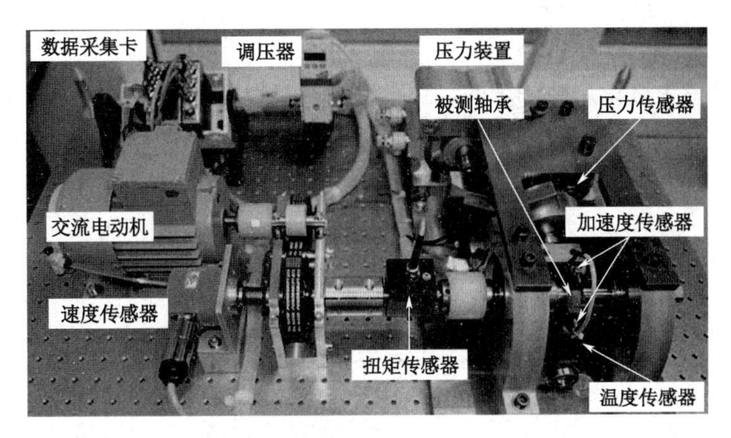

图 5-6　PRONOSTIA 实验台

FEMTO-ST 轴承数据集共包含 3 种不同的实验工况，见表 5-2，工况 1 和 2 下分别测试了 7 个滚动轴承，工况 3 下测试了 3 个滚动轴承。为了获取每个轴承的全寿命周期监测数据，分别在测试轴承的水平方向和垂直方向安装振动加速度传感器。振动信号的采样频率是 25.6 kHz，每次采样时长是 0.1 s，即 2 560 个数据点，采样间隔是 10 s。如图 5-7 所示，展示了轴承 1-1 的全寿命周期振动信号。从图 5-7 中可以看出，随着时间的推移，水平方向和垂直方向的振动信号幅值逐渐增大，表明轴承在实验过程中逐渐退化。

表 5-2　FEMTO-ST 轴承数据集

工况	径向载荷/kN	电机转速/r·min^{-1}	轴承编号	
			训练数据集	测试数据集
1	4	1 800	轴承 1-1　轴承 1-2	轴承 1-3　轴承 1-4　轴承 1-5 轴承 1-6　轴承 1-7
2	4.2	1 650	轴承 2-1　轴承 2-2	轴承 2-3　轴承 2-4　轴承 2-5 轴承 2-6　轴承 2-7
3	5	1 500	轴承 3-1　轴承 3-2	轴承 3-3

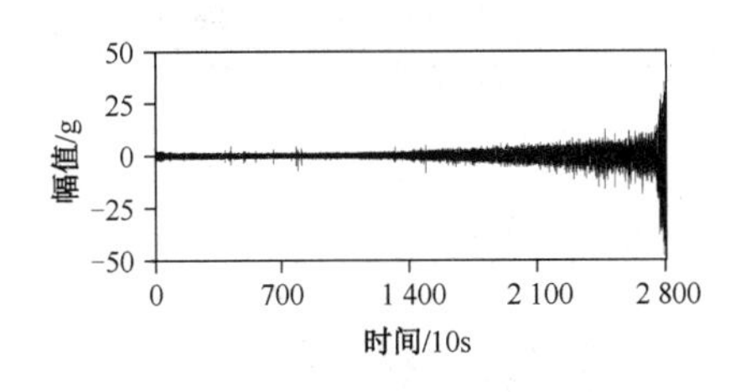

（a）水平方向的振动信号

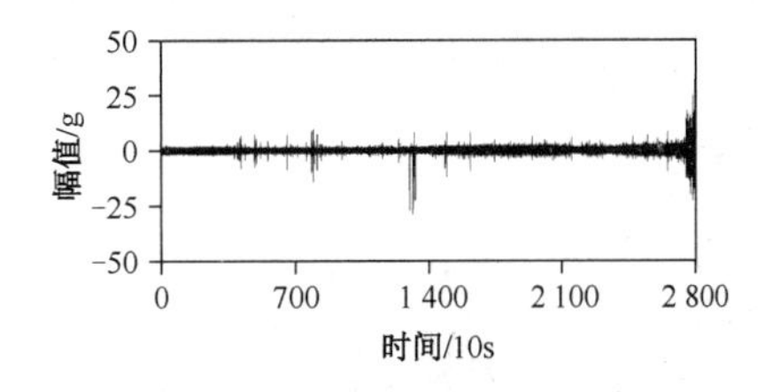

（b）垂直方向的振动信号

图 5-7　轴承 1-1 全寿命周期振动信号

2. 健康指标构建结果

由于径向载荷施加在测试轴承的水平方向，因此，相比于垂直方向的振动信号，水平方向的振动信号能更好地反映轴承的退化过程。本节使用水平方向的振动信号来构建轴承的健康指标。首先，从获取的振动信号中提取 1 个时域相对相似性特征（F1）、5 个频域相对相似性特征（F2～F6）和 8 个时频域特征（F7～F14）。如图 5-8 所示，展示了轴承 1-1 的频域相对相似性特征 F2，并对特征进行了平滑处理。从图 5-8 中可以看出，频域相对相似性特征 F2 的幅值分布范围为 0～1，而且随着时间的推移呈现出下降的趋势。

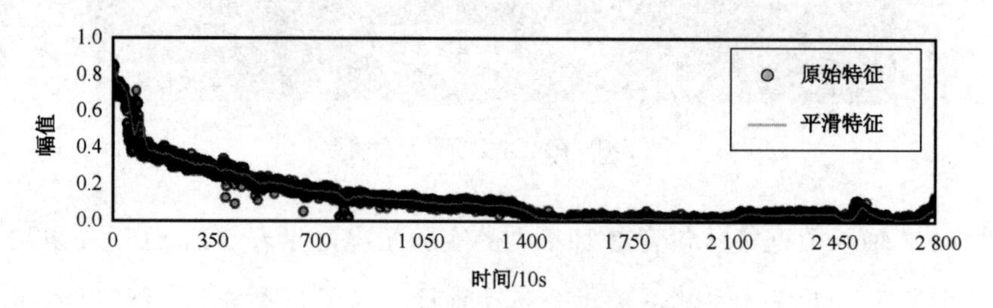

图 5-8 轴承 1-1 频域相对相似性特征 F2

然后，分别计算 14 个特征的单调性指标和相关性指标，结果分别如图 5-9 和图 5-10 所示。从图中可以看出，本节提出的频域相对相似性特征 F2 在单调性指标和相关性评价指标上都有最高均值，这说明频域相对相似性特征具有良好的单调性和相关性。再利用式（5-4）计算这 14 个特征的综合评价指标，并对所得的综合评价指标进行归一化处理，结果如图 5-11 所示。设置特征筛选的阈值为 0.5。由图 5-11 可以看出，共有 8 个候选特征（F2、F10、F11、F9、F3、F1、F12、F14）的归一化综合评价指标超过了特征选择阈值。在这 8 个优选的特征中，3 个特征是本节所提出的相对相似性方法所构建的特征值。因此，本节提出的相对相似性特征能较好地表征轴承退化过程，而且这些特征具有固定的幅值分布范围，即 0～1。

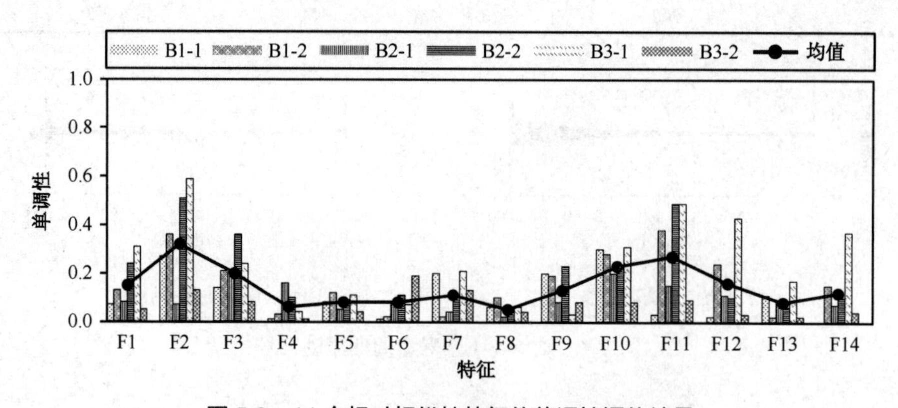

图 5-9 14 个相对相似性特征的单调性评估结果

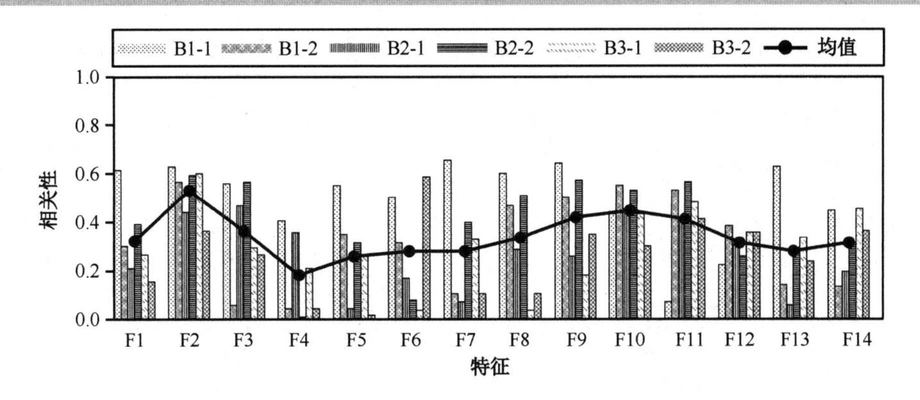

图 5-10　14 个相对相似性特征的相关性评估结果

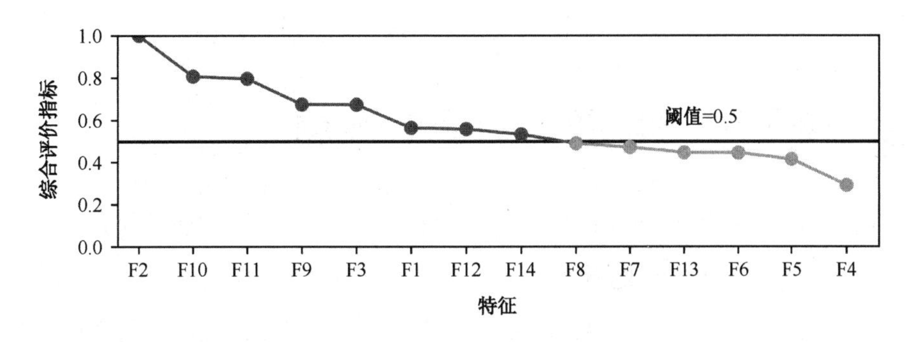

图 5-11　14 个相对相似性特征的综合评估结果

最后，将选择的 8 个特征值构成的特征向量输入 LSTM，自动构建虚拟健康指标 RNN-HI。LSTM 网络的连续时间长度设置为 10，网络层数设置为 3。如图 5-12（a）所示为基于 RNN 的健康指标构建方法所构建的轴承 1-1、轴承 1-2、轴承 2-1、轴承 2-2、轴承 3-1 和轴承 3-2 的健康指标 RNN-HI。由图 5-12（a）可以看出，基于 RNN 的健康指标构建方法所构建的健康指标 RNN-HI 的幅值分布范围为 0～1，而且随着时间的推移呈现出增长趋势。为证明该方法在健康指标构建中的优势，本节将 RNN-HI 与常用的基于自组织映射（Self-Organization Mapping，SOM）神经网络的健康指标 SOM-HI 进行了比较。对比图 5-12（a）和图 5-12（b）可以发现，当轴承完全失效时，6 个轴承的 RNN-HI 值均接近 1，而 SOM-HI 值则存在较大差异。此外，相比于 SOM-HI，RNN-HI 具有更好的单调性和趋势性，更有利于预测轴承的剩余寿命。

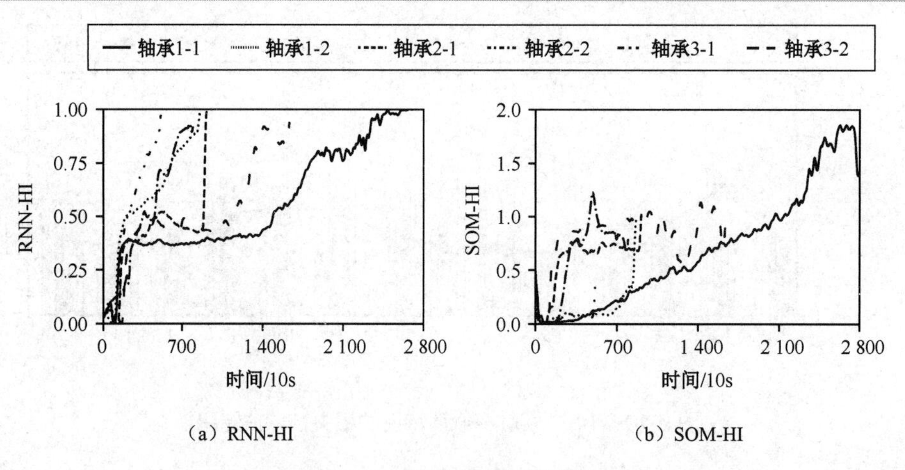

（a）RNN-HI　　（b）SOM-HI

图 5-12　轴承健康指标比较

5.2　基于粒子滤波的剩余寿命预测

如果把高端装备看作一个复杂系统，则系统的内部健康状态与外部响应信号之间会存在一定的传递关系，系统内部健康状态的衰退势必会引起外部响应信号的变化。正是基于这一原理，可以从装备的动态监测信号中挖掘其健康状态退化信息，实现对装备的状态监测和寿命预测。然而，工程实际中的装备结构复杂，且多为非线性系统，工作过程中大多受到严重的噪声干扰。针对这一类非线性、非高斯系统的状态估计和剩余寿命预测问题，适合采用 PF 算法进行求解。

PF 是在传统滤波方法（如卡尔曼滤波、扩展卡尔曼滤波等）的基础上发展而来的。基于贝叶斯理论和序列重要性采样算法（Sequential Importance Sampling，SIS），PF 在非线性、非高斯系统的模型参数估计中表现出明显的优势，并且已经被广泛应用于寿命预测领域。基于 PF 的剩余寿命预测方法不仅能动态估计模型参数，还能够通过概率密度函数（Probability Density Function，PDF）表达预测结果的不确定性。本节利用 PF 算法建立了装备的随机过程预测模型。首先阐述了 PF 状态评估算法的基本原理；然后利用该算法更新随机过程模型的参数，使模型能够描述装备监测数据中的衰退信息，进而对其剩余寿命进行评估；最后将其应用于滚动轴承的剩余寿命预测。

5.2.1　粒子滤波状态评估算法

状态评估的实质就是在已知结果（即观测数据）发生概率的前提下对导致这一结果的原因（即健康状态）发生的概率进行估计，此类问题正适合采用贝叶斯理论进行求解，贝叶斯滤波是采用贝叶斯理论进行状态评估的算法。在贝叶斯滤波理论中，系统状态传递和

观测过程采用以下状态空间模型来描述。

$$\begin{cases} x_k = f(x_{k-1}, \omega_{k-1}) \\ y_k = h(x_k, v_k) \end{cases} \tag{5-13}$$

式中，x_k 和 y_k 分别代表 t_k 时刻系统的状态值和观测值；$f(\cdot)$ 是状态传递函数，描述系统前一时刻状态与当前时刻状态的传递关系；ω_{k-1} 是状态传递误差；$h(\cdot)$ 为观测函数，描述系统状态值与观测值之间的函数关系；v_k 是观测误差。

由状态传递函数可以得到 x_k 在已知 x_{k-1} 下的条件概率 $p(x_k|x_{k-1})$。由观测函数可以得到 y_k 在已知 x_k 下的条件概率 $p(y_k|x_k)$。用 $\boldsymbol{y}_{1:k}$ 表示从起始时刻开始直至 t_k 时刻的观测序列，用 $\boldsymbol{x}_{0:k}$ 代表相应的状态序列。根据贝叶斯定理，若给定观测量 $\boldsymbol{y}_{1:k}$，则未知状态序列 $\boldsymbol{x}_{0:k}$ 的条件概率分布为：

$$p\left(\boldsymbol{x}_{0:k}\middle|\boldsymbol{y}_{1:k}\right) = \frac{p\left(\boldsymbol{y}_{1:k}\middle|\boldsymbol{x}_{0:k}\right)p\left(\boldsymbol{x}_{0:k}\right)}{\int p\left(\boldsymbol{y}_{1:k}\middle|\boldsymbol{x}_{0:k}\right)p\left(\boldsymbol{x}_{0:k}\right)\mathrm{d}\boldsymbol{x}_{0:k}} \tag{5-14}$$

式中，$p\left(\boldsymbol{x}_{0:k}\middle|\boldsymbol{y}_{1:k}\right)$ 为后验概率密度；$p\left(\boldsymbol{y}_{1:k}\middle|\boldsymbol{x}_{0:k}\right)$ 为观测量为 $\boldsymbol{y}_{1:k}$ 时的似然概率密度，是在观测数据 $\boldsymbol{y}_{1:k}$ 已知的前提下，状态序列 $\boldsymbol{x}_{0:k}$ 出现的概率；$p\left(\boldsymbol{x}_{0:k}\right)$ 为先验概率密度，其归纳了新观测数据到达之前状态序列的所有信息；$\int p\left(\boldsymbol{y}_{1:k}\middle|\boldsymbol{x}_{0:k}\right)p\left(\boldsymbol{x}_{0:k}\right)\mathrm{d}\boldsymbol{x}_{0:k}$ 为一个归一化的常数。

贝叶斯定理描述了从先验概率密度 $p\left(\boldsymbol{x}_{0:k}\right)$ 开始，不断利用陆续到来的新观测数据 $\boldsymbol{y}_{1:k}$ 修正先验知识，从而得到修正后的后验概率密度 $p\left(\boldsymbol{x}_{0:k}\middle|\boldsymbol{y}_{1:k}\right)$ 的过程。由于得到新观测数据的修正，后验概率密度比先验概率密度更加接近被估计量的真实概率密度。而这个后验概率密度又是下一个新观测量到来时被估计量的先验概率密度。

上述后验概率密度 $p(\boldsymbol{x}_{0:k}|\boldsymbol{y}_{1:k})$ 是贝叶斯估计问题的完整解，而滤波问题就是要计算后验滤波概率分布 $p\left(x_k\middle|\boldsymbol{y}_{1:k}\right)$，它是 $p(\boldsymbol{x}_{0:k}|\boldsymbol{y}_{1:k})$ 的边缘密度，表达如下：

$$p\left(x_k\middle|\boldsymbol{y}_{1:k}\right) = \iint..\int p\left(\boldsymbol{x}_{0:k}\middle|\boldsymbol{y}_{1:k}\right)\mathrm{d}x_0\mathrm{d}x_1...\mathrm{d}x_{k-1} \tag{5-15}$$

对于机械系统，利用该后验概率密度就可以计算系统健康状态的各种估计，如以均值等作为系统健康状态的估计值。

由式(5-14)和(5-15)可知，每当一个新的观测数据到来时，后验滤波概率密度 $p\left(x_k\middle|\boldsymbol{y}_{1:k}\right)$ 就要被重新计算一次，这是十分不方便的。因此，采用如下递推更新方法来获得后验滤波概率密度 $p\left(x_k\middle|\boldsymbol{y}_{1:k}\right)$：

（1）预测——已知前一时刻状态概率分布 $p\left(x_{k-1}\middle|\boldsymbol{y}_{1:k-1}\right)$，利用状态传递关系来预测当前时刻状态的先验滤波概率密度 $p\left(x_k\middle|\boldsymbol{y}_{1:k-1}\right)$，即：

$$p\left(x_k\middle|\boldsymbol{y}_{1:k-1}\right) = \int p\left(x_k\middle|x_{k-1}\right)p\left(x_{k-1}\middle|\boldsymbol{y}_{1:k-1}\right)\mathrm{d}x_{k-1} \tag{5-16}$$

式中，$p\left(x_k \middle| x_{k-1}\right)$是系统状态转移的转移概率密度。

（2）更新——在得到当前时刻的观测值y_k后，利用它修正上述先验滤波概率密度，从而得到k时刻状态的后验滤波概率密度$p\left(x_k \middle| \boldsymbol{y}_{1:k}\right)$，即：

$$p\left(x_k \middle| \boldsymbol{y}_{1:k}\right)=\frac{p(y_k|x_k)p(x_k|\boldsymbol{y}_{1:k-1})}{p(y_k|\boldsymbol{y}_{1:k-1})} \tag{5-17}$$

式中，$p(y_k|\boldsymbol{y}_{1:k-1})=\int p(y_k|x_k)p(x_k|\boldsymbol{y}_{1:k-1})\mathrm{d}x_k$为一个归一化的常数。$p(y_k|x_k)$为似然概率密度，它与观测方程和观测噪声$v_k$的统计特性有关，计算式如下：

$$p\left(y_k \middle| x_k\right)=\int \delta\left(y_k-h(x_k,v_k)\right)p(v_k)\mathrm{d}v_k \tag{5-18}$$

式中，$\delta(\cdot)$是狄拉克函数，当$y_k=h(x_k,v_k)$时，$\delta\left(y_k-h(x_k,v_k)\right)=1$，否则为0。$p(v_k)$是$v_k$的概率密度。

综上，由式（5-16）和式（5-17）组成了状态的后验概率递推式，实现了由$k-1$时刻后验滤波概率密度$p\left(x_{k-1} \middle| y_{1:k-1}\right)$到$k$时刻的后验滤波概率密度$p\left(x_k \middle| y_{1:k}\right)$的递推更新过程，从理论上提供了递推求解后验滤波概率密度$p\left(x_k \middle| y_{1:k}\right)$的方法。

但实际上，由于以上求解过程牵扯到复杂积分运算，往往很难求得后验滤波概率密度函数的解析解。目前，针对不同的函数和误差分布类型已发展了多种贝叶斯滤波算法。卡尔曼滤波是贝叶斯滤波理论中的经典算法，该算法可以为误差服从高斯分布的线性系统提供最优的状态评估结果。针对高斯非线性系统的状态评估问题，学者们在卡尔曼滤波基础上发展了两个变种：扩展卡尔曼滤波和无迹卡尔曼滤波。针对非高斯非线性系统状态评估问题，学者们进一步提出了PF算法。

PF采用蒙特卡洛采样的思想对状态概率分布进行数值近似求解，其基本思想是采用一组状态粒子$\left\{\boldsymbol{x}_{0:k}^i, i=1,2,\cdots,N_S\right\}$和一组与之一一对应的权值$\left\{w_k^i, i=1,2,\cdots,N_S\right\}$近似评估状态概率分布。

$$p\left(\boldsymbol{x}_{0:k} \middle| \boldsymbol{y}_{1:k}\right)\approx\sum_{i=1}^{N_S} w_k^i \delta(\boldsymbol{x}_{0:k}-\boldsymbol{x}_{0:k}^i) \tag{5-19}$$

式中，$\sum_{i=1}^{N_S} w_k^i=1$；$\delta(\cdot)$是狄拉克函数，当$\boldsymbol{x}_{0:k}=\boldsymbol{x}_{0:k}^i$时$\delta(\boldsymbol{x}_{0:k}-\boldsymbol{x}_{0:k}^i)=1$，否则为0。

式（5-19）表示系统状态取值为粒子$\boldsymbol{x}_{0:k}^i$的概率即为其对应权值w_k^i，因此只需设法得到粒子的权值大小，就可实现对状态概率分布的近似评估。PF采用以下重要性采样规则对粒子的权值进行评估：假设$p(x)$为未知概率密度函数，存在另一概率密度函数$\pi(x)\propto p(x)$，$\pi(x)$相比于$p(x)$更容易进行评估。另外，定义已知$q(x)$为重要性密度函数，$\left\{\boldsymbol{x}^i, i=1,2,\cdots,N_S\right\}$为一组服从$q(x)$的采样粒子，则未知概率密度函数$p(x)$可通过下式近似评估。

$$p(x) \approx \sum_{i=1}^{N_S} w_k^i \delta(x - x^i) \tag{5-20}$$

式中，$w^i \propto \pi(x^i) / q(x^i)$ 为第 i 个粒子的归一化权值。

根据重要性采样规则，如 $\boldsymbol{x}_{0:k}^i$ 是服从重要性密度函数 $q\left(\boldsymbol{x}_{0:k} \middle| \boldsymbol{y}_{1:k}\right)$ 的采样粒子，则式（5-19）中粒子的权值可以定义为：

$$w_k^i \propto \frac{p\left(\boldsymbol{x}_{0:k}^i \middle| \boldsymbol{y}_{1:k}\right)}{q\left(\boldsymbol{x}_{0:k}^i \middle| \boldsymbol{y}_{1:k}\right)} \tag{5-21}$$

粒子更新过程中，每一步更新之前已得到一组粒子集 $\boldsymbol{x}_{0:k-1}^i \sim q(\boldsymbol{x}_{0:k-1} | \boldsymbol{y}_{1:k})$，因此需要从重要性密度函数中采集一组新粒子 $\boldsymbol{x}_k^i \sim q(x_k | \boldsymbol{x}_{0:k-1}, \boldsymbol{y}_{1:k})$ 将其增加到原先粒子集序列中对当前时刻的状态概率分布进行评估。选择重要性密度函数使其满足以下条件：

$$q(\boldsymbol{x}_{0:k} | \boldsymbol{y}_{1:k}) = q(x_k | \boldsymbol{x}_{0:k-1}, \boldsymbol{y}_{1:k}) q(\boldsymbol{x}_{0:k-1} | \boldsymbol{y}_{1:k-1}) \tag{5-22}$$

$$q(x_k | \boldsymbol{x}_{0:k-1}, \boldsymbol{y}_{1:k}) = q(x_k | x_{k-1}, y_k) \tag{5-23}$$

则粒子更新表达式（5-21）可以变换为以下迭代更新形式。

$$w_k^i \propto w_{k-1}^i \frac{p(y_k | x_k^i) p(x_k^i | x_{k-1}^i)}{p(x_k^i | x_{k-1}^i, \boldsymbol{y}_{1:k-1})} \tag{5-24}$$

状态评估结果也可简化为：

$$p\left(x_k \middle| \boldsymbol{y}_{1:k}\right) \approx \sum_{i=1}^{N_S} w_k^i \delta(x_k - x_k^i) \tag{5-25}$$

随着迭代步数的不断增加，PF 会出现粒子衰竭问题：即多步迭代之后只有极少数粒子的权值较大，其他粒子的权值逐渐衰竭为零，变成无效粒子。该问题是由于粒子的权值方差随着迭代步数不断增大造成的，源于算法本身的缺陷，无法彻底解决，但可以通过以下两个策略尽量降低粒子衰竭程度：

（1）选择合适的重要性密度函数，保证粒子采样的有效性。

（2）在粒子衰竭到一定限度之后对粒子进行重采样，删除无效粒子，增加有效粒子。

对于策略（1），由于最优重要性密度函数往往很难求解，为了方便应用，常选择先验概率 $p(x_k | x_{k-1})$ 作为重要性密度函数，权值更新表达式可进一步简化为：

$$w_k^i \propto w_{k-1}^i p(y_k | x_k^i) \tag{5-26}$$

对于策略（2），目前常用的方式是每步更新之后对有效粒子个数采用下式进行评估。

$$N_{\text{eff}} = \frac{1}{\sum_{i=1}^{N_S} (w_k^i)^2} \tag{5-27}$$

当有效粒子个数少于指定个数时，对粒子进行重采样，新采样粒子满足概率 $Pr(x_k^{i*} = x_k^i) = w_k^i$，即对权值大的粒子进行重复采样，将权值小的粒子舍弃。重采样粒子的权值重置

为 $w_k^i = 1/N_S$。

5.2.2 模型粒子滤波更新与剩余寿命预测

基于 PF 状态评估的装备寿命预测方法的基本流程如图 5-13 所示，包括数据预处理和剩余寿命预测两个部分。数据预处理的主要任务是从装备监测数据中提取出适合于进行寿命预测的健康指标。剩余寿命预测的主要任务是对构建的模型参数进行准确调整，并预测健康指标的变化趋势和装备的剩余寿命，包含四个步骤：状态空间模型构建、模型参数初始化、模型参数在线更新和剩余寿命寿命预测。基于 PF 状态评估的装备剩余寿命预测的具体步骤如下。

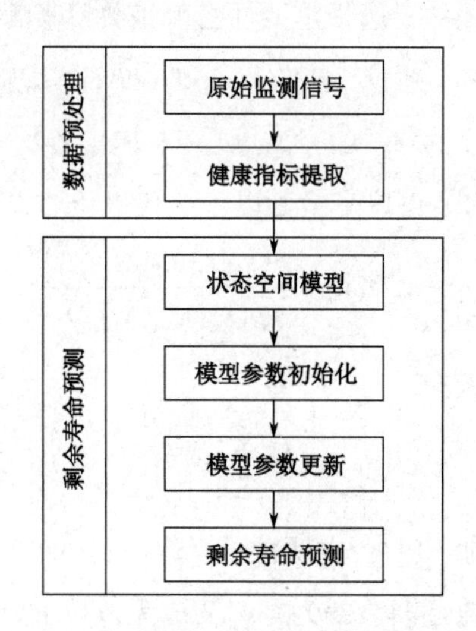

图 5-13 基于 PF 状态评估的装备剩余寿命预测方法的基本流程

1. 健康指标提取

为了全面描述高端装备的健康衰退趋势，从监测数据中提取多域特征指标，并根据特征指标对不同衰退阶段的敏感程度选择敏感特征集，采用自组织神经网络对敏感特征进行加权融合构造加权最小量化误差指标（Weighted Minimum Quantization Error, WMQE），具体操作步骤如下：

（1）从装备监测数据中提取 28 组特征指标，包括 10 组常用时域统计特征、8 组小波包分解频带能量和 8 组频带能量比特征、2 组反三角变换标准差特征。然后根据式（5-2）计算 28 组特征的相关性。为了保证选择的初始特征能够反映装备的健康衰退趋势，选择相关系数大于 0.5 的特征构成初始特征集。

（2）在初始特征集中，部分特征包含相似的衰退信息，需要进一步对特征进行筛选，

消除特征冗余。因此，根据特征之间趋势的相似性进行相关性聚类，将包含相似衰退信息的特征归为一类。其基本思路是：采用特征的相关系数矩阵对特征的趋势相似性进行评估，趋势相似的特征包含相同的衰退信息，被归入同一类；趋势不同的特征包含不同的衰退信息，被归入不同的类中。通过相关性聚类，将特征指标按照对装备不同衰退阶段的敏感程度分为不同的类型，从每一类中选择一个趋势性最强的特征构建敏感特征集。通过上述特征筛选，既保证了选择的敏感特征具有明显的趋势性，又避免了特征之间衰退信息的冗余性，从而能够反映装备不同健康阶段的衰退信息。

（3）在构建敏感特征集之后，将特征集在初始阶段的数据序列作为特征健康分布区间。用健康分布区间的特征序列训练自组织神经网络，获取特征指标在装备健康阶段的分布信息。然后将衰退阶段的特征序列输入训练好的网络模型中，计算特征空间偏离健康分布区间的伪距离，并以此作为装备的健康指标，对其健康状态的衰退程度进行定量评估，该指标即为构造的 WMQE 指标。

2. 状态空间模型构建

机械装备的剥落、点蚀等典型缺陷往往是由于其表面、次表面在交变应力下产生微观裂纹并逐渐扩展导致，Paris-Erdogan 模型正是用来描述这种疲劳微观裂纹扩展的物理模型。在 Paris-Erdogan 模型中，故障尺寸增长率可以用下式来表示：

$$\frac{\mathrm{d}x}{\mathrm{d}t}=c(\Delta k)^{\gamma},\quad \Delta K=\varepsilon\sqrt{x} \tag{5-28}$$

式中，x 表示故障尺寸，t 表示应力循环次数，c、γ 和 ε 是三个与材料机械性能和应力水平有关的参数，Δk 为应力强度因子。

式（5-28）中三个物理参数需要用实验或有限元等辅助手段才能获取，而且微观裂纹长度 x 在实际应用中也很难观测到。为了方便模型应用，令 $\alpha=c\varepsilon^{\gamma}$，$\beta=\gamma/2$，将该物理模型进行改进，转化为以下简单形式。

$$\frac{\mathrm{d}x}{\mathrm{d}t}=\alpha x^{\beta} \tag{5-29}$$

转化之后的模型保留衰退速率与状态之间的函数关系，并将模型参数的物理意义模糊化。无需采用辅助手段对材料机械性能进行测量，只需借助状态监测数据就可估计模型参数，方便了模型的应用。基于以上函数关系构建状态空间模型如下：

$$\begin{cases}x_k=x_{k-1}+\alpha_{k-1}x_{k-1}^{\beta}\Delta t_{k-1}+\omega_{k-1}\\ y_k=x_k+v_k\end{cases} \tag{5-30}$$

式中，x_k 为装备 t_k 时刻健康状态；y_k 为 t_k 时刻观测值，即 WMQE 指标值；α 为描述衰退速率不确定性的随机变量，假设服从$N(\mu_\alpha,\sigma_\alpha^2)$；$\beta$为恒定值，描述了衰退过程的整体稳定衰退趋势；$\omega_{k-1}\sim N(0,\sigma_B^2\Delta t_{k-1})$为状态传递误差；$v_k\sim N(0,\sigma_v^2)$为随机观测误差。

3．模型参数初始化

在开始预测之前初始化模型参数。首先对测试装备历史数据的 WMQE 观测值进行平滑处理，得到状态序列与平滑序列的反函数关系为$x_k=\tilde{y}_k$。将其代入状态传递函数，令$\Delta\tilde{\boldsymbol{y}}_{1:K-1}=\tilde{\boldsymbol{y}}_{2:K}-\tilde{\boldsymbol{y}}_{1:K-1}$，得到平滑序列的条件概率为：

$$
\begin{aligned}
&p(\tilde{\boldsymbol{y}}_{2:K}\,|\,\tilde{\boldsymbol{y}}_{1:K-1},\mu_\alpha,\sigma_\alpha^2,\beta,\sigma_B^2)\\
&=\frac{1}{\sqrt{(2\pi)^{K-1}\Sigma}}\exp\left(-\frac{1}{2}(\Delta\tilde{\boldsymbol{y}}_{1:K-1}-\mu_\alpha\boldsymbol{\Phi})'\Sigma^{-1}(\Delta\tilde{\boldsymbol{y}}_{1:K-1}-\mu_\alpha\boldsymbol{\Phi})\right)
\end{aligned}
\tag{5-31}
$$

式中，K为测试装备的历史数据点；$\boldsymbol{\Phi}=(\tilde{y}_1^\beta\Delta t_1,\tilde{y}_2^\beta\Delta t_2,\cdots,\tilde{y}_{K-1}^\beta\Delta t_{K-1})'$；$\Sigma=\sigma_\alpha^2\boldsymbol{\Phi\Phi}'+\sigma_B^2\boldsymbol{I}_{K-1}$，$\boldsymbol{I}_{K-1}$是以$(\Delta t_1,\Delta t_2,\cdots,\Delta t_{K-1})'$为对角元素的$K-1$维对角矩阵。

令$\tilde{\sigma}_B^2=\sigma_B^2/\sigma_\alpha^2$，将上式作对数变换，可得到平滑序列的对数似然函数为：

$$
\begin{aligned}
&l(\mu_\alpha,\sigma_\alpha^2,\beta,\tilde{\sigma}_B^2\,|\,\Delta\tilde{\boldsymbol{y}}_{1:K-1})\\
&=-\frac{K-1}{2}\ln(2\pi)-\frac{K-1}{2}\ln(\sigma_\alpha^2)-\frac{1}{2}\ln\left|\boldsymbol{\Phi\Phi}'+\tilde{\sigma}_B^2\boldsymbol{I}_{K-1}\right|-\frac{1}{2\sigma_\alpha^2}(\Delta\tilde{\boldsymbol{y}}_{1:K-1}-\mu_\alpha\boldsymbol{\Phi})'\times\\
&(\boldsymbol{\Phi\Phi}'+\tilde{\sigma}_B^2\boldsymbol{I}_{K-1})^{-1}\times(\Delta\tilde{\boldsymbol{y}}_{1:K-1}-\mu_\alpha\boldsymbol{\Phi})
\end{aligned}
\tag{5-32}
$$

为了减少未知参数的个数，对上式分别求μ_α和σ_α^2的偏导数，并令其等于零，可将μ_α和σ_α^2的极大似然估计表示为关于β和$\tilde{\sigma}_B^2$的函数。

$$
\mu_\alpha(\beta,\sigma_B^2)=\frac{\boldsymbol{\Phi}'(\boldsymbol{\Phi\Phi}'+\tilde{\sigma}_B^2\boldsymbol{I}_{K-1})^{-1}\Delta\tilde{\boldsymbol{y}}_{1:K-1}}{\boldsymbol{\Phi}'(\boldsymbol{\Phi\Phi}'+\tilde{\sigma}_B^2\boldsymbol{I}_{K-1})^{-1}\boldsymbol{\Phi}}
\tag{5-33}
$$

$$
\sigma_\alpha^2(\beta,\tilde{\sigma}_B^2)=\frac{(\Delta\tilde{\boldsymbol{y}}_{1:K-1}-\mu_\alpha\boldsymbol{\Phi})'(\boldsymbol{\Phi\Phi}'+\tilde{\sigma}_B^2\boldsymbol{I}_{K-1})^{-1}(\Delta\tilde{\boldsymbol{y}}_{1:K-1}-\mu_\alpha\boldsymbol{\Phi})}{K-1}
\tag{5-34}
$$

将式（5-33）和式（5-34）代入式（5-32），则对数似然函数被约简为关于β和$\tilde{\sigma}_B^2$两个自变量的函数。

$$
l(\beta,\tilde{\sigma}_B^2\,|\,\Delta\tilde{\boldsymbol{y}}_{1:K-1})=-\frac{K-1}{2}\left(\ln(2\pi)+\ln(\sigma_\alpha^2)+1\right)-\frac{1}{2}\ln\left|\boldsymbol{\Phi\Phi}'+\tilde{\sigma}_B^2\boldsymbol{I}_{K-1}\right|
\tag{5-35}
$$

采用二元寻优算法求解对数似然函数的极大似然估计$\hat{\beta}$和$\hat{\tilde{\sigma}}_B^2$，然后代入式（5-33）和式（5-34）得到$\hat{\mu}_\alpha$和$\hat{\sigma}_\alpha^2$，最后求得$\tilde{\sigma}_B^2=\hat{\sigma}_\alpha^2\hat{\tilde{\sigma}}_B^2$。观测函数方差$\sigma_v^2$可近似估计为原始序列与平滑序列差值的方差，至此便得到模型所有未知参数的估计值。

4．模型参数更新

在线更新是根据测试样本的在线监测数据对模型参数和机械健康状态评估结果进行动态更新。下面采用 PF 算法对系统状态和模型参数进行实时评估。在模型参数中只有参数α

为随机变量，粒子集包含状态 x^i 和参数 α^i 两个元素。根据参数估计结果，初始粒子 $\left\{z_0^i, i=1,2,\cdots,N_S\right\}$ 从 $N(z_0,Q_0)$ 中采样得到，其中：

$$z_0=\begin{bmatrix} x_0 \\ \hat{\mu}_\alpha \end{bmatrix}, \qquad Q_0=\begin{bmatrix} 0 & 0 \\ 0 & \hat{\sigma}_\alpha^2 \end{bmatrix} \tag{5-36}$$

粒子对应的权值初始化为 $\left\{\omega_0^i=1/N_S, i=1,2,\cdots,N_S\right\}$。每步迭代中，状态粒子通过以下递推表达式进行单步递推预测。

$$x_k^i=x_{k-1}^i+\alpha^i(x_{k-1}^i)^{\hat{\beta}}\Delta t_{k-1}+\omega_{k-1}^i \tag{5-37}$$

式中，x_k^i 为 t_k 时刻第 i 个状态粒子；x_{k-1}^i 为 t_{k-1} 时刻第 i 个状态粒子，α^i 和 ω_{k-1}^i 分别为第 i 个粒子的随机变量和状态传递误差。

在 t_k 时刻将 WMQE 指标 y_k 代入权值更新表达式进行权值更新，并归一化。

$$\tilde{w}_k^i=\frac{w_{k-1}^i}{\sqrt{2\pi\hat{\sigma}_v^2}}\exp\left(-\frac{(y_k-x_k^i)^2}{2\hat{\sigma}_v^2}\right), \qquad w_k^i=\frac{\tilde{w}_k^i}{\sum_{i=1}^{N_S}\tilde{w}_k^i} \tag{5-38}$$

根据式（5-27）计算有效粒子个数 N_{eff}，如果粒子个数小于指定有效粒子数时，则对粒子进行重采样，重采样中粒子 z_k^{i*} 被选中的概率为 $Pr\left(z_k^{i*}=z_k^i\right)=w_k^i$。之后将粒子的权值重置为 $w_k^i=1/N_S$，最后由采样粒子和对应权值大小得到 t_k 时刻状态和参数的概率分布 $p(z_k|y_{1:k})\approx\sum_{i=1}^{N_S}w_k^i\delta(z_k-z_k^{i*})$，将评估结果用于预测装备剩余寿命的概率分布。

5. 剩余寿命预测

寿命预测是根据模型参数更新的健康状态和模型参数评估结果，对未来状态衰退趋势进行预测，根据设定的失效阈值 D，预测得到剩余寿命概率分布。失效阈值可用以下两种策略设定。当装备健康等级具有明确的行业标准时，可以根据已有的行业标准进行设定；对于无行业标准的可以参考的高端装备，可根据历史失效样本监测数据统计得到。

在 t_k 时刻的剩余寿命 l_k 可定义如下：

$$l_k=\inf\left\{l_k: x(l_k+t_k)\geqslant D\middle|\boldsymbol{x}_{0:k}\right\} \tag{5-39}$$

式中，$\boldsymbol{x}_{0:k}$ 为在 $t_0,\cdots,t_k$ 时刻估计的状态值，$x(l_k+t_k)$ 为在 l_k+t_k 时刻预测的状态值。由于在 t_k 时刻估计的第 i 个粒子的状态值和模型参数分别为 x_k^i 和 μ_k^i，未来第 i 个粒子的状态值可以用以下转移函数进行预测：

$$x^i\left((j+1)\Delta l+t_k\right)=x^i(j\Delta l+t_k)+\mu_\alpha^i x^i(j\Delta l+t_k)^\beta\Delta l \tag{5-40}$$

式中，Δl 为时间间隔，$j\in N=\{0,1,2,\cdots\}$。

当预测状态值超过阈值时停止转移过程，第 i 个粒子的剩余寿命 l_k^i 可以由式（5-39）获得。从而可知，装备剩余寿命的概率分布为：

$$p(l_k|\boldsymbol{y}_{1:k})=\sum_{i=1}^{N_S}w_k^i\delta(l_k-l_k^i) \tag{5-41}$$

5.2.3 滚动轴承剩余寿命预测

本节仍使用公开的 FEMTO-ST 轴承数据集对基于 PF 的轴承寿命预测方法进行验证。实验数据来源于 PRONOSTIA 实验台，参考图 5-6。

首先对训练轴承（轴承 1-1、轴承 1-2、轴承 2-1、轴承 2-2、轴承 3-1、轴承 3-2）的监测数据进行预处理，全寿命期监测数据的 WMQE 健康指标如图 5-14 所示。可以看出，轴承衰退过程可以大体分为两个阶段。在幅值到达 0.6 之前，健康指标幅值增长缓慢，属于缓慢衰退期；幅值超过 0.6 之后，健康指标急剧增大，并迅速到达最终失效点，属于急速衰退期。由于急速衰退期所占时间长度很短，而且实际应用中也要尽量避免进入这一阶段，根据这六组训练样本健康指标将失效阈值 D 设定为 0.6。

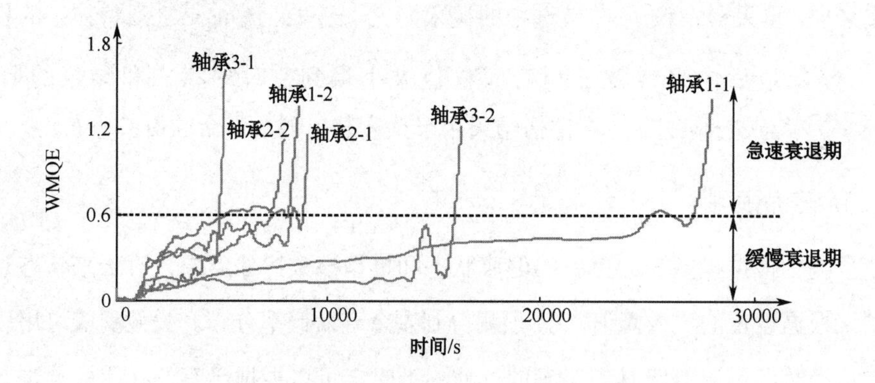

图 5-14 训练轴承监测数据的 WMQE 健康指标

将 WMQE 值输入到状态空间模型中，并使用最大似然估计算法初始化模型参数。然后，使用基于 PF 的预测算法更新模型参数并预测 RUL 值。粒子数设定为 1000。11 个测试数据集的参数更新过程如图 5-15 所示。由此可以看出，参数 α 是根据实时测量而确定的。随着时间的推移，参数 α 的分布逐渐收敛到一个较窄的范围，并最终趋近于一个恒定的值。

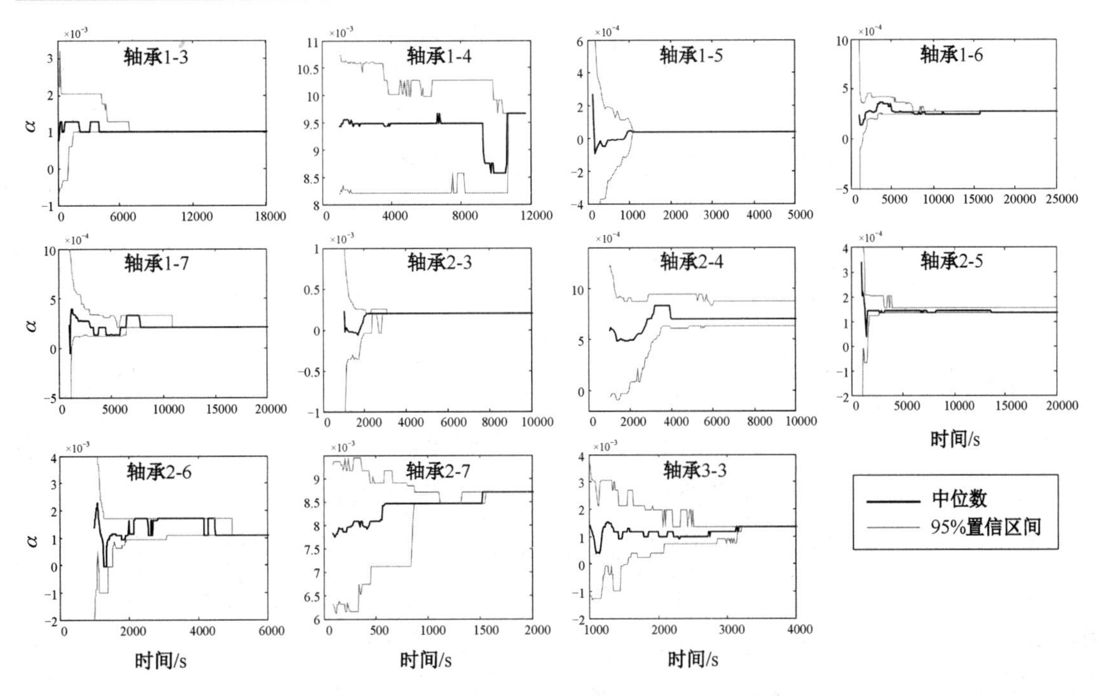

图 5-15　测试数据集中参数 α 的更新过程

以测试轴承 1-3 为例，参数初始化的结果为 $\mu_{\alpha}=8.2325e^{-4}$，$\sigma_{\alpha}^{2}=5.2877e^{-7}$，$\beta=0.7840$ 和 $\sigma_{v}^{2}=3.6655e^{-6}$。随着时间推移，参数 α 的分布区间逐步收敛。在约 $t_k=7000\text{s}$ 时刻，α 收敛到一个恒定值 1.0116e^{-3}。图 5-16 给出了测试轴承 1-3 的未来趋势预测结果和剩余寿命预测结果。可以看出，提出的方法对历史时期的状态评估结果与健康指标真实值曲线拟合度较高，通过实时状态评估实现了模型与监测数据的准确匹配，剩余寿命概率分布的预测结果与真实寿命值接近。

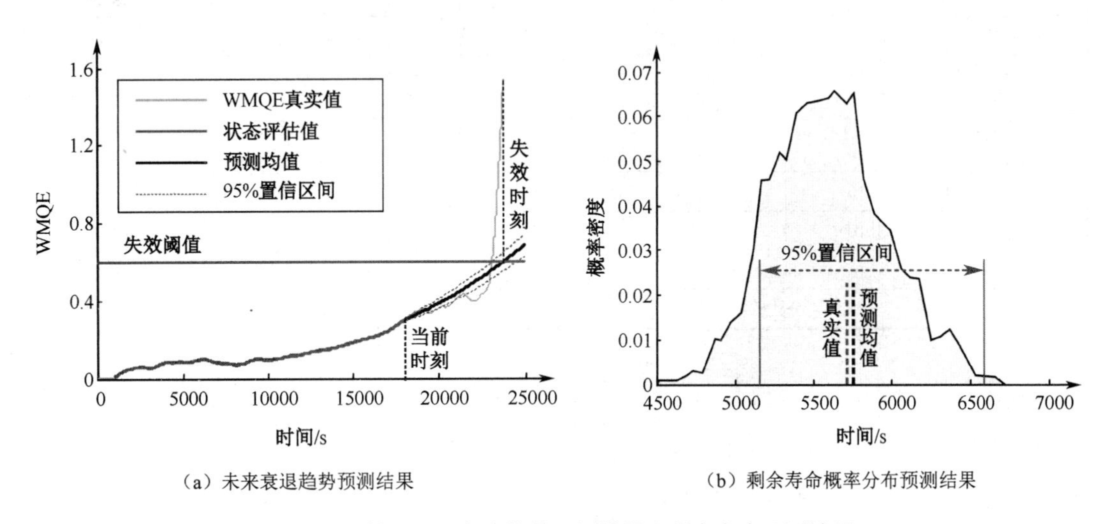

（a）未来衰退趋势预测结果　　（b）剩余寿命概率分布预测结果

图 5-16　轴承 1-3 未来趋势预测结果和剩余寿命预测结果

为了对轴承寿命预测精度进行定量评估，计算预测结果的误差百分比 $E_n=(l_n-\hat{l}_n)/l_n\times100\%$，其中 l_n 和 $\hat{l}_n$ 分别为第 n 个样本的剩余寿命真实值和预测结果的均值。并将误差百分比代入以下精度评价指标，对预测结果的精度进行评估。

$$\text{Score}=\frac{1}{N}\sum_{n=1}^{N}A_n,\quad A_n=\begin{cases}\exp\left(-\ln(0.5)\left(\dfrac{E_n}{5}\right)\right),if\ E_n\leqslant0\\ \exp\left(+\ln(0.5)\left(\dfrac{E_n}{20}\right)\right),if\ E_n>0\end{cases}\tag{5-42}$$

指标的得分越大，表明预测结果精度越高。为了与工程实际需求保持一致，该指标根据正负预测误差造成的危害程度，对正负预测误差施加了大小不同的惩罚项。如果预测结果偏大，在轴承失效前未能对轴承进行及时更换，轴承失效可能会使整个机械系统崩溃，甚至导致严重灾难事故。实际工程中，预测结果偏大造成的危害要比预测结果偏小造成的危害更加严重。因此，该精度评价指标对负的预测误差比正的预测误差施加更大的惩罚项，使其对应得分更小。表 5-3 给出了 11 组测试轴承的真实剩余寿命和预测结果，并将基于 PF 的寿命预测方法分别与其他两种方法进行了对比。

表 5-3　测试轴承剩余寿命预测结果与预测精度比较

轴承序号	运行时间/s	真实寿命/s	预测寿命/s	误差百分比/%		
				方法 1	方法 2	PF 寿命预测
1-3	18010	5730	5750	37	−1.04	−0.35
1-4	11380	339	320	80	−20.94	5.60
1-5	23010	1610	0	9	−278.26	100
1-6	23010	1460	1050	−5	19.18	28.08
1-7	15010	7570	9050	−2	−7.13	−19.55
2-3	12010	7530	9050	64	10.49	−20.19
2-4	6110	1390	1270	10	51.80	8.63
2-5	20010	3090	2370	−440	28.80	23.30
2-6	5710	1290	530	49	−20.93	58.91
2-7	1710	580	550	−317	44.83	5.17
3-3	3510	820	490	90	−3.66	40.24
Score				0.3066	0.3550	0.4285
误差百分比的方差值				173.2757	90.2924	35.4135

方法 1 是 PHM2012 挑战赛上获得冠军的方法，方法 2 与基于 PF 的寿命预测方法相似，采用自组织神经网络构造健康指标，并用高斯过程回归预测剩余寿命。为了定量比较方法的稳定性，计算不同样本预测结果误差百分比的方差值，见表 5-3。由结果可以看出基于 PF 的寿命预测结果的得分相比于其他两种方法分别提高了 7.35%和 12.19%，而且误差百分

比的方差也是三种方法中最小的，说明基于 PF 的寿命预测结果精度和对不同样本预测结果的稳定性都好于其他两种方法。

5.3　自适应多核组合相关向量机剩余寿命预测

RVM 是一种有监督的机器学习模型，它不仅克服了 SVM 惩罚系数难确定、核函数必须满足 Mercer 定理等问题，还能提供概率性的预测结果，因而被应用于数据驱动的高端装备剩余寿命预测中。本节针对 RVM 研究中人为选择单一核函数导致预测精度对参数依赖性大和鲁棒性弱的问题，提出了一种自适应多核组合 RVM 剩余寿命预测方法。该方法首先选择多个核函数，利用 PF 产生核函数权重，建立多核组合 RVM 集，然后经过不断的迭代预测、权值更新和重采样，自适应选择最优多核组合 RVM，从而融合多个核函数的特性，克服基于单一核函数 RVM 的局限，提高预测精度和鲁棒性。

5.3.1　相关向量机基本原理

1. RVM

RVM 作为一种建立在贝叶斯框架下的监督学习模型。用于模型训练的数据样本由输入向量$\left\{\boldsymbol{x}_n \middle| n=1,2,\cdots,N\right\}$及其对应的目标值$\left\{z_n \middle| n=1,2,\cdots,N\right\}$组成。RVM 使用下列线性模型来描述输入向量$\boldsymbol{x}_n$与目标值$z_n$之间的对应关系：

$$z_n = y\left(\boldsymbol{x}_n\right) + \varepsilon_n \tag{5-43}$$

$$y\left(\boldsymbol{x}_n\right)=\sum_{i=1}^{N} w_i k\left(\boldsymbol{x}_i,\boldsymbol{x}_n\right)=\boldsymbol{w}^{\mathrm{T}} k\left(\boldsymbol{x},\boldsymbol{x}_n\right) \tag{5-44}$$

式中，ε_n是附加的噪声项，且$\varepsilon_n \sim N\left(0,\sigma^2\right)$；$\boldsymbol{x}=\left(\boldsymbol{x}_1,\boldsymbol{x}_2,\cdots,\boldsymbol{x}_N\right)^{\mathrm{T}}$；$\boldsymbol{w}=\left(w_1,w_2,\cdots,w_N\right)^{\mathrm{T}}$是权重向量；$k(\cdot,\cdot)$是核函数。因此，目标值$z_n$的条件概率服从均值为$y\left(\boldsymbol{x}_n\right)$、方差为$\sigma^2$的高斯分布，目标向量$\boldsymbol{z}$的条件概率可以表示为：

$$p\left(\boldsymbol{z}\middle|\boldsymbol{w},\sigma^2\right)=\prod_{n=1}^{N} p\left(z_n\middle|\boldsymbol{w},\sigma^2\right)=\left(2\pi\sigma^2\right)^{-N/2}\exp\left\{-\frac{1}{2\sigma^2}\left\|\boldsymbol{z}-\boldsymbol{\Phi}\boldsymbol{w}\right\|^2\right\} \tag{5-45}$$

式中，$\boldsymbol{z}=\left(z_1,z_2,...,z_N\right)^{\mathrm{T}}$；$\boldsymbol{\Phi}=\left[k\left(\boldsymbol{x},\boldsymbol{x}_1\right),k\left(\boldsymbol{x},\boldsymbol{x}_2\right),\cdots,k\left(\boldsymbol{x},\boldsymbol{x}_N\right)\right]^{\mathrm{T}}$是一个$N\times N$的核矩阵。

在式（5-45）中，利用极大似然估计法求解$\boldsymbol{w}$和σ^2时，经常出现过拟合问题。为了避免这一问题，RVM 引入了关于$\boldsymbol{w}$的自动相关性来确定高斯先验，即：

$$p\left(\boldsymbol{w}\middle|\boldsymbol{\alpha}\right)=\prod_{i=1}^{N} N\left(w_i\middle|0,\alpha_i^{-1}\right) \tag{5-46}$$

式中，$\boldsymbol{\alpha}=\left(\alpha_1,\alpha_2,\cdots,\alpha_N\right)^{\mathrm{T}}$是超参数向量，且每个独立的超参数$\alpha_i$表示对应权重$w_i$的精度。

基于贝叶斯公式，$\boldsymbol{w}$ 的后验分布可表示为：

$$p\left(\boldsymbol{w}\middle|\boldsymbol{z},\boldsymbol{\alpha},\sigma^2\right)=\frac{p\left(\boldsymbol{z}\middle|\boldsymbol{w},\sigma^2\right)p\left(\boldsymbol{w}\middle|\boldsymbol{\alpha}\right)}{p\left(\boldsymbol{z}\middle|\boldsymbol{\alpha},\sigma^2\right)} \tag{5-47}$$

式中，$\boldsymbol{w}$ 的后验分布服从均值为 $\boldsymbol{\mu}=\boldsymbol{\Sigma\Phi}^{\mathrm{T}}\boldsymbol{Bz}$、方差为 $\boldsymbol{\Sigma}=\left(\boldsymbol{\Phi}^{\mathrm{T}}\boldsymbol{B\Phi}+\boldsymbol{A}\right)^{-1}$ 的高斯分布，其中，$\boldsymbol{A}=\mathrm{diag}\left(\alpha_1,\alpha_2,\cdots,\alpha_N\right)$，$\boldsymbol{B}=\sigma^{-2}\boldsymbol{I}_N$。通过对模型参数进行积分，可得超参数 $\boldsymbol{\alpha}$ 和 σ^2 的对数边际似然函数为：

$$\ln p\left(\boldsymbol{z}\middle|\boldsymbol{\alpha},\sigma^2\right)=\ln\int p\left(\boldsymbol{z}\middle|\boldsymbol{w},\sigma^2\right)p\left(\boldsymbol{w}\middle|\boldsymbol{\alpha}\right)\mathrm{d}\boldsymbol{w}=-\frac{1}{2}\left[N\ln(2\pi)+\ln\left|\boldsymbol{C}\right|+\boldsymbol{z}^{\mathrm{T}}\boldsymbol{C}^{-1}\boldsymbol{z}\right] \tag{5-48}$$

$$\boldsymbol{C}=\sigma^2\boldsymbol{I}+\boldsymbol{\Phi A}^{-1}\boldsymbol{\Phi}^{\mathrm{T}} \tag{5-49}$$

由于最大化式（5-48）无法得到超参数 $\boldsymbol{\alpha}$ 和 σ^2 的近似解，因此 RVM 使用连续稀疏贝叶斯学习算法优化超参数 $\boldsymbol{\alpha}$ 和 σ^2。在获取最优的超参数值 $\boldsymbol{\alpha}_{\mathrm{MP}}$ 和 σ^2_{MP} 后，对于一个给定的新输入 $\boldsymbol{x}_*$，其对应的目标值 z_* 的预测性分布可通过下式计算得到：

$$\begin{aligned}p\left(z_*\middle|\boldsymbol{z},\boldsymbol{\alpha}_{\mathrm{MP}},\sigma^2_{\mathrm{MP}}\right)&=\int p\left(z_*\middle|\boldsymbol{w},\sigma^2_{\mathrm{MP}}\right)p\left(\boldsymbol{w}\middle|\boldsymbol{z},\boldsymbol{\alpha}_{\mathrm{MP}},\sigma^2_{\mathrm{MP}}\right)\mathrm{d}\boldsymbol{w}\\&=N\left(z_*\middle|\boldsymbol{\mu}^{\mathrm{T}}_{\mathrm{MP}}K\left(\boldsymbol{x},\boldsymbol{x}_*\right),\sigma^2_{\mathrm{MP}}+K\left(\boldsymbol{x},\boldsymbol{x}_*\right)^{\mathrm{T}}\boldsymbol{\Sigma}_{\mathrm{MP}}K\left(\boldsymbol{x},\boldsymbol{x}_*\right)\right)\end{aligned} \tag{5-50}$$

2. 核函数

由以上理论可知，RVM 是一种含有核函数的概率模型，该模型运用核函数将原始数据映射到高维特征空间，进行非线性变换，因此核函数是决定 RVM 预测精度的重要因素之一。如表 5-4 所示，核函数分为全局核函数和局部核函数两类。不同类型的核函数具有不同的特性，其中全局核函数具有较强的泛化能力，局部核函数具有较强的非线性逼近能力。此外，即使属于同一类型的多个核函数，其泛化能力或非线性逼近能力也有差异。

表 5-4　常见核函数

类型	名称	表达式	特性
全局核函数	多项式核函数	$k(\boldsymbol{x},\boldsymbol{y})=\left(\alpha\boldsymbol{x}^{\mathrm{T}}\boldsymbol{y}+c\right)^d$	泛化能力强
	样条核函数	$k(\boldsymbol{x},\boldsymbol{y})=1+\boldsymbol{x}^{\mathrm{T}}\boldsymbol{y}+\boldsymbol{x}^{\mathrm{T}}\boldsymbol{y}\cdot\min\left(\boldsymbol{x}^{\mathrm{T}}\boldsymbol{y}\right)-\frac{(\boldsymbol{x}+\boldsymbol{y})}{2}\cdot\min\left[\left(\boldsymbol{x}^{\mathrm{T}}\boldsymbol{y}\right)^2\right]+\frac{1}{3}\min\left[\left(\boldsymbol{x}^{\mathrm{T}}\boldsymbol{y}\right)^3\right]$	
局部核函数	高斯径向基核函数	$k(\boldsymbol{x},\boldsymbol{y})=\exp\left(-\frac{\lVert\boldsymbol{x}-\boldsymbol{y}\rVert^2}{\delta^2}\right)$	非线性逼近能力强
	柯西核函数	$k(\boldsymbol{x},\boldsymbol{y})=1\Big/\left(1+\frac{\lVert\boldsymbol{x}-\boldsymbol{y}\rVert^2}{\delta}\right)$	
	逆多元二次核函数	$k(\boldsymbol{x},\boldsymbol{y})=1\Big/\sqrt{\lVert\boldsymbol{x}-\boldsymbol{y}\rVert^2+c^2}$	
	拉普拉斯核函数	$k(\boldsymbol{x},\boldsymbol{y})=\exp\left(-\frac{\lVert\boldsymbol{x}-\boldsymbol{y}\rVert}{\delta}\right)$	

5.3.2 基于自适应多核组合相关向量机的剩余寿命预测方法

在基于 RVM 的剩余寿命预测研究中，人为选择单一核函数增加了预测精度对参数的依赖性，降低了 RVM 预测的鲁棒性。由于各个核函数对不同趋势数据的预测精度不同，因此运用单一核函数建立的 RVM 不能兼顾预测精度和模型鲁棒性。针对以上问题，根据取长补短、优势互补的原则，本节提出了自适应多核组合 RVM 剩余寿命预测方法，将不同的核函数进行融合，集成各个核函数的特性，建立多核组合核函数。该方法的预测流程如图 5-17 所示，主要包括四个步骤：构建健康指标、建立多核组合 RVM 集、自适应优选多核组合 RVM 及预测退化趋势与剩余寿命。

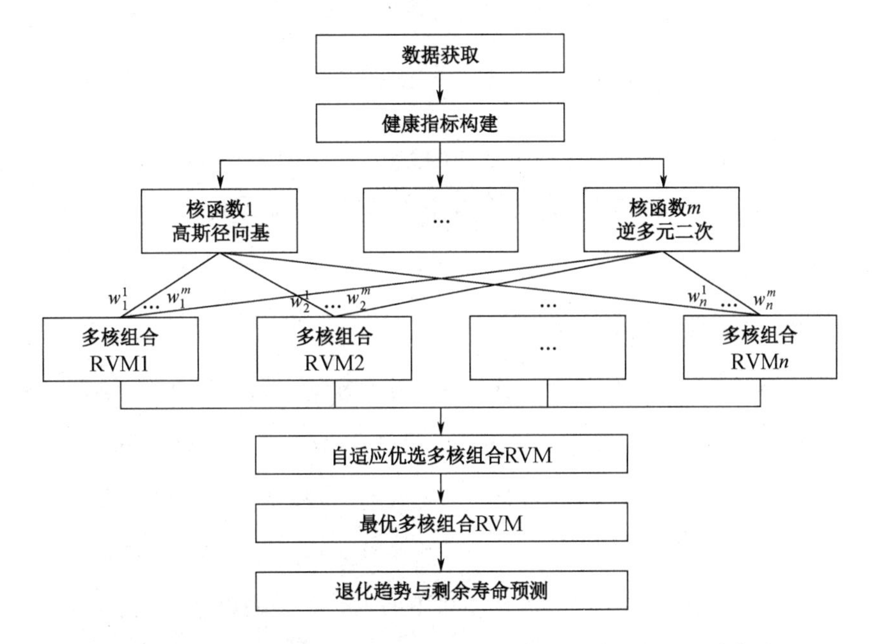

图 5-17 自适应多核组合 RVM 剩余寿命预测方法的预测流程

1. 构建健康指标

在进行剩余寿命预测之前，需要构建一个能够反映装备在全寿命周期内退化趋势的健康指标，以衡量其健康状况并预测剩余寿命。自适应多核组合 RVM 剩余寿命预测方法首先利用三层小波包分解将监测信号分解到 8 个子频带上，然后分别计算每个子频带的能量值，最后选择趋势性最好的子频段能量值作为健康指标。

2. 建立多核组合 RVM 集

根据核函数的凸组合定理可知，核函数进行线性组合获得的函数仍为核函数，这不仅满足核函数的基本定理，而且可融合多个核函数特性。核函数线性组合为：

$$\tilde{k}(x,y)=\sum_{m=1}^{M}w_m k_m k_m(x,y) \tag{5-51}$$

式中，M 是单一核函数的数目；w_m 是第 m 个单一核函数权重，且 $0\leqslant w_m\leqslant 1$，$\sum_{m=1}^{M}w_m=1$；$k_m(x,y)$ 是第 m 个单一核函数。若单一核函数 $k_m(x,y)$ 及其权重 w_m 选取合适，则组合核函数 $\tilde{k}(x,y)$ 能表现出更强的泛化能力和非线性逼近能力。

基于以上分析，为了构造性能更优的多核组合核函数，并避免人为选择核函数的主观性，自适应多核组合 RVM 剩余寿命预测方法首先选择 m 个单一核函数，形成核函数集。然后利用 PF 产生一系列多核组合核函数权重粒子，形成多核组合核函数权重矩阵 $\boldsymbol{w}^{m\times n}=\{\boldsymbol{w}_i\}_{i=1}^{n}$，并采用线性组合构造多核组合核函数集：

$$k_i=\sum_{j=1}^{m}w_i^j k^j \tag{5-52}$$

式中，k_i（$i=1,2,\cdots,n$）是第 l 个多核组合核函数；k^j（$j=1,2,\cdots,m$）是第 j 个单一核函数；$0\leqslant w_i^j\leqslant 1$。最后，利用多核组合核函数集建立多核组合 RVM 集，并使用训练样本集训练各个多核组合 RVM。

3. 自适应优选多核组合 RVM

由于建立多核组合 RVM 集中训练好的 n 个多核组合 RVM 预测性能各异，需要对这些模型进一步优选，以获得预测性能最佳的多核组合 RVM。具体步骤如下：

（1）将训练好的每个多核组合 RVM 作为一个模型粒子，设定每个模型粒子的初始权值均为 $1/n$。

（2）使用各个模型粒子分别对训练样本集中的每一个时刻进行迭代预测，例如，第 h 时刻的预测值向量为：

$$\boldsymbol{y}_h'=\left[(y_h^1)',(y_h^2)',\cdots,(y_h^n)'\right]^{\mathrm{T}} \tag{5-53}$$

式中，$(y_h^i)'$ 是第 h 时刻第 i 个模型粒子的预测值，其中，$i=1,2,\cdots,n$。

（3）根据第 h 时刻的迭代预测值向量 $\boldsymbol{y}_h'$ 和真实值 $\boldsymbol{y}_h$，更新各个模型粒子的权值：

$$v_h^i=\frac{1}{\sqrt{2\pi\sigma_v}}\exp\left\{-\frac{1}{2}\left(\frac{\boldsymbol{y}_h^i-\boldsymbol{y}_h}{\sigma_v}\right)^2\right\} \tag{5-54}$$

式中，v_h^i 是第 h 时刻第 i 个模型粒子的权值，并通过 $v_h^i/\sum_i v_h^i$ 对其进行归一化。

（4）根据模型粒子权值 v_h^i 的大小进行重采样，保留较大权值的模型粒子，并统计各个模型粒子的数量；当递推次数 h 小于训练样本总数之时，令 $h=h+1$，返回步骤（1）；直至模型训练遍历训练样本，则进行下一步寿命预测。经过不断地迭代预测、权值更新和重采

样后，选择数量最多的模型粒子为最优多核组合 RVM。

4. 预测退化趋势与剩余寿命

利用最优多核组合 RVM 预测装备的退化趋势，并依据设定的失效阈值，计算装备剩余寿命。

5.3.3 齿轮剩余寿命预测

1. 数据介绍

使用齿轮全寿命周期数据对自适应多核组合 RVM 剩余寿命预测方法进行验证。齿轮疲劳寿命实验台如图 5-18 所示，该实验台采用背靠背式结构设计，由两个相同传动比的齿轮箱连接构成。其中一个齿轮箱为测试齿轮箱，另一个为陪试齿轮箱。为保证实验过程中齿轮故障只发生在测试齿轮箱中，在陪试齿轮箱中安装宽齿斜齿轮，在测试齿轮箱中安装窄齿直齿轮。两个小齿轮的连接轴为高性能弹性轴，通过扭力加载装置将两根弹性轴端面相对旋转一定角度，使两根轴产生弹性变形，从而实现齿轮加载。设置驱动电动机的转速为 1 460 r/min，负载为 1 200 N·m，采用加速度传感器不断获取测试齿轮箱的振动信号，采样频率为 20 kHz，每次采样时长为 6 s。测试齿轮运行 71.5 min 后严重失效，停机检测到测试小齿轮出现严重裂纹故障。

（a）实验台照片

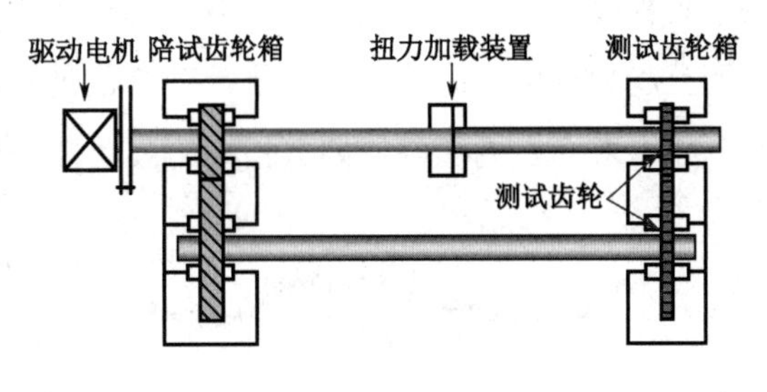

（b）实验台结构

图 5-18　齿轮疲劳寿命实验台

测试齿轮的全寿命周期振动信号如图 5-19 所示。可以看出，振动信号的幅值在起始阶段波动较大，随后趋于平稳，最后随着齿轮故障的出现与加剧逐渐表现出明显的增长趋势。起始阶段的信号波动由齿轮前期的磨合所致，该阶段的齿轮处于健康状态，无需对齿轮进行剩余寿命预测。因此，选取齿轮全寿命周期振动信号的后半段进行分析，利用自适应多核组合 RVM 剩余寿命预测方法对齿轮的剩余寿命进行预测。

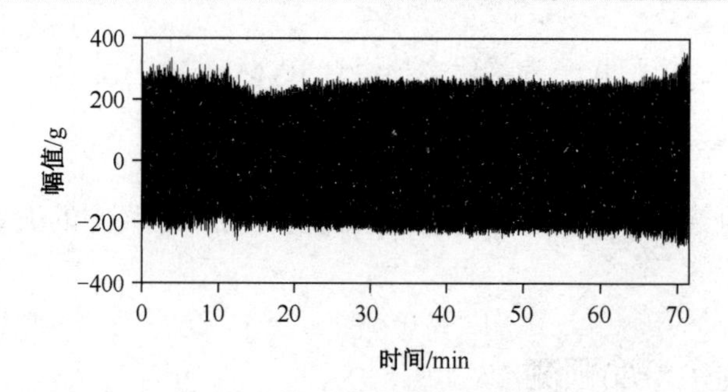

图 5-19　测试齿轮的全寿命周期振动信号

2. 剩余寿命预测结果

为构建齿轮的健康指标，首先利用三层小波包分解将振动信号分解到 8 个独立子频带上，然后计算每个子频带的能量值。各子频带的能量值计算式为：

$$E(j)=\sum_{j=1}^{N}x^2(j) \tag{5-55}$$

式中，$E(j)$是各子频带的能量值，其中$j=1,2,\cdots,8$；$x(j)$是各子频带时域信号的幅值成分；N是数据点数。如图 5-20 所示给出了子频带 1～8 的能量值变化趋势。可以看出，各个子频带能量值的变化趋势有所差异，有些子频带能量值随着时间的推移有整体上升的趋势，而有些则有下降的趋势，反映出齿轮振动信号能量随故障程度的加剧而增大或减小，性能不断退化。所有子频带能量值在实验的最后时刻都出现急剧上升或下降，表明齿轮故障到一定程度后突然完全失效。其中，子频带 7 的能量值整体变化趋势表现为单调缓慢上升，而且趋势性强。因此，选择子频带 7 的能量值作为齿轮健康指标，用于预测齿轮退化趋势与剩余寿命。为了降低健康指标的波动性，对健康指标进行了平滑处理。

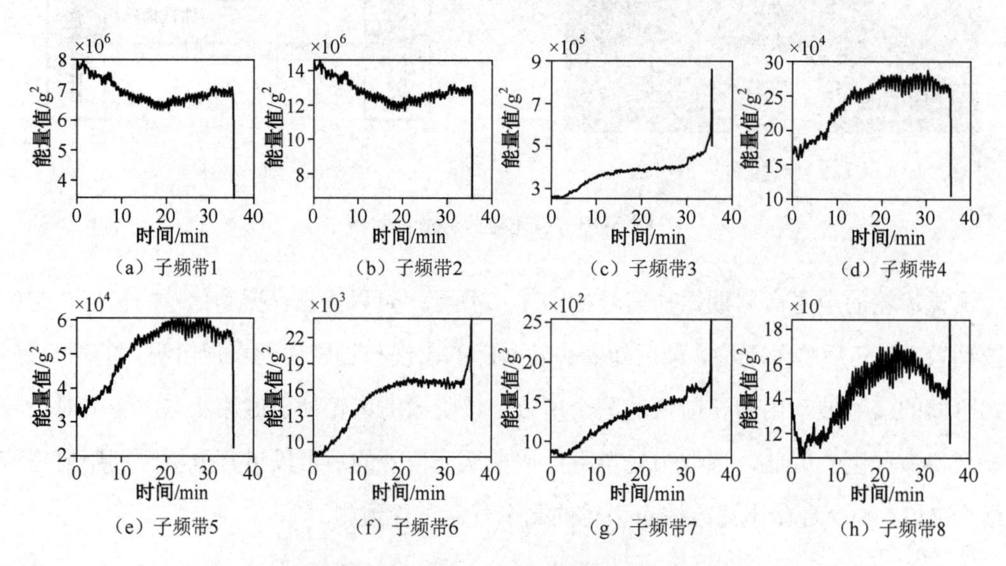

图 5-20　子频带 1～8 的能量值变化趋势

由图 5-20（g）可知，健康指标的幅值随齿轮性能的退化而逐渐增大，并在实验的最后时刻发生突变。若选择健康指标的最大幅值作为失效阈值，将不利于及时开展维修活动，增大齿轮突然失效的风险。因此，本节将齿轮失效阈值设置为健康指标突变前的幅值，即 1 735 g^2。确定失效阈值之后，分别利用自适应多核组合 RVM 和基于单一核函数的 RVM 对齿轮退化趋势与剩余寿命进行预测。使用的核函数包括高斯径向基核函数、柯西核函数、多项式核函数、样条核函数和逆多元二次核函数。图 5-21（a）和（b）分别给出了自适应多核组合 RVM 和基于单一核函数的 RVM 在第 20 min 和第 30 min 时齿轮退化趋势的预测结果。从图 5-21 中可以看出，自适应多核组合 RVM 在第 20 min 和第 30 min 时均能较为准确地预测出齿轮的退化趋势，而基于单一核函数的 RVM 预测精度较低或鲁棒性弱。例如，基于柯西核函数和样条核函数的 RVM 在第 20 min 时的预测结果与齿轮的真实退化趋势较为接近，但在第 30 min 时的预测结果与真实退化趋势存在较大偏差。

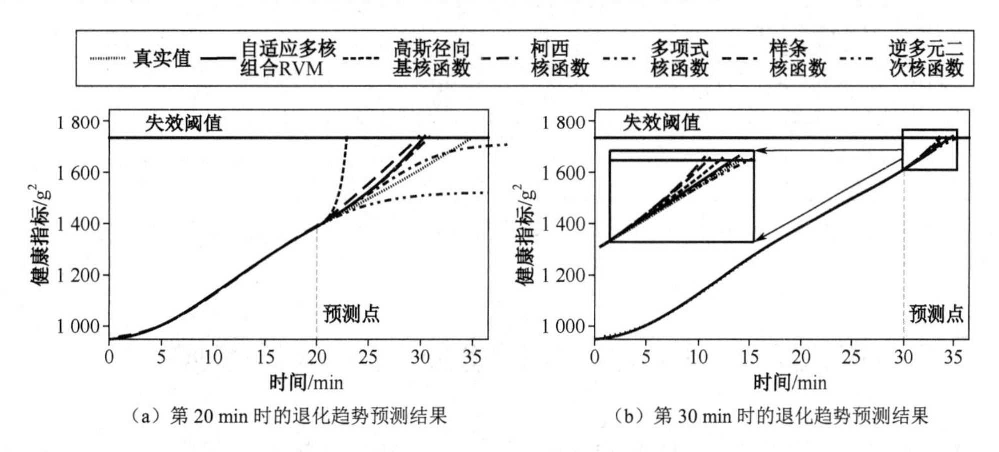

（a）第 20 min 时的退化趋势预测结果　（b）第 30 min 时的退化趋势预测结果

图 5-21　自适应多核组合 RVM 与基于单一核函数的 RVM 的齿轮退化趋势预测结果

根据退化趋势预测结果，在第 20 min 至第 35 min，每隔 2 min 进行一次剩余寿命预测，结果如图 5-22 所示。可以看出，在预测起始时刻，两种方法的预测误差较大，但随着时间的推移，自适应多核组合 RVM 的预测值迅速收敛于真实值，而且表现出比基于单一核函数的 RVM 更好的预测效果。为了更直观地比较两种方法的预测性能，表 5-5 给出了各预测方法在齿轮剩余寿命预测中的绝对百分误差。从表中可以看出，自适应多核组合 RVM 的绝对百分误差的均值为 6.395%，方差为 26.429，均小于其他基于单一核函数的 RVM，说明自适应多核组合 RVM 的预测精度更高，鲁棒性更强。

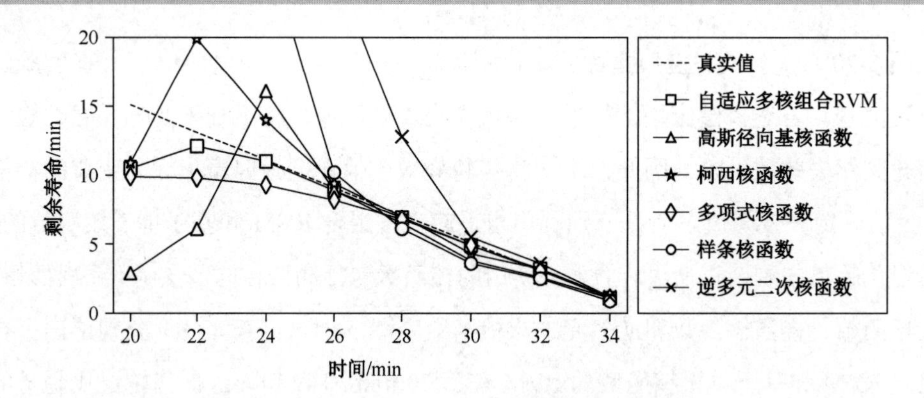

图 5-22 自适应多核组合 RVM 与基于单一核函数的 RVM 的齿轮剩余寿命预测值

表 5-5 自适应多核组合 RVM 与基于单一核函数 RVM 的预测绝对百分误差对比

核函数	绝对百分误差的平均值（%）	绝对百分误差的方差
高斯径向基核函数	28.943	35.196
逆多元二次核函数	+∞	+∞
柯西核函数	17.320	45.857
多项式核函数	11.735	33.359
样条核函数	57.589	145.396
自适应多核组合 RVM	6.395	26.429

注：由于基于逆多元二次核函数的 RVM 在某些时刻的剩余寿命预测值为无穷大，故其绝对百分误差的平均值与方差均为无穷大

5.4 深度可分卷积网络构建及剩余寿命预测

随着人工智能技术的蓬勃发展，DBN、CNN、RNN 等深度学习方法逐渐被引入数据驱动的剩余寿命预测方法。相比于 RVM、ANN 等浅层智能模型，深度预测模型具有信息挖掘与表征学习的能力，能够统筹退化信息挖掘与映射关系学习过程，建立原始监测数据与剩余寿命预测之间的直接映射关系，进而获得更加准确的剩余寿命预测结果。本节基于深度学习理论研究新的数据驱动剩余寿命预测方法——DSCN，其中引入了可分卷积取代标准卷积，旨在建立不同传感器数据之间的相互作用关系。同时，为了提高预测网络对重要退化信息的敏感程度，DSCN 在可分卷积层后构造了一个信息精炼单元，即 SE（Squeeze and Excitation）单元。使用可分卷积层和 SE 单元构建多个可分卷积模块，通过堆叠这些可分卷积模块，DSCN 能够自动地从输入的原始监测数据中学到多层次的数据表征，无需预先构建装备健康指标，进而通过全连接层输出装备的剩余寿命。

5.4.1 可分卷积模块构建

1. 可分卷积

为了全面监测高端装备的退化状态，通常在装备的不同部件上安装多个传感器。这些多传感器监测数据组成了多通道时间序列输入数据，而且具有以下两个明显的特点：第一，同一通道的时间序列数据具有时间尺度上的自相关性，即时间相关性，这是因为这些数据来自同一监测传感器，反映了被监测部件随时间的退化过程；第二，不同通道的时间序列数据具有互相关性，即通道相关性。这是因为不同传感器监测的为同一对象，故障信息通过不同传递路径被各传感器捕获，此外，不同部件在结构上存在关联，某个部件发生故障时会诱发另外一个关联部件也产生故障，而且不同部件之间的故障会相互作用，最终导致装备完全失效。因此，为了在学习各个部件退化规律的同时，捕捉不同部件之间的相互作用关系，DSCN 将可分卷积引入装备剩余寿命预测。

如图 5-23 所示，可分卷积可视为是对标准卷积的一种因式分解，由逐通道卷积和逐点卷积组成。首先，逐通道卷积使用单个卷积核在每个输入通道上执行卷积操作，单独地构建各通道的时间相关性。然后，逐点卷积使用 1×1 的卷积核将逐通道卷积的输出线性联合起来，建立不同通道之间的相关性。通过以上两个独立的步骤，可分卷积能够依次学习输入数据的时间相关性和通道相关性。不同于标准卷积同时映射时间相关性和通道相关性并建模高端装备的退化过程，可分卷积在表征学习过程中能够将输入数据的时间相关性和通道相关性充分地解耦，有效地学习与捕捉传感器数据之间的依赖性和相关性。假设 $\boldsymbol{x}^{l-1} \in \mathbf{R}^{H\times W\times C}$ 为可分卷积层的输入， $\boldsymbol{K} \in \mathbf{R}^{M\times 1\times C\times N}$ 为标准卷积核。其中，H 和 W 分别为输入的长度和宽度（维度）；C 是输入的通道数；M×1 是标准卷积核的尺寸；N 是标准卷积核的个数。若 $\boldsymbol{x}^{l-1}$ 为多传感器输入的原始数据，H 是每个传感器序列的长度，W 等于 1，C 是监测传感器个数，此处假设一个监测传感器仅能获取一个传感器序列。在可分卷积操作中，标准卷积核 $\boldsymbol{K}$ 将被因式分解为逐通道卷积核 $\boldsymbol{R} \in \mathbf{R}^{M\times 1\times C}$ 和逐点卷积核 $\boldsymbol{P} \in \mathbf{R}^{C\times N}$ 。由此，可分卷积层的第 n 个输出 $\boldsymbol{z}_n^l$ 可通过下式计算得到：

$$\boldsymbol{y}_c^l = \boldsymbol{R}_c * \boldsymbol{x}_c^{l-1} + \boldsymbol{b}_c^l \tag{5-56}$$

$$\boldsymbol{z}_c^l = \sum_{c=1}^{C} \boldsymbol{P}_c * \boldsymbol{y}_c^l + \boldsymbol{b}_n^l \tag{5-57}$$

式中，$\boldsymbol{y}_c^l$ 是第 c 个逐通道卷积的输出；$\boldsymbol{R}_c$ 是第 c 个输入通道的逐通道卷积核；$\boldsymbol{b}_c^l$ 是对应于 $\boldsymbol{R}_c$ 的偏置项；$\boldsymbol{P}_n$ 是第 n 个尺寸为 1×1 的逐点卷积核；$\boldsymbol{b}_n^l$ 是对应于 $\boldsymbol{P}_n$ 的偏置项。

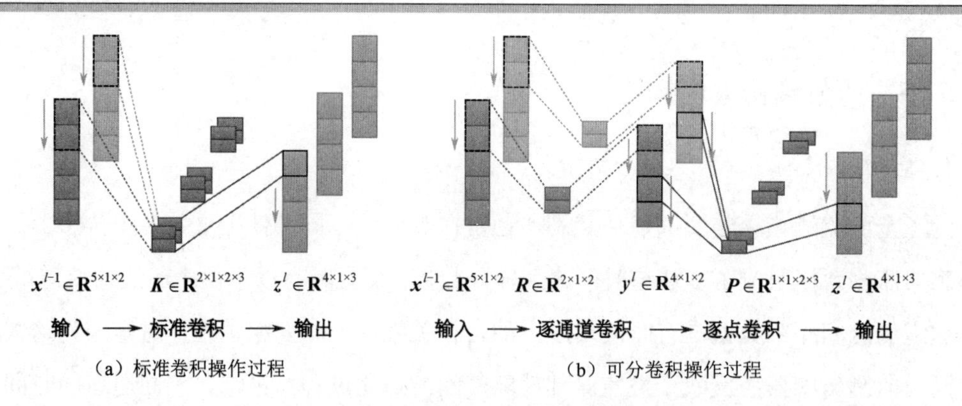

（a）标准卷积操作过程　（b）可分卷积操作过程

图 5-23　标准卷积与可分卷积操作过程

2. SE 单元

经过可分卷积操作后，可分卷积层获得了不同的特征面，而且这些特征面包含不同的退化信息量。有些特征面有丰富的装备退化信息，而有些特征面的退化信息匮乏。因此，为了突出具有丰富退化信息的特征面并抑制退化信息匮乏的特征面，DSCN 在可分卷积层后构建了 SE 单元。SE 单元能够自动地评估每个特征面所包含的表征信息量，然后对各个特征面进行重新标定，如图 5-24 所示。具体来说，SE 单元的特征面重新标定过程分为两步：信息浓缩与权重计算。

首先，使用全局平均池化压缩可分卷积层的每个特征面 $\boldsymbol{z}_n^l$，进而将每个特征面的全局信息浓缩到一个通道描述器 $u^l\in\mathbf{R}^C$ 中。u^l 由 N 个统计值组成，且第 n 个值 u_n^l 可由下式计算得到：

$$u_n^l=\frac{1}{H}\sum_{h=1}^{H}z_{n,h}^l \tag{5-58}$$

然后，基于通道描述器 u^l，使用一个门控机制评估每个通道（特征面）的信息量，进而计算对应的通道权重 $\boldsymbol{\omega}^l$，即：

$$\boldsymbol{\omega}^l=\sigma_{\mathrm{s}}\left[\boldsymbol{W}_2^l\cdot\sigma_{\mathrm{r}}\left(\boldsymbol{W}_1^l\boldsymbol{u}^l\right)\right] \tag{5-59}$$

式中，$\sigma_{\mathrm{s}}(\cdot)$ 和 $\sigma_{\mathrm{r}}(\cdot)$ 分别为 Sigmoid 和 ReLU 激活函数；$\boldsymbol{W}_1^l\in\mathbf{R}^{\frac{N}{r}\times N}$ 和 $\boldsymbol{W}_2^l\in\mathbf{R}^{N\times\frac{N}{r}}$ 为权重矩阵，其中，r 是维度降低率。为了降低网络的计算复杂度，式（5-59）中的门控机制由两个全连接层构成，其神经元个数分别为 N/r 和 N。获得通道权重 $\boldsymbol{\omega}^l$ 后，根据每个特征面的信息量重新对权重进行标定，即 $\tilde{\boldsymbol{z}}_n^l=\omega_n{}^l\cdot\boldsymbol{z}_n^l$。

3. 可分卷积模块

深度神经网络的表征学习能力可以通过堆叠更多的权重层来不断增强。但随着网络深

度的增加，训练变得更加困难，导致预测精度停滞甚至下降。因此，除了可分卷积与 SE 单元，DSCN 还采用了残差连接构建可分卷积模块，不仅可以降低 DSCN 的训练难度，同时也避免了因网络深度增加而导致的性能退化问题。此外，DSCN 将预激活策略应用到可分卷积模块中，弱化过拟合问题，提高 DSCN 的泛化能力。如图 5-25 所示为可分卷积模块的结构，该模块包含 2 个可分卷积层、1 个平均池化层和 1 个 SE 单元。残差连接添加在可分卷积模块的输入 $\boldsymbol{x}^{l-1}$ 和输出 $\boldsymbol{x}^{l}$ 之间，批归一化和 ReLU 激活函数放置在每个可分卷积层前，构成了预激活策略。

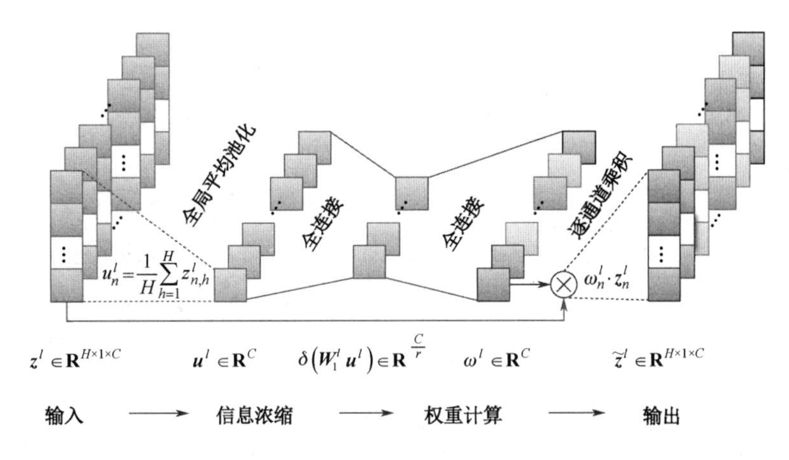

图 5-24 构建的 SE 单元及其特征面重新标定过程

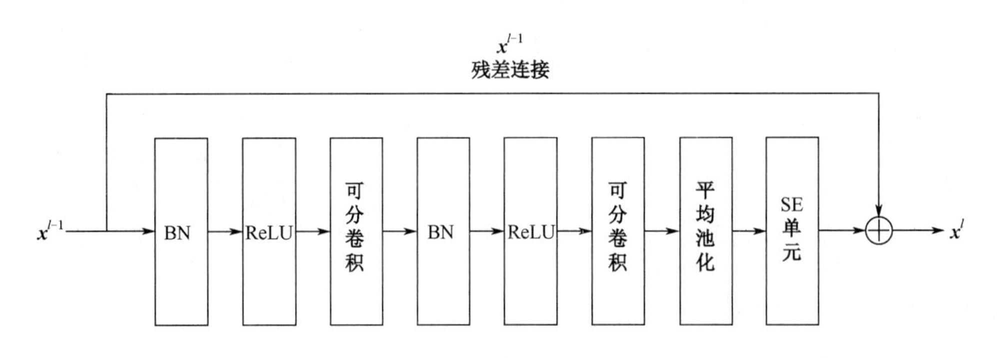

图 5-25 可分卷积模块的结构

在可分卷积模块中，批归一化旨在使每个分卷积层的输入更加稳定并抑制过拟合，允许 DSCN 在使用较大的学习率时对不同的网络参数初始化值不过于敏感。对于输入 $\boldsymbol{x}^{l-1}=\left(\boldsymbol{x}_1^{l-1},\boldsymbol{x}_2^{l-1},\cdots,\boldsymbol{x}_C^{l-1}\right)$，批归一化对每个通道上的数据 $\boldsymbol{x}_c^{l-1}$ 执行如下操作：

$$\hat{\boldsymbol{x}}_c^{l-1}=\frac{\boldsymbol{x}_c^{l-1}-\mu_B}{\sqrt{\sigma_B^2+\varepsilon}} \tag{5-60}$$

$$\boldsymbol{y}_c^{l-1}=\gamma_c\hat{\boldsymbol{x}}_c^{l-1}+\beta_c \tag{5-61}$$

式中，$\boldsymbol{y}_c^{l-1}$ 是 $\boldsymbol{x}_c^{l-1}$ 批归一化以后的输出；μ_B 和 σ_B^2 分别是批样本第 c 个通道的均值和方差；ε 是一个常数；γ_c 是第 c 个可学习的尺度参数；β_c 是第 c 个可学习的形状参数。

在标准卷积网络中，批归一化和 ReLU 激活函数通常放置于标准卷积操作后。然而，在有残差连接的卷积网络中，这种后激活策略并不能充分利用批归一化的优势。因此，DSCN 在可分卷积模块中使用了预激活策略，即将批归一化和 ReLU 激活函数置于每个可分卷积层前。此外，为了降低表征的维数，在 SE 单元前放置 1 个平均池化层执行降采样。通过对重新标定后的特征面 $\tilde{z}_n^l$ 和输入 $\boldsymbol{x}^{l-1}$ 执行逐元素相加，获得可分卷积模块的输出 $\boldsymbol{x}^l$，并将其前馈到后续的可分卷积模块或其他处理层中。

5.4.2 网络结构与剩余寿命预测

DSCN 的网络结构如图 5-26 所示，其输入是多传感器的原始监测数据，输出是对应的装备剩余寿命值。DSCN 由两个子网络构成，即表征学习子网络和剩余寿命预测子网络。表征学习子网络由多个可分卷积模块堆叠而成，能够自动地从输入数据中挖掘装备退化信息，进而学到不同层次的表征。剩余寿命预测子网络包含 1 个全局平均池化层和 1 个全连接层，能够利用表征学习子网络学到的深层特征进行回归分析，进而预测装备的剩余寿命值。关于 DSCN 的剩余寿命预测过程，详细描述如下。

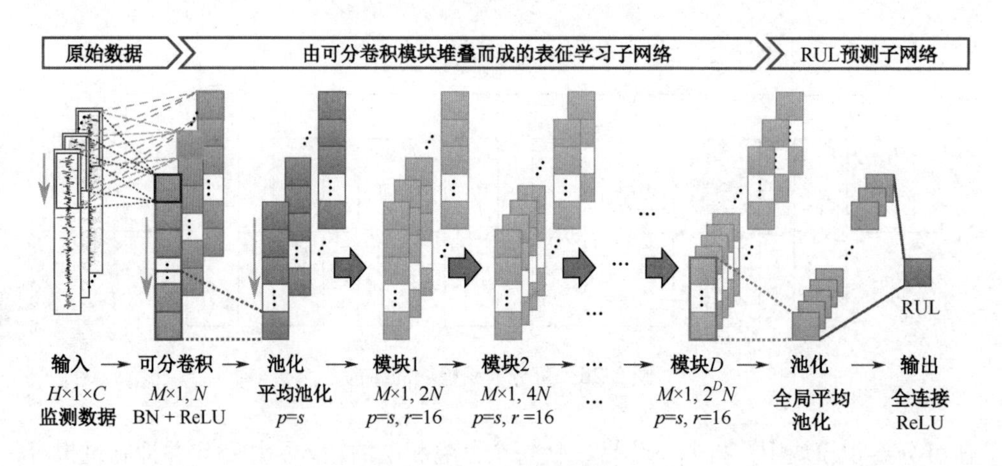

图 5-26 DSCN 的网络结构

（1）表征学习子网络首先使用一个可分卷积层处理输入的多传感器监测数据。在该可分卷积层中，输入数据的尺寸是 $H\times1\times C$，逐通道卷积核的尺寸是 $M\times1$，逐点卷积核的个数是 N，且批归一化和 ReLU 放置于可分卷积操作之后。在可分卷积层后，使用有非重叠

窗（即池化尺寸 p 等于滑动步长 s）的平均池化层执行降采样操作。随后，将学到的浅层特征前馈到后续的 $D-1$ 个可分卷积模块中，学习特征的深层表征。对于第 d 个可分卷积模块，两个可分卷积层有相同的超参数设置，即逐通道卷积核的尺寸为 $M\times1$，逐点卷积核的个数为 $2^d N$。此外，第 d 个可分卷积模块的平均池化层也使用非重叠窗，且 SE 单元的维度降低率 r 设置为 16。

（2）剩余寿命预测子网络首先使用全局平均池化层接收来自表征学习子网络的深层特征，即第 D 个可分卷积模块的输出。对应地，来自第 D 个可分卷积模块的 $2^d N$ 特征面转换为一个长度为 $2^d N$ 的一维数组。需要说明的是，这里使用全局平均池化层的目的主要是减少预测网络的参数量，以提高网络的训练速度。在全局平均池化层后，使用一个全连接层作为 DSCN 的输出层。这个全连接层采用 ReLU 作为激活函数，仅包含一个神经元，以预测装备的剩余寿命。

5.4.3 滚动轴承剩余寿命预测

1. 实验设计与数据获取

滚动轴承被称为工业关节，广泛应用于航空发动机、数控机床、风电机组等高端装备，轴承故障是装备失效的常见诱因。本节以滚动轴承为研究对象，开展轴承加速退化实验，获取轴承全寿命周期监测信号，进而对 DSCN 剩余寿命预测方法进行验证。实验所用的轴承加速退化测试平台如图 5-27 所示。该平台由交流电动机、电动机变频器、转轴、支撑轴承、液压加载系统和测试轴承等组成，可以在不同工况下开展多种型号滚动轴承的加速退化实验。该平台可调节径向力和转速，其中径向力由液压加载系统产生，作用于测试轴承的轴承座上；转速由交流电动机的变频器设置与调节。为了监测轴承的退化状态，分别在测试轴承的水平方向和竖直方向布置振动加速度传感器。振动信号的采样频率设置为 25.6 kHz，采样间隔为 1 min，每次采样时长为 1.28 s。如表 5-6 所示，实验共设计了 3 种工况，每种工况下测试 5 个 LDK UER204 滚动轴承。故障滚动轴承如图 5-28 所示，包括内圈磨损、保持架断裂、外圈磨损和外圈裂损等。如图 5-29 所示给出了不同工况下水平方向和垂直方向的轴承全寿命周期振动信号。为了验证 DSCN 剩余寿命预测方法的有效性，在每类工况下选择前 4 个轴承数据用来训练，剩余 1 个轴承数据用来测试。水平方向和垂直方向的振动信号均作为 DSCN 的输入。

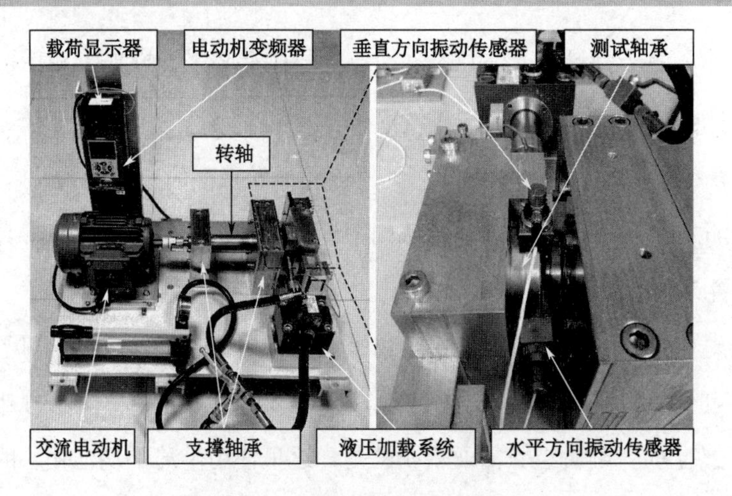

图 5-27 轴承加速退化测试平台

表 5-6 实验工况设置

工况	径向载荷/kN	电动机转速/r·min^{-1}	轴承编号	
			训练数据集	测试数据集
工况 1	12	2 100	轴承 1-1 轴承 1-2 轴承 1-3 轴承 1-4	轴承 1-5
工况 2	11	2 250	轴承 2-1 轴承 2-2 轴承 2-3 轴承 2-4	轴承 2-5
工况 3	10	2 400	轴承 3-1 轴承 3-2 轴承 3-3 轴承 3-4	轴承 3-5

（a）内圈磨损

（b）保持架断裂

（c）外圈磨损

（d）外圈裂损

图 5-28 故障滚动轴承

2. 剩余寿命预测结果

在对 DSCN 进行迭代训练前，需要对训练数据进行预处理并确定 DSCN 的超参数值。本节使用 z-score 归一化和时间窗嵌入策略对水平方向和垂直方向的振动信号进行预处理。同时，DSCN 的各个超参数值通过在训练数据集上进行 4 折交叉验证并综合权衡预测精度和计算复杂度后确定，具体见表 5-7。采用均方误差函数作为 DSCN 的损失函数，批样本大小为 128，并使用 Adam 优化器最小化损失函数。此外，DSCN 的权值和偏置使用预激活策略进行初始化，共进行了 100 次迭代训练。

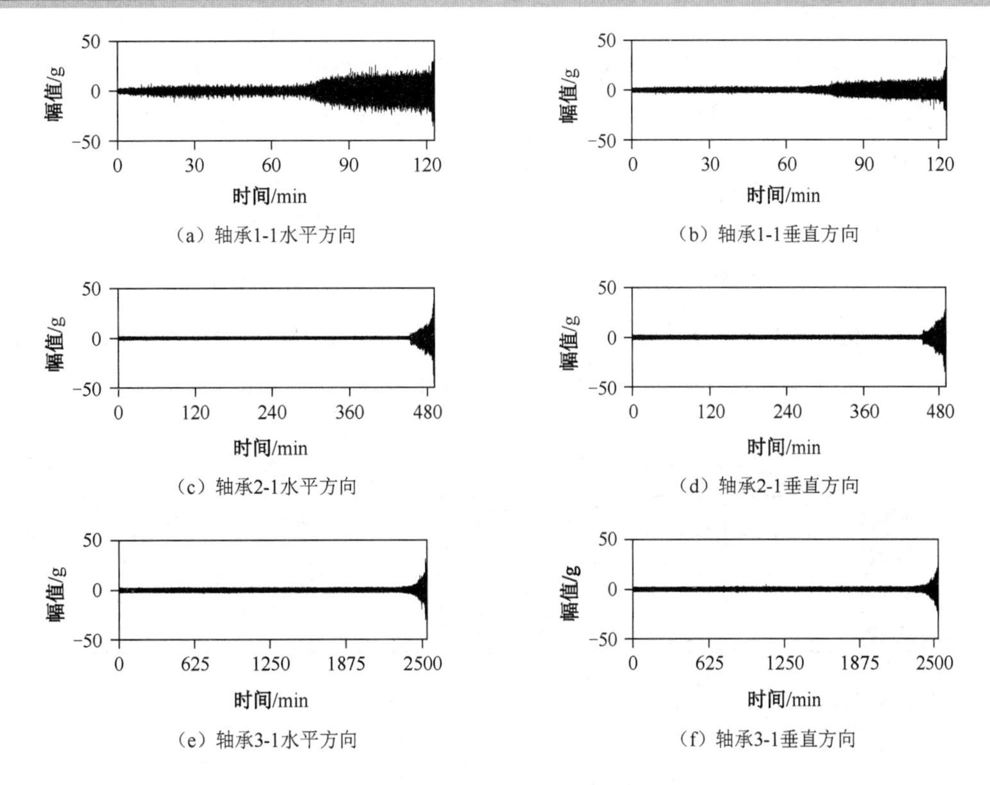

图 5-29 轴承全寿命周期振动信号

表 5-7 轴承剩余寿命预测中 DSCN 的超参数设置

超参数	大小	超参数	大小
卷积核尺寸 $M\times 1$	8×1	卷积核个数 N	16
池化尺寸 p	4	维度降低率 r	16
可分卷积模块数 D	3	时间窗长度 S	5
批样本大小	128	迭代次数	100

在滚动轴承剩余寿命预测中，本节使用得分函数（Score）和均方根误差（Root Mean Square Error，RMSE）定量评估 DSCN 的预测性能。对于测试数据集中的每个轴承，Score 值与 RMSE 值从 1/2 寿命处开始计算，这是因为相比早期预测阶段，这些时间点的预测结果更稳定，对维修决策更有意义。

首先对可分卷积和 SE 单元带来的预测性能提升进行分析说明。表 5-8 所示列出了 DCSN 与其他两个相似的深度预测网络的参数总量和训练时间。其中，PredNet-1 网络使用标准卷积操作，PredNet-2 网络使用可分卷积操作。除了不包含 SE 单元，这两个网络与 DSCN 有相同的结构和超参数设置。从表 5-8 中可以看出，相比于使用标准卷积的 PredNet-1，使用可分卷积的 PredNet-2 极大地降低了网络参数量，约减少了 82.07%，因此获得了更小的计算代价。虽然 DSCN 因使用 SE 单元而在一定程度上增加了网络参数量，但相比于 PredNet-2，DSCN 的参数量仅增加了 5.50%。如图 5-30 所示给出了这三个深度预测网络的性能评估结果。可以看出，在每个轴承的剩余寿命预测中，PredNet-2 的 Score 值和 RMSE 值均比 PredNet-1 更低，这表明通过充分解耦时间相关性和通道相关性，可分卷积有效地提高了网络的预测性能。此外，通过使用 SE 单元自适应地重新标定可分卷积层的特征响应，DSCN 具有了更强的退化信息鉴别能力，获得了比其他两个网络更好的预测性能。因此，DSCN 无论是在预测精度还是在计算复杂度上均优于标准卷积网络。

表 5-8　三种深度预测网络的参数总量与训练时间对比

预测网络	模型参数总量	训练时间/s
PredNet-1	272 171	4 607.36
PredNet-2	48 865	1 940.12
DSCN	51 553	2 023.13

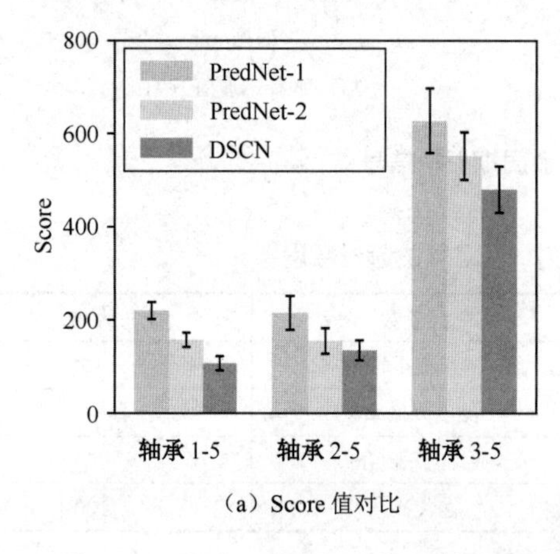

(a) Score 值对比

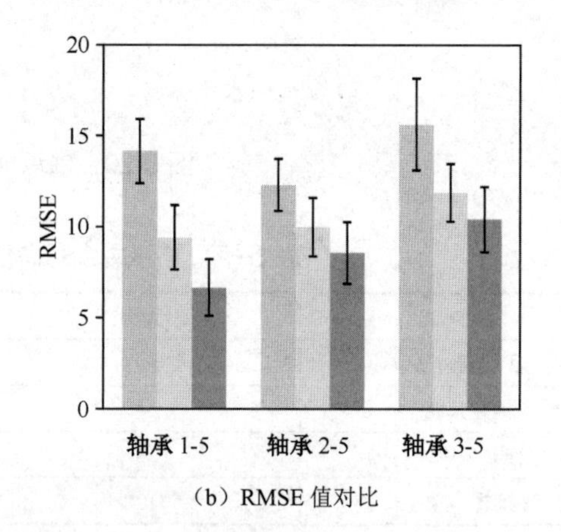

(b) RMSE 值对比

图 5-30　三种深度预测网络的性能评估结果对比

将 DSCN 剩余寿命预测方法与四种现有的剩余寿命预测方法进行对比。用于对比的四种现有方法分别基于 SVM、DBN、多尺度 CNN 和卷积 LSTM 建立，记为 M1～M4。对于 M1、M2 和 M3，首先分别对其进行特征提取与选择，然后将提取的特征输入到对应模型中进行训练与测试。对于 M4，首先使用 CNN 从原始的轴承振动信号中提取局部特征，然后将这些特征输入双向 LSTM 中进行剩余寿命预测。表 5-9 汇总了 DSCN 与四种现有方法的性能评估结果。从表中可以看出：①在每个轴承的剩余寿命预测任务中，M2、M3、M4 和 DSCN 获得了比 M1 更好的预测结果，这是因为 M2、M3、M4 和 DSCN 均是基于深度学习模型构建的，它们比基于传统机器学习模型构建的 M1 有更强的表征学习能力，能够更好地挖掘轴承退化信息，进而构建更加准确的剩余寿命预测模型；②在所有深度预测模

型中，DSCN 在每个测试轴承的剩余寿命预测中均获得了最小的 Score 值和最小的 RMSE 值，因此 DSCN 的预测性能优于其他四种方法，这种性能上的优势再次证明了可分卷积和 SE 单元能够有效提升模型的预测精度。

表 5-9　五种不同预测方法在轴承剩余寿命预测中的性能评估结果对比

轴承编号		M1	M2	M3	M4	DSCN
Ber 1-5	Score	1 047.03±42.61	413.97±36.25	247.76±23.81	178.94±20.37	107.08±14.97
	RMSE	27.30±1.71	18.68±1.98	15.22±1.60	9.89±1.84	6.67±1.56
Ber 2-5	Score	1 083.03±59.09	585.02±51.27	217.38±20.83	241.06±31.25	134.80±21.46
	RMSE	29.90±2.47	19.26±2.64	14.04±1.80	11.84±1.96	8.58±1.69
Ber 3-5	Score	1 713.94±46.40	1 151.95±79.70	696.99±53.25	592.15±54.56	479.92±49.64
	RMSE	69.05±3.88	26.48±2.43	18.93±1.83	15.78±1.81	10.41±1.78

5.5　循环卷积神经网络构建及剩余寿命预测

CNN 具有局部连接、权值共享、空间池化等优良特性，适合处理振动、力、声发射等高维监测数据。然而，现有的基于 CNN 的剩余寿命预测方法存在如下局限性。

（1）不能建立高端装备不同退化状态之间的长期依赖关系。在装备运行过程中，不同时刻的装备退化状态在时间尺度上有长期依赖关系，而且这种时间依赖关系对准确的剩余寿命预测至关重要，但现有基于 CNN 的预测方法不具备建模退化状态之间长期依赖关系的能力。

（2）无法量化剩余寿命预测结果的不确定性。剩余寿命预测结果的可信度可以为维修决策提供有力支撑，因此对预测结果的不确定性进行量化是十分必要的。但现有的 CNN 在预测装备剩余寿命时，仅提供了单点估计结果，而非概率分布，因此无法对预测结果的不确定性进行量化，增加了维修决策的风险。

为了突破以上局限性，本节首先利用循环连接和门控机制构建了 RCNN，使网络能够学习装备不同退化状态之间的依赖关系，并随时间动态地记忆关键退化信息。然后，基于变分推理对 RCNN 的预测不确定性进行了量化，获得了装备剩余寿命的预测分布。

5.5.1　循环卷积神经网络构建

1. 循环卷积层

卷积层是 CNN 的核心层，它能够从输入的监测数据中自动挖掘装备的退化信息并获得多层次的数据表征。然而，卷积层缺乏一个将输出反馈给输入的回路，这意味着卷积层内的信息仅能够前向传递。因此，在每个预测时刻，CNN 仅考虑当前的输入信息而忽略了之前的装备退化信息，不能对装备不同退化状态之间的时间依赖关系进行有效建模。为了克服上述 CNN 的局限性，本书提出了 RCNN，将循环连接和门控机制引入卷积层，构建一个新的网络核心层，即循环卷积层（Recurrent Convolutional Layer，RCL）。

不同于卷积层单向传递信息，RCL 在输出和输入之间添加了一个循环连接，使输出不仅与当前时刻的输入有关，还与之前输入的历史记忆相关。这种能力使 RCL 能够利用所有时序数据的退化信息，建立不同退化状态之间的时间依赖性。对于第 i 个 RCL，t 时刻的状态 $\boldsymbol{x}_t^i$ 表示为：

$$\boldsymbol{x}_t^i = g\left(\boldsymbol{x}_t^{i-1}, \boldsymbol{h}_{t-1}^i\right) \tag{5-62}$$

式中，$g(\cdot)$ 是非线性激活函数，如 Sigmoid、tanh、ReLU 等函数；$\boldsymbol{x}_t^{i-1}$ 是 RCL 的输入；$\boldsymbol{h}_{t-1}^i = \boldsymbol{x}_{t-1}^i$ 是 t-1 时刻存储的状态，该状态将通过循环连接反馈到 RCL 的输入上。

理论上，循环连接使 RCL 能够从输入数据中学到任何长度的时间依赖性。但在实际中，由于梯度消失或梯度爆炸问题，RCL 仅能够记忆几个时间步的信息。为了避免这一问题，在 RCL 中引入了门控机制，如图 5-31 所示。引入门控机制的 RCL 共包含重置门 $\boldsymbol{r}_t^i$ 和更新门 $\boldsymbol{u}_t^i$，其表达式分别如下：

$$\boldsymbol{r}_t^i = \sigma_{\mathrm{s}}\left(\boldsymbol{K}_r^i * \boldsymbol{x}_t^{i-1} + \boldsymbol{W}_r^i * \boldsymbol{h}_{t-1}^i + \boldsymbol{b}_r^i\right) \tag{5-63}$$

$$\boldsymbol{u}_t^i = \sigma_{\mathrm{s}}\left(\boldsymbol{K}_u^i * \boldsymbol{x}_t^{i-1} + \boldsymbol{W}_u^i * \boldsymbol{h}_{t-1}^i + \boldsymbol{b}_u^i\right) \tag{5-64}$$

式中，$\sigma_{\mathrm{s}}(\cdot)$ 是 Sigmoid 激活函数；$*$ 表示卷积操作；$\boldsymbol{K}_r^i$、$\boldsymbol{W}_r^i$、$\boldsymbol{K}_u^i$ 和 $\boldsymbol{W}_u^i$ 是卷积核；$\boldsymbol{b}_r^i$ 和 $\boldsymbol{b}_u^i$ 是偏置项。在每个时间步 t 时，引入门控机制以后的 RCL 状态 $\boldsymbol{x}_t^i$ 可由下式计算得到：

$$\boldsymbol{x}_t^i = \boldsymbol{u}_t^i \circ \boldsymbol{h}_{t-1}^i + \left(1 - \boldsymbol{u}_t^i\right) \circ \tilde{\boldsymbol{h}}_t^i \tag{5-65}$$

$$\tilde{\boldsymbol{h}}_t^i = \tanh\left(\boldsymbol{K}_h^i * \boldsymbol{x}_t^{i-1} + \boldsymbol{W}_h^i * \left(\boldsymbol{r}_t^i \circ \boldsymbol{h}_{t-1}^i\right) + \boldsymbol{b}_h^i\right) \tag{5-66}$$

式中，$\circ$ 表示 Hadamard 积；$\tilde{\boldsymbol{h}}_t^i$ 是最近产生的状态；$\boldsymbol{K}_h^i$ 和 $\boldsymbol{W}_h^i$ 是卷积核；$\boldsymbol{b}_h^i$ 是偏置项。从式（5-65）和式（5-66）中可以看出，t 时间步的状态 $\boldsymbol{x}_t^i$ 是之前的状态 $\boldsymbol{h}_{t-1}^i$ 和当前的候选状态 $\tilde{\boldsymbol{h}}_t^i$ 的线性联合，且 $\boldsymbol{x}_t^i$ 由重置门 $\boldsymbol{r}_t^i$ 和更新门 $\boldsymbol{u}_t^i$ 控制。

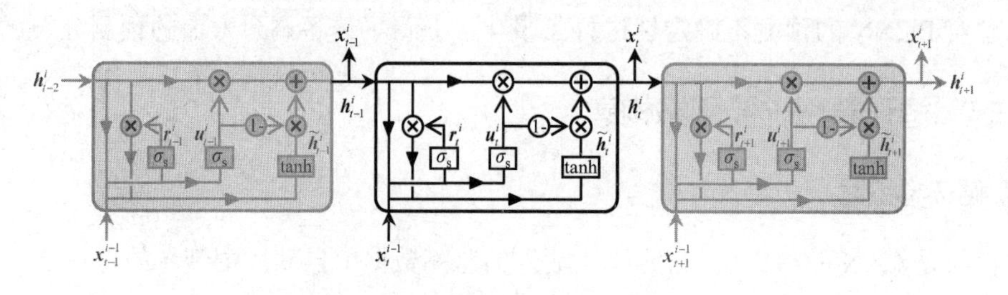

图 5-31　循环卷积层中的门控机制

RCL 通过引入门控机制选择性地遗忘或记忆之前和当前的退化信息。一方面，重置门 $\boldsymbol{r}_t^i$ 决定应该遗忘多少过去的信息。例如，在式（5-66）中，如果重置门 $\boldsymbol{r}_t^i$ 接近 0，当前的候选状态 $\tilde{\boldsymbol{h}}_t^i$ 将强制忽略之前的状态 $\boldsymbol{h}_{t-1}^i$，仅考虑当前的输入 $\boldsymbol{x}_t^{i-1}$。因此，借助重置门 $\boldsymbol{r}_t^i$，网络能够遗忘一些之前的不相关信息，进而学到更简洁紧凑的表征。另一方面，更新门 $\boldsymbol{u}_t^i$ 控制着传递多少来自过去状态的信息给当前的状态。这可以帮助网络记忆长期的信息，并减缓梯度消失问题。此外，RCL 里的每个特征面都有重置门与更新门，因而能够自适应地捕捉不同时间尺度的依赖关系。如果重置门被频繁激活，特征面将趋向于学习短期依赖性或仅关注当前的输入。相反，如果更新门被频繁激活，特征面将趋向学习长期依赖性。

2. RCNN 的网络结构

RCNN 的网络结构如图 5-32 所示，主要由 RCL、池化层和全连接层组成。在 RCNN 中，为了获取来自不同传感器的退化信息，使用大小为 $H\times1\times C$ 的多通道时间序列数据作为网络的输入。其中，H 是每个传感器序列的长度；C 是传感器的个数。然后，使用 N 个 RCL 和 N 个池化层从输入数据中自动提取深层特征，并捕获不同退化状态之间的时间依赖性。对于第 i 个 RCL（$i=1,2,\cdots,N$），所有卷积核都有相同的参数设置，即卷积核个数设置为 $2^{(i-1)}M$，卷积核尺寸设置为 $k\times1$。对于前 N-1 个池化层，使用最大池化函数执行降采样操作，而且池化尺寸等于池化步长。对于最后第 N 个池化层，使用全局最大池化操作执行降采样操作。第 N 个 RCL 学到的高层次表征转换为一个大小为 $2^{(N-1)}M$ 的向量。随后，将这个向量输入到后续的 L 个全连接层中。RCNN 中有 3 个全连接层，对于前两个全连接层，每层有 F 个神经元，均使用 ReLU 作为激活函数。第 3 个全连接层作为 RCNN 的输出层，包含 1 个神经元，用于预测装备的剩余寿命。

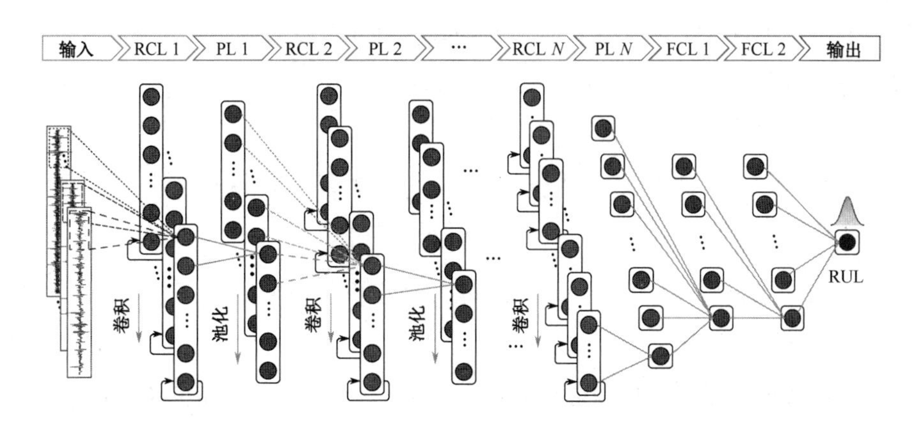

注：PL——池化层；FCL——全链接层

图 5-32　RCNN 的网络结构

5.5.2 预测不确定性量化

装备运行工况复杂，失效模式多变，而且监测数据中不可避免地存在测量噪声或随机干扰，导致剩余寿命预测结果具有不确定性。因此，必须量化高端装备剩余寿命预测过程中的不确定性，进而为维修决策的科学制定、备品备件的优化管理提供准确的指导。本节使用变分推理对 RCNN 的预测不确定性进行量化，具体过程如下。

RCNN 可视为一个具有随机变量ω的概率模型，且ω服从高斯先验分布。在 RCNN 中，随机变量ω由所有可学习的网络参数构成，包括全链接层中的卷积核和偏置$\boldsymbol{\omega}_{\mathrm{RCL}}=\left\{\boldsymbol{K}_r^i,\boldsymbol{W}_r^i,\boldsymbol{b}_r^i,\boldsymbol{K}_u^i,\boldsymbol{W}_u^i,\boldsymbol{b}_u^i,\boldsymbol{K}_h^i,\boldsymbol{W}_h^i,\boldsymbol{b}_h^i \middle| i=1,2,\cdots,N\right\}$，以及全链接层中的权值和偏置$\boldsymbol{\omega}_{\mathrm{FCL}}=\left\{\boldsymbol{W}_f^i,\boldsymbol{b}_f^i \middle| i=1,2,\cdots,L\right\}$。给定一个由$T$个输入样本$\boldsymbol{X}=\left\{\boldsymbol{x}_t\right\}_{t=1}^T$和$T$个输出样本$\boldsymbol{O}=\left\{o_t\right\}_{t=1}^T$组成的训练数据集，根据贝叶斯定理，随机变量$\omega$的后验分布表示为：

$$p\left(\boldsymbol{\omega}\middle|\boldsymbol{X},\boldsymbol{O}\right)=\frac{p\left(\boldsymbol{O}\middle|\boldsymbol{X},\boldsymbol{\omega}\right)p\left(\boldsymbol{\omega}\right)}{p\left(\boldsymbol{O}\middle|\boldsymbol{X}\right)} \tag{5-67}$$

根据式（5-67），对于一个新的输入$\boldsymbol{x}^*$，其预测分布能够通过下式获得：

$$p\left(o^*\middle|\boldsymbol{x}^*,\boldsymbol{X},\boldsymbol{O}\right)=\int p\left(o^*\middle|\boldsymbol{x}^*,\boldsymbol{\omega}\right)p\left(\boldsymbol{\omega}\middle|\boldsymbol{X},\boldsymbol{O}\right)\mathrm{d}\boldsymbol{\omega} \tag{5-68}$$

由于难以直接最大化随机变量ω的边际似然函数，因此无法获得式（5-68）中的后验分布$p\left(\boldsymbol{\omega}\middle|\boldsymbol{X},\boldsymbol{O}\right)$的解析解。本节使用变分推理近似计算后验分布$p\left(\boldsymbol{\omega}\middle|\boldsymbol{X},\boldsymbol{O}\right)$。

首先，定义一个近似变分分布$q(\boldsymbol{\omega})$分解权值与偏置，即：

$$\begin{aligned}q(\boldsymbol{\omega})&=q(\boldsymbol{\omega}_{\mathrm{RCL}})q(\boldsymbol{\omega}_{\mathrm{FCL}})\\&=\prod_{i=1}^{N}q\left(\boldsymbol{K}_r^i\right)q\left(\boldsymbol{W}_r^i\right)q\left(\boldsymbol{b}_r^i\right)q\left(\boldsymbol{K}_u^i\right)q\left(\boldsymbol{W}_u^i\right)q\left(\boldsymbol{b}_u^i\right)q\left(\boldsymbol{K}_h^i\right)q\left(\boldsymbol{W}_h^i\right)q\left(\boldsymbol{b}_h^i\right)\prod_{i=1}^{L}q\left(\boldsymbol{W}_f^i\right)q\left(\boldsymbol{b}_f^i\right)\end{aligned} \tag{5-69}$$

式（5-69）中，每个权值的变分分布被定义为二元高斯混合分布，每个偏置的变分分布服从单高斯分布。为了简化符号，分别使用$\boldsymbol{W}^l$和$\boldsymbol{b}^l$表示第l个权值层的权值和偏置，这里$l=1,2,\cdots,N+L$。相应地，$q\left(\boldsymbol{W}^l\right)$和$q\left(\boldsymbol{b}^l\right)$表示为：

$$q\left(\boldsymbol{W}^l\right)=\pi^l N\left(\boldsymbol{\mu}_W^l,\tau^{-1}\boldsymbol{I}\right)+\left(1-\pi^l\right)N\left(0,\tau^{-1}\boldsymbol{I}\right) \tag{5-70}$$

$$q\left(\boldsymbol{b}^l\right)=N\left(\boldsymbol{\mu}_b^l,\tau^{-1}\boldsymbol{I}\right) \tag{5-71}$$

式中，$\pi^l\in[0,1]$是预先给定的概率；$\boldsymbol{\mu}_W^l$和$\boldsymbol{\mu}_b^l$分别为权值和偏置的变分参数；τ是模型的精度。

然后，通过最小化近似变分分布和后验分布的 KL 散度$\mathrm{KL}\left(q(\boldsymbol{\omega})\middle\|p\left(\boldsymbol{\omega}\middle|\boldsymbol{X},\boldsymbol{O}\right)\right)$，获得近似的预测分布：

$$p\left(o^*\middle|\boldsymbol{x}^*,\boldsymbol{X},\boldsymbol{O}\right)\approx\int p\left(o^*\middle|\boldsymbol{x}^*,\boldsymbol{\omega}\right)q^*(\boldsymbol{\omega})\mathrm{d}\boldsymbol{\omega} \tag{5-72}$$

式中，$q^*(\boldsymbol{\omega})$ 用于最小化 $\mathrm{KL}\left(q(\boldsymbol{\omega})\|p(\boldsymbol{\omega}|\boldsymbol{X},\boldsymbol{O})\right)$。由式（5-72）可知，想要获得 RCNN 的预测分布，关键在于最小化 KL 散度，而最小化 KL 散度等效于最大化边际似然函数下界。因此，RCNN 的目标函数为：

$$\begin{aligned}\mathcal{L}=\mathrm{KL}\left(q(\boldsymbol{\omega})\|p(\boldsymbol{\omega}|\boldsymbol{X},\boldsymbol{O})\right)&=\int q(\boldsymbol{\omega})\log\frac{q(\boldsymbol{\omega})}{p(\boldsymbol{\omega}|\boldsymbol{X},\boldsymbol{O})}\mathrm{d}\boldsymbol{\omega}\\&\propto-\int q(\boldsymbol{\omega})\log p(\boldsymbol{O}|\boldsymbol{X},\boldsymbol{\omega})\,\mathrm{d}\boldsymbol{\omega}+\mathrm{KL}\left(q(\boldsymbol{\omega})\|p(\boldsymbol{\omega})\right)\\&=-\sum_{t=1}^{T}\int q(\boldsymbol{\omega})\log p(o_t|\boldsymbol{x}_t,\boldsymbol{\omega})\,\mathrm{d}\boldsymbol{\omega}+\mathrm{KL}\left(q(\boldsymbol{\omega})\|p(\boldsymbol{\omega})\right)\end{aligned}\tag{5-73}$$

式（5-73）中的第一项可通过蒙特卡洛积分求解，具体求解过程如下。

（1）使用标准正态分布 $q(\boldsymbol{\alpha})=N(0,\boldsymbol{I})$ 和伯努利分布 $q(\boldsymbol{\beta})=$ Bernoulli(π) 重新参数化 $\boldsymbol{W}^l$ 和 $\boldsymbol{b}^l$。根据式（5-70）和式（5-71），$\boldsymbol{W}^l$ 和 $\boldsymbol{b}^l$ 可重新表示为：

$$\boldsymbol{W}^l=\boldsymbol{\beta}^l\left(\boldsymbol{\mu}_W^l+\tau^{-\frac{1}{2}}\boldsymbol{\alpha}\right)+\left(1-\boldsymbol{\beta}^l\right)\tau^{-\frac{1}{2}}\boldsymbol{\alpha}\tag{5-74}$$

$$\boldsymbol{b}^l=\boldsymbol{\mu}_b^l+\tau^{-\frac{1}{2}}\boldsymbol{\alpha}\tag{5-75}$$

（2）根据式（5-74）和式（5-75），式（5-73）中的积分项可以重新表示为：

$$\int q(\boldsymbol{\omega})\log p(o_t|\boldsymbol{x}_t,\boldsymbol{\omega})\mathrm{d}\boldsymbol{\omega}=\int q(\boldsymbol{\alpha},\boldsymbol{\beta})\log p\left(o_t|\boldsymbol{x}_t,\boldsymbol{\omega}(\boldsymbol{\alpha},\boldsymbol{\beta})\right)\mathrm{d}\boldsymbol{\alpha}\mathrm{d}\boldsymbol{\beta}\tag{5-76}$$

从式（5-76）可以看出，式中的每个积分函数均取决于网络的权值与偏置。

（3）使用具有单采样 $\hat{\boldsymbol{\omega}}_t\sim q(\boldsymbol{\omega})$ 的蒙特卡洛积分求解式（5-76）中的积分项，即可获得无偏估计 $\log p(o_t|\boldsymbol{x}_t,\hat{\boldsymbol{\omega}}_t)$。

基于上述求解，式（5-73）中的目标函数可以进一步表示为：

$$\mathcal{L}=-\sum_{t=1}^{T}\log p(o_t|\boldsymbol{x}_t,\hat{\boldsymbol{\omega}}_t)+\mathrm{KL}\left(q(\boldsymbol{\omega})\|p(\boldsymbol{\omega})\right)\tag{5-77}$$

上式中，KL 散度能够通过 L^2 正则化近似，即：

$$\mathrm{KL}\left(q(\boldsymbol{\omega})\|p(\boldsymbol{\omega})\right)=\sum_{l=1}^{M+L}\left(\frac{\pi^l c^2}{2}\left\|\boldsymbol{\mu}_W^l\right\|_2^2+\frac{c^2}{2}\left\|\boldsymbol{\mu}_b^l\right\|_2^2\right)\tag{5-78}$$

式中，c 是先验的长度系数。因此，RCNN 的目标函数最终可以表示为：

$$\begin{aligned}\mathcal{L}&=-\sum_{t=1}^{T}\log p(o_t|\boldsymbol{x}_t,\hat{\boldsymbol{\omega}}_t)+\sum_{l=1}^{M+L}\left(\frac{\pi^l c^2}{2}\left\|\boldsymbol{\mu}_W^l\right\|_2^2+\frac{c^2}{2}\left\|\boldsymbol{\mu}_b^l\right\|_2^2\right)\\&\propto\frac{1}{T}\sum_{t=1}^{T}\frac{-\log p(o_t|\boldsymbol{x}_t,\hat{\boldsymbol{\omega}}_t)}{\tau}+\sum_{l=1}^{M+L}\left(\frac{\pi^l c^2}{2\tau T}\left\|\boldsymbol{\mu}_W^l\right\|_2^2+\frac{c^2}{2\tau T}\left\|\boldsymbol{\mu}_b^l\right\|_2^2\right)\\&=\frac{1}{T}\sum_{t=1}^{T}E\left(o_t,\hat{o}(\boldsymbol{x}_t,\hat{\boldsymbol{\omega}}_t)\right)+\sum_{l=1}^{M+L}\left(\frac{\pi^l c^2}{2\tau T}\left\|\boldsymbol{\mu}_W^l\right\|_2^2+\frac{c^2}{2\tau T}\left\|\boldsymbol{\mu}_b^l\right\|_2^2\right)\end{aligned}\tag{5-79}$$

式中，$E(\cdot,\cdot)$ 是损失函数，如均方误差、绝对平均误差或 Huber 损失函数。

通过分析式（5-74）、式（5-75）和式（5-79）可以发现，对于概率性的 RCNN，评估网络输出 $\hat{o}(\cdot)$ 的过程是在前向传播过程中随机地屏蔽权值矩阵的行，这等效于在 RCNN 的每个权值层中执行 Dropout 操作。此外，式（5-79）的第二项相当于在网络优化期间给每个权值和偏置添加一个 L^2 正则项。因此，RCNN 的预测不确定性可以通过在每个 RCL 和每个全连接层中添加一个概率为 π 的 Dropout 和权值衰退系数为 λ 的 L^2 正则项进行量化。由此，式（5-79）中的目标函数等价于以下目标函数：

$$\mathcal{L} \propto \mathcal{L}_{\text{Dropout}} = \frac{1}{T}\sum_{t=1}^{T} E\left(o_t, \hat{o}_t\right) + \lambda \sum_{l=1}^{M+L}\left(\left\|\boldsymbol{W}^l\right\|_2^2 + \left\|\boldsymbol{b}^l\right\|_2^2\right) \tag{5-80}$$

在 RCNN 训练过程中，上述目标函数 $\mathcal{L}_{\text{Dropout}}$ 可通过随机梯度下降、RMSprop 和 Adam 等优化算法最小化。训练完成后，剩余寿命预测的概率分布结果通过蒙特卡洛 Dropout 得到。具体来说，给定一个新的输入 $\boldsymbol{x}^*$，蒙特卡罗 Dropout 通过执行 V 次随机前向传播获得预测的均值与方差，即：

$$p\left(o^* \middle| \boldsymbol{x}^*, \boldsymbol{X}, \boldsymbol{O}\right) \approx \int p\left(o^* \middle| \boldsymbol{x}^*, \boldsymbol{\omega}\right) q(\boldsymbol{\omega}) \mathrm{d}\boldsymbol{\omega} \approx \frac{1}{V}\sum_{v=1}^{V} p\left(o^* \middle| \boldsymbol{x}^*, \hat{\boldsymbol{\omega}}_v\right) \tag{5-81}$$

式中，$\hat{\boldsymbol{\omega}}_v \sim q(\boldsymbol{\omega})$。

5.5.3 数控机床刀具剩余寿命预测

1. 实验设计与数据获取

作为数控加工的执行元件，铣刀的状态直接决定了工件的表面加工质量与尺寸精度。在加工过程中，铣刀不可避免地存在磨损或破损等现象，如果未及时更换磨钝或破损的铣刀，轻则影响产品质量，重则损坏机床，甚至引发安全事故。因此，本节以铣刀为对象开展剩余寿命预测实验，并用获取的监测数据验证 RCNN 的有效性。如图 5-33 所示，铣刀剩余寿命预测实验在 DAHENG VMC850 数控机床上开展。工件的材料是 45 号钢，铣刀型号为 APMT 1135。实验中，一共对 6 把铣刀进行了剩余寿命预测，具体的加工参数设置如下：主轴转速为 2 500 r/min，进给速度为 200 mm/min，Z 方向的切削深度为 2 mm。每次切削加工时，数控机床的工作台沿 X 方向从左往右移动，加工完成后工作台重新返回起始点，以确保所有加工均沿同一方向进行。为了全面监测铣刀的退化过程，实验中使用了 5 种不同类型的传感器，包括三向加速度传感器、三向切削力传感器、声传感器、电流传感器和声发射传感器。对于前四种传感器，采样频率设置为 10 kHz；对于声发射传感器，采样频率设置为 1 MHz。

图 5-33　实验所用的数控机床与传感器布置

如图 5-34 所示给出了铣刀的两种失效形式：后刀面磨损与崩刃。对于后刀面磨损，实验中使用工业显微镜测量后刀面磨损量。根据国际标准 ISO 8688—1，当后刀面磨损量超过 0.3 mm 时，铣刀被判定为完全失效，实验终止。如图 5-35 所示显示了铣刀 1 在全寿命周期内的所有监测信号。使用前 4 把铣刀作为训练数据集，后 2 把铣刀作为测试数据集。此外，所有类型的监测信号均输入到 RCNN 中，故一个输入样本的大小为 10 000×1×9。

（a）后刀面磨损

（b）崩刃

图 5-34　铣刀的两种失效形式

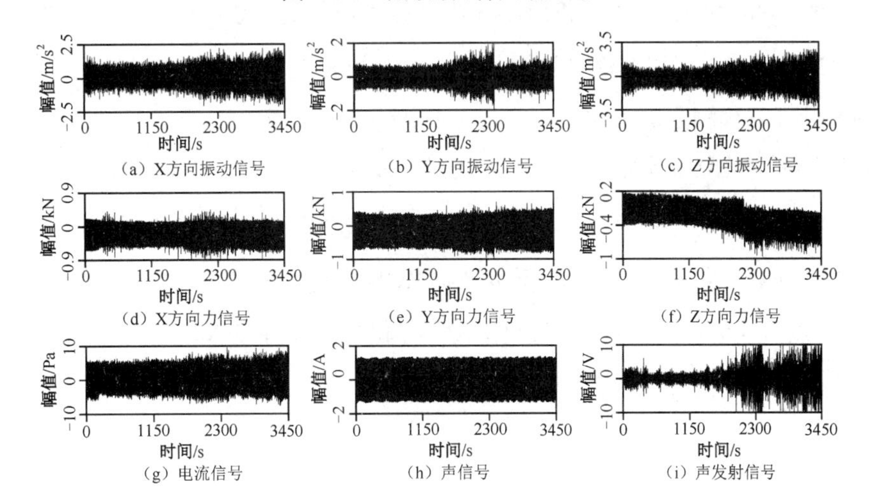

图 5-35　铣刀 1 在全寿命周期内的所有监测信号

2. 剩余寿命预测结果

在铣刀剩余寿命预测中，通过在训练数据集上进行 4 折交叉验证后确定 RCNN 的超参数值，具体见表 5-10。同时，在 RCNN 的每个 RCL 和全连接层上均添加了 Dropout 和 L^2 正则项，并通过蒙特卡洛 Dropout 获取剩余寿命预测分布。RCNN 的预测性能通过累积相关精度（Cumulative Relative Accuracy，CRA）和收敛度 C_{PE} 定量评估。

表 5-10　铣刀剩余寿命预测中 RCNN 的超参数设置

超参数	大小	超参数	大小
卷积核个数 M	16	卷积核尺寸 k×1	8×1
层数 N	4	卷积核尺寸 p	8
神经元个数 F	100	权值衰减系数 λ	10^{-5}
前向传播次数 V	1 000	Dropout 概率 π	0.15
批样本大小	128	迭代次数	200

如图 5-36 所示给出了铣刀 5 和铣刀 6 的剩余寿命预测结果。可以看出，在预测初始阶段，剩余寿命的预测值与真实值之间存在较大的偏差。但随着时间的推移，这种偏差逐渐减小，剩余寿命的预测值也逐渐收敛到真实值。这是因为在初始阶段，刀具处于初期磨损阶段，磨损量较小；但随着刀具磨损量的增加，监测信号中包含的退化信息越来越多，RCNN 能够越来越准确地预测铣刀的剩余寿命。为了进一步说明 RCNN 的优越性，本节使用了 5 种现有的铣刀剩余寿命预测方法对铣刀 5 和铣刀 6 的剩余寿命进行了预测。这 5 种方法分别基于 SVM、模糊神经网络、DBN、CNN 和卷积 LSTM 建立，记为 M1～M5。对于 M1、M2 和 M3，首先从监测信号中提取并选择特征，然后将这些特征输入到对应模型中进行训练和测试。对于 M4 和 M5，直接将原始的监测信号输入到模型中进行训练和测试。为了获得更准确的预测结果，每种方法都通过 4 折交叉验证来确定模型的超参数。表 5-11 列出了 RCNN 与 5 种现有预测方法在铣刀剩余寿命预测中的性能评估结果。从中可以看出，在铣刀 5 和铣刀 6 的剩余寿命预测中，RCNN 获得了最高的 CRA 值和最低的 C_{PE} 值，这表明相比其他五种现有的铣刀剩余寿命预测方法，RCNN 能够提供更准确的剩余寿命预测结果。此外，通过使用变分推理量化预测不确定性，RCNN 能够输出铣刀剩余寿命的预测结果概率分布，而非点估计值，这有利于维修决策的科学制定与备品备件的优化管理。因此，RCNN 的剩余寿命预测性能优于其他 5 种现有方法。

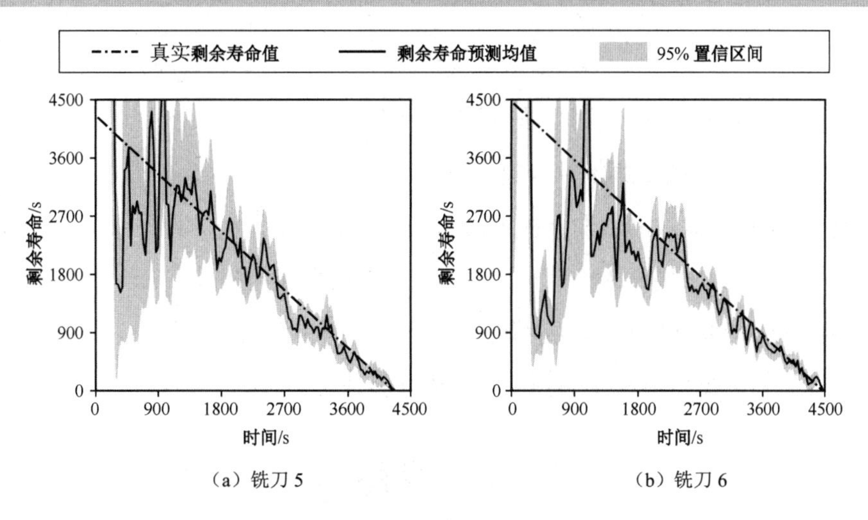

（a）铣刀 5 （b）铣刀 6

图 5-36 铣刀剩余寿命预测结果

表 5-11 6 种不同预测方法在铣刀剩余寿命预测中的性能评估结果对比

铣刀编号		M1	M2	M3	M4	M5	RCNN
铣刀 5	CRA	0.632 0	0.610 4	0.662 2	0.706 0	0.817 1	0.857 8
	C_{PE}	1 152.308 9	1 156.074 7	1 122.280 9	1 109.567 0	1 067.363 7	1 053.134 1
铣刀 6	CRA	0.473 6	0.621 9	0.768 7	0.748 3	0.798 6	0.860 1
	C_{PE}	1 313.838 4	1 201.295 0	1 133.898 1	1 150.964 4	1 136.067 1	1 112.937 1

本章小结

本章从高端装备健康指标构建、预测模型建立等方面详述了数据驱动的装备剩余寿命预测方法。首先，介绍了基于 RNN 的健康指标构建方法，实现了敏感特征优选与健康指标自主构建。然后，利用 PF 算法动态更新随机过程模型参数，构建了智能预测模型，对滚动轴承的剩余使用寿命进行了预测。之后，通过分析不同核函数的特性，给出了自适应多核组合 RVM 预测方法，与基于单一核函数的 RVM 相比能获得更加准确的预测结果。接着介绍了 DSCN 剩余寿命预测方法，建立了原始监测数据与装备剩余寿命之间的直接映射关系。最后，给出了 RCNN 剩余寿命预测方法，不仅描述了装备不同退化状态之间的时间依赖性，而且提供了寿命预测结果的概率分布，为维护策略的制定提供有力支撑。

习 题

1．对比高端装备剩余寿命预测问题与智能诊断问题之间的异同。

2．根据方法原理不同，剩余寿命预测方法分为哪两类，每一类方法的优缺点分别

是什么？

3．数据驱动的剩余寿命预测方法主要包括哪些环节？

4．阐述基于 RNN 的健康指标构建方法流程。

5．分析基于粒子滤波的寿命预测方法与基于神经网络预测的异同点。

6．常见的核函数主要分为哪两类，每类主要有哪些类型？

7．利用 TensorFlow/PyTorch 编写深度可分卷积网络智能预测模型，并通过 XJTU-SY 滚动轴承加速寿命数据集对模型的预测性能进行验证。

参考文献

[1] 何正嘉，曹宏瑞，訾艳阳，等．机械设备运行可靠性评估的发展与思考[J]．机械工程学报，2014, 50(2): 171-186.

[2] LEI Y, LI N, GUO L, et al. Machinery health prognostics: A systematic review from data acquisition to RUL prediction[J]. Mechanical Systems and Signal Processing, 2018, 104: 799-834.

[3] HU C, YOUN B D, WANG P, et al. Ensemble of data-driven prognostic algorithms for robust prediction of remaining useful life[J]. Reliability Engineering & System Safety, 2012, 103: 120-135.

[4] JAVED K, GOURIVEAU R, ZERHOUNI N, et al. A feature extraction procedure based on trigonometric functions and cumulative descriptors to enhance prognostics modeling[C]//IEEE Conference on Prognostics and Health Management in Gaithersburg, USA, June 24-27, 2013.

[5] COBLE J, HINES J W. Applying the general path model to estimation of remaining useful life[J]. International Journal of Prognostics and Health Management, 2011, 2(1): 2153-2648.

[6] BENGIO Y, SIMARD P, FRASCONI P. Learning long-term dependencies with gradient descent is difficult[J]. IEEE Transactions on Neural Networks, 1994, 5(2): 157-166.

[7] HOCHREITER S, SCHMIDHUBER J. Long short-term memory[J]. Neural Computation, 1997, 9(8): 1735-1780.

[8] NECTOUX P, GOURIVEAU R, MEDJAHER K, et al. PRONOSTIA: An experimental platform for bearings accelerated degradation tests[C]//IEEE International Conference on

Prognostics and Health Management in Denver, USA, June 18-21, 2012.

[9] HUANG R, XI L, LI X, et al. Residual life predictions for ball bearings based on self-organizing map and back propagation neural network methods[J]. Mechanical Systems and Signal Processing, 2007, 21(1): 193-207.

[10] ARULAMPALAM M S, MASKELL S, GORDON N, et al. A tutorial on particle filters for online nonlinear/non-Gaussian Bayesian tracking[J]. IEEE Transactions on Signal Processing, 2002, 50(2): 174-188.

[11] WANG Y, TIAN J, SUN Z, et al. A comprehensive review of battery modeling and state estimation approaches for advanced battery management systems[J]. Renewable & Sustainable Energy Reviews, 2020, 131: 110015.

[12] KALMAN R E. A new approach to linear filtering and prediction problems[J]. Transactions of the ASME-Journal of Basic Engineering, 1960, 82(1): 35-45.

[13] JOUIN M, GOURIVEAU R, HISSEL D, et al. Particle filter-based prognostics: Review, discussion and perspectives[J]. Mechanical Systems and Signal Processing, 2016, 72-73: 2-31.

[14] DOUCET A, GODSILL S, ANDRIEU C. On sequential Monte Carlo sampling methods for Bayesian filterin[J]. Statistics and Computing, 2000, 10: 197-208.

[15] LEI Y, LI N, GONTARZ S, et al. A Model-Based Method for Remaining Useful Life Prediction of Machinery[J]. IEEE Transactions on Reliability, 2016, 65(3): 1314-1326.

[16] PARIS P C, ERDOGAN F A. Critical analysis of crack propagation laws[J]. Transactions of the ASME-Journal of Basic Engineering, 1963, 85(4): 528-534.

[17] LAGARIAS J C, REEDS J A, WRIGHT M H, et al. Convergence properties of the Nelder-mead simplex method in low dimensions[J] SIAM Journal on optimization, 1998, 9(1): 112-147.

[18] SUTRISNO E, OH H, VASAN A S S, et al. Estimation of remaining useful life of ball bearings using data driven methodologies[C]//IEEE International Conference on Prognostics and Health Management, Denver, CO, June 18-21 2012.

[19] HONG S, ZHOU Z, ZIO E, et al. Condition assessment for the performance degradation of bearing based on a combinatorial feature extraction method[J]. Digital Signal Processing, 2014, 27: 159-166.

[20] TIPPING M E. Sparse bayesian learning and the relevance vector machine[J]. Journal of Machine Learning Research, 2001, 1(3): 211-244.

[21] TIPPING M E. Fast marginal likelihood maximisation for sparse Bayesian models[C]//International Workshop on Artificial Intelligence and Statistics in Key West, USA, January 3-6, 2003.

[22] 雷亚国，陈吴，李乃鹏，等. 自适应多核组合相关向量机预测方法及其在机械设备剩余寿命预测中的应用[J]. 机械工程学报，2016, 52(1): 87-93.

[23] 裴洪，胡昌华，司小胜，等. 基于机器学习的设备剩余寿命预测方法综述[J]. 机械工程学报，2019, 55(8): 1-13.

[24] HE K, ZHANG X, REN S, et al. Deep residual learning for image recognition[C]//IEEE Conference on Computer Vision and Pattern Recognition in Las Vegas, USA, June 26-July 7, 2016: 770-778.

[25] WANG B, LEI Y, LI N, et al. Deep separable convolutional network for remaining useful life prediction of machinery[J]. Mechanical Systems and Signal Processing, 2019, 134: 1-18.

[26] SAXENA A, GOEBEL K, SIMON D, et al. Damage propagation modeling for aircraft engine run-to-failure simulation[C]//International Conference on Prognostics and Health Management in Denver, USA, October 6-9, 2008.

[27] LOUTAS T H, ROULIAS D, GEORGOULAS G. Remaining useful life estimation in rolling bearings utilizing data-driven probabilistic E-support vectors regression[J]. IEEE Transactions on Reliability, 2013, 62(4): 821-832.

[28] DEUTSCH J, HE D. Using deep learning-based approach to predict remaining useful life of rotating components[J]. IEEE Transactions on Systems, Man, and Cybernetics: Systems, 2017, 48(1): 11-20.

[29] ZHU J, CHEN N, PENG W. Estimation of bearing remaining useful life based on multiscale convolutional neural network[J]. IEEE Transactions on Industrial Electronics, 2018, 66(4): 3208-3216.

[30] AN Q, TAO Z, XU X, et al. A data-driven model for milling tool remaining useful life prediction with convolutional and stacked LSTM network[J]. Measurement, 2020, 154: 107461.

[31] CHO K, MERRIËNBOER B V, GULCEHRE C, et al. Learning phrase representations using RNN encoder-decoder for statistical machine translation[C]//Conference on Empirical Methods in Natural Language Processing in Doha, Qatar, October 25-29, 2014: 1724–1734.

[32] GAL Y, GHAHRAMANI Z. Dropout as a Bayesian approximation representing model uncertainty in deep learning[C]//International Conference on Machine Learning in New York, USA, June 19-24, 2016: 1050-1059.

[33] SAXENA A, CELAYA J, SAHA B, et al. Metrics for offline evaluation of prognostic performance[J]. International Journal of Prognostics and Health Management, 2010, 1: 4-23.

[34] BENKEDJOUH T, MEDJAHER K, ZERHOUNI N, et al. Health assessment and life prediction of cutting tools based on support vector regression[J]. Journal of Intelligent Manufacturing, 2015, 26(2): 213-223.

[35] ZHANG C, YAO X, ZHANG J, et al. Tool condition monitoring and remaining useful life prognostic based on a wireless sensor in dry milling operations[J]. Sensors, 2016, 16(6): 795.

[36] CHEN Y, JIN Y, JIRI G. Predicting tool wear with multi-sensor data using deep belief networks[J]. The International Journal of Advanced Manufacturing Technology, 2018, 99(5-8): 1917-1926.

[37] WANG Y, DAI W, XIAO J. Detection for cutting tool wear based on convolution neural networks[C]//International Conference on Reliability, Maintainability, and Safety in Shanghai, China, October 17-19, 2018: 297-300.

反侵权盗版声明